中国中小城市低碳研究

Low Carbon Development of Small and Medium Cities in China

Guangyu Wang, Liguo Wang, Cindy Cheng, John John Inues 著
加拿大不列颠哥伦比亚大学

中国林业出版社

图书在版编目(CIP)数据

中国中小城市低碳研究 / 王光玉编著. —北京：中国林业出版社，2017.6
(“碳汇中国”系列丛书)
ISBN 978-7-5038-8961-5

Ⅰ. ①中… Ⅱ. ①王… Ⅲ. ①中小城市 - 节能 - 研究 - 中国 Ⅳ. ①TK01

中国版本图书馆 CIP 数据核字(2017)第 083506 号

中国林业出版社
责任编辑：李 顺 袁绯玭 樊 菲
出版咨询：(010)83143569

出版：中国林业出版社(100009 北京西城区德内大街刘海胡同 7 号)
网站：http：//lycb. forestry. gov. cn
印刷：北京卡乐富印刷有限公司
发行：中国林业出版社
电话：(010)83143500
版次：2017 年 6 月第 1 版
印次：2017 年 6 月第 1 次
开本：787mm × 1092mm 1/16
印张：14. 75
字数：250 千字
定价：58. 00 元

“碳汇中国”系列丛书编委会

总 序

进入 21 世纪，国际社会加快了应对气候变化的全球治理进程。气候变化不仅仅是全球环境问题，也是世界共同关注的社会问题，更是涉及各国发展的重大战略问题。面对全球绿色低碳经济转型的大趋势，各国政府和企业以及全社会都在积极调整战略，以迎接低碳经济的机遇与挑战。我国是世界上最大的发展中国家，也是温室气体排放增速和排放量均居世界第一的国家。长期以来，面对气候变化的重大挑战，作为一个负责任的大国，我国政府积极采取多种措施，有效应对气候变化，在提高能效、降低能耗等方面都取得了明显成效。

森林在减缓气候变化中具有特殊功能。采取林业措施，利用绿色碳汇抵销碳排放，已成为应对气候变化国际治理政策的重要内容，受到世界各国的高度关注和普遍认同。自 1997 年《京都议定书》将森林间接减排明确为有效减排途径以来，气候大会通过的“巴厘路线图”、《哥本哈根协议》等成果文件，都突出强调了林业增汇减排的具体措施。特别是在去年底结束的联合国巴黎气候大会上，林业作为单独条款被写入《巴黎协定》，要求 2020 年后各国采取行动，保护和增加森林碳汇，充分彰显了林业在应对气候变化中的重要地位和作用。长期以来，我国政府坚持把发展林业作为应对气候变化的有效手段，通过大规模推进造林绿化、加强森林经营和保护等措施增加森林碳汇。据统计，近年来在全球森林资源锐减的情况下，我国森林面积持续增长，人工林保存面积达 10. 4 亿亩，居全球首位，全国森林植被总碳储量达 84. 27 亿吨。联合国粮农组织全球森林资源评估认为，中国多年开展的大规模植树造林和天然林资源保护，对扭转亚洲地区森林资源下降趋势起到了重要支持作用，为全球生态安全和应对气候变化做出了积极贡献。

国家林业局在加强森林经营和保护、大规模推进造林绿化的同时，从 2003 年开始，相继成立了碳汇办、能源办、气候办等林业应对气候变化管理机构，制定了林业应对气候变化行动计划，开展了碳汇造林试点，建立了全国碳汇计量监测体系，推动林业碳汇减排量进入碳市场交易。同时，广泛宣传普及林业应对气候变化和碳汇知识，促进企业捐资造林自愿减排。为进一步引导企业和个人等各类社会主体参与以积累碳汇、减少碳排放为主的植树造林公益活动。经国务院批准，2010年，由中国石油天然气集团公司发起、国家林业局主管，在民政部登记注册成立了首家以增汇减排、应对气候变化为目的的全国性公募基金会——中国绿色碳汇基金会。自成立以来，碳汇基金会在推进植树造林、森林经营、减少毁林以及完善森林生态补偿机制等方面做了许多有益的探索。特别是在推动我国企业捐资造林、树立全民低碳意识方面创造性地开展了大量工作，收到了明显成效。2015年荣获民政部授予的"全国先进社会组织"称号。

增加森林碳汇，应对气候变化，既需要各级政府加大投入力度，也需要全社会的广泛参与。为进一步普及绿色低碳发展和林业应对气候变化的相关知识，近期，碳汇基金会组织编写完成了《碳汇中国》系列丛书，比较系统地介绍了全球应对气候变化治理的制度和政策背景，应对气候变化的国际行动和谈判进程，林业纳入国内外温室气体减排的相关规则和要求，林业碳汇管理的理论与实践等内容。这是一套关于林业碳汇理论、实践、技术、标准及其管理规则的丛书，对于开展碳汇研究、指导实践等具有较高的价值。这套丛书的出版，将会使广大读者特别是林业相关从业人员，加深对应对气候变化相关全球治理制度与政策、林业碳汇基本知识、国内外碳交易等情况的了解，切实增强加快造林绿化、增加森林碳汇的自觉性和紧迫性。同时，也有利于帮助广大公众进一步树立绿色生态理念和低碳生活理念，积极参加造林增汇活动，自觉消除碳足迹，共同保护人类共有的美好家园。

国家林业局局长 张建龙

二〇一六年二月二日

序

生态环境问题是一个伴随人类社会经济发展的议题。当前，由于人类不合理地开发利用自然资源，城市化和工业化的快速发展更加引发了种种环境污染，使得生态环境问题越发突出。特别是近些年来，世界能源消费剧增，导致温室气体排放量大增，根据国际能源署(IEA)的统计，2014 年全球二氧化碳总排放量为 323 亿吨。其中，城市的能源消耗占全球能源消耗的绝大部分，并产生了相应的温室气体排放。

大量温室气体排放带来了日益严峻的全球气候变化问题，并由此影响着地球各生态系统以及人类社会的方方面面，甚至威胁到人类的生存和发展。应对并解决气候变化问题一直是国际社会的努力重点。2015 年在巴黎举行的第 21 届联合国气候变化大会一致同意通过了《巴黎协定》，为 2020 年后全球应对气候变化治理行动作出了适当的安排。已有 184 个国家提交了应对气候变化“国家自主贡献”文件，涵盖了全球碳排放量的 97.9%。发展低碳经济、走可持续发展之路逐步成为国际社会的共识。

资料显示，作为能源消费大国，中国已经成为第一大碳排放国，近年的碳排放总量甚至超过了欧美的总和，并占到全球碳排放总量的近三分之一，人均碳排放量也已超过了欧盟。中国人均资源少、环境容量小，在工业化和城镇化的进程中，生态环境依然面临着重大压力。对此，中国一直非常重视生态环境问题。党的十八大提出要大力推进生态文明建设，并将“坚持节约资源和保护环境”提升到一项基本国策，明确提出：着力推进绿色发展、循环发展、低碳发展，形成节约资源和保护环境的空间格局、产业结构、生产方式、生活方式，从源头上扭转生态环境恶化趋势，为人民创造良好生产生活环境，为全球生态安全作出贡献。低碳发展成为中国走可持续发展道路的必然选择。

有幸的是，中国绿色碳基金会（CGCF）与加拿大英属哥伦比亚大学（UBC）合作，就“应对气候变化中的城市与森林”开展了一系列研究。由 CGCF 秘书长李怒云博士和 UBC 林学院院长 John Innes 博士牵头主持、助理院长 Guangyu Wang 博士负责的中加合作第一期项目“中国中小城市低碳研究及北美碳汇项目借鉴”于2012年10月启动实施。该项目实施三年来，研究团队做了大量的调研和分析工作，获得了可喜的研究成果，并以专著的形式呈现给读者。通读该书，我认为主要有三方面的收获：一是研究体系完整，内容丰富。该书以具有区域代表性的福建省福鼎市和柘荣县为例，从居民低碳意识、碳排放测算、碳汇估算、低碳发展水平与评价等方面对中国中小城镇的低碳经济发展进行了对比研究，同时分享了对未来低碳发展的建议与启示。二是抓住了低碳发展研究的核心要素。该书分别运用大量问卷对三个核心利益主体的低碳意识进行调查研究；运用政府间气候变化专门委员会(IPCC)指南对碳排放进行了测算；通过遥感技术来验证森林碳汇变化。这是低碳发展研究的三大关键基础，在此基础上，PSR模型方法构建了低碳发展综合评价体系对研究区的低碳发展水平及其影响因素进行了分析，并提出了相应的对策，这是低碳发展研究的核心。三是着眼于中小城市的低碳发展研究。中小城市低碳发展存在两种可能条件，既可能经济处于尚待开发阶段，生态环境良好且尚未破坏；或经济发展很快，且因处行政管理的基层，存在环境监管不足的可能，生态环境受到一定程度破坏。这两种可能的情况下，都凸显了对中小城市低碳发展研究的必要性和紧迫性。当前关于低碳经济发展的研究多集中于大中城市，该书聚焦于中国中小城镇的低碳经济发展，并选择具有区域代表性的福建省福鼎市和柘荣县进行对比研究，研究结论丰富了低碳城市发展的理论。

UBC林学院的John Innes和Guangyu Wang研究团队一直以来关注亚太特别是中国林业应对气候变化和低碳发展方面的议题，开展了很多相关课题研究并取得了一系列成果。本人与该团队一直有交往，深知该团队的科研水平，对其重视亚太特别是中国的研究应该给予积极肯定和鼓励。当然，中国中小城市的低碳发展研究涉及面广，如果能从中国国情出发，分区域选择多个城镇，从生态文明建设和转变发展方式的战略高度，宏观、中观和微观结合研究，其结论和建议可能会更有意义。

中国工程院院士
南京林业大学教授、博导、校长
曹福亮
2016年4月于南京

前　言

自工业革命以来，温室气体排放量不断上升。随着城市化进程的加快，全球城市人口数量不断增加和经济规模持续增长，城市消耗了全球能源的67%～76%，排放了与能源相关的71%～76%的温室气体，随之带来的问题也日益凸显。研究表明，1880～2012年，全球平均气温上升0.85℃(90%置信区间0.65～1.06℃，IPCC，2014)。气候变化导致了海平面上升、冰川退化、水资源分布和热流量失衡、生物多样性减少、心脑血管和呼吸道疾病发病率升高等诸多问题(Patz et al.，2005；Piao et al.，2010；NASA，2015a)。报告再次证明，人类对气候系统的影响是显著的，且人类引起的温室气体排放持续升高极可能是全球气温持续升高的主要原因(Raupach et al.，2007；IPCC，2014)。

在此背景下，区域低碳发展受到各方越来越多的重视。中国绿色碳基金会（下简称CGCF）与加拿大英属哥伦比亚大学（下简称UBC）合作，就“应对气候变化中的城市与森林”进行了一系列研究。由CGCF秘书长李怒云博士和UBC林学院院长John Innes博士牵头主持、UBC林学院助理院长Guangyu Wang博士负责的中加合作第一期项目“中国中小城市低碳研究”(Development of a low-carbon economy in China's small and medium cities)于2012年10月启动实施。该项目聚焦于中国中小城镇的低碳经济发展，并选择具有区域代表性的福建省福鼎市和柘荣县为例，从居民低碳意识、碳排放测算、碳汇估算、低碳发展水平与评价等方面进行对比研究。研究结论丰富了低碳城市发展的理论，并对区域低碳发展提供了政策、技术等方面的支持。该项目研究范围广、内容丰富。鉴于低碳发展研究的时间不长，大众对低碳经济没有全面的了解，加上评价中所需数据很难全面，编著人员水平有限，其所反映的问题可能具有一定局限性。

本书由Guangyu Wang博士主持撰写工作。其中：第一、二章由Guangyu Wang、John Innes主笔，第三章由Cindy Cheng主笔，第四、五章由王立国、Hannah Huang主笔，第六章由王立国、Cindy Cheng、张颖主笔，第七章由王立国、张颖主笔。全书由Guangyu Wang（王光玉）博士负责统稿。

本书的撰写得到了 CGCF、UBC 大学、福鼎市与柘荣县政府、温州碳研究院等单位的大力支持，同时得到了李怒云、袁金鸿、何宇、苏宗海、李清林、王玮烨、Sherry Xie、许忠旗、徐道伟、庞勇、Yuhao Lu、杨志坚等的鼎力帮助，在此一并表示诚挚的感谢！

王 光 玉

Dr. Guangyu Wang

Assistant Dean

Faculty of Foresty

University of British Columbia

May, 2016

Foreword

Since the industrial revolution, cumulative anthropogenic CO_2 emissions to the atmosphere have increased dramatically. With the rapid development of urbanization, urban populations and economies have been growing globally, leading to an urban consumption of 67 – 76% of global energy and resulting in 71 – 76% of global energy-related greenhouse gas emissions. The problems caused by greenhouse gas emissions are well known. Research has shown that the global average temperature rose 0.85℃ (90% confidence interval 0.65℃ to 1.06℃) between 1880 and 2012 (IPCC, 2014). Climate change is causing a series of global issues, such as sea level rise, glacier degradation, water distribution and heat flow imbalances, loss of biodiversity, and increased incidence of cardiovascular and respiratory problems (Patz et al, 2005; Piao et al, . 2010; NASA, 2015a). The fifth IPCC Assessment has argued strongly the human influence on the climate system is discernible and significant and that human-induced greenhouse gas emissions are likely to be the main reason for the continuing rise of global temperature (Raupach et al., 2007; IPCC, 2014).

In this context, regional low-carbon development is receiving more and more attention. The China Green Carbon Foundation (CGCF) and the University of British Columbia (UBC), Canada, have been cooperating on a series of studies examining how cities and forests can adapt to climate change. Led by CGCF Secretary-General Dr. Li Nuyun and the Dean of UBC's Faculty of Forestry, Dr. John Innes, and co-ordinated and managed by Assistant Dean Dr. Guangyu Wang, the first Sino-Canada cooperation project on the development of a low-carbon economy in China's small and medium cities was implemented in October 2012. The project focused on the development of low-carbon economies in China's small cities. A comparative study was implemented that looked at the public awareness of low-carbon, the calculation of carbon emissions, the estimation of carbon sequestration and the evaluation of low-carbon development, using Fuding and Zherong in Fujian province as case studies. The research has enriched the theory of low-carbon urban development, and is providing scientific evidence to support policy, technology and other aspects of low-carbon development. The project does however have some limitations related to the availability of data sources, funding, and the number of people sampled in the questionnaire survey. Consequently, further research will greatly add to the value of this initial study.

Each chapter has different lead authors: Chapters I and II written by Guangyu Wang John Innes, Chapter III by Cindy Cheng, Chapters IV and V by Liguo Wang and Hannah Huang, Chapter VI by Liguo Wang , Cindy Cheng and Helen Zhang, Chapter VII by Liguo Wang and Helen Zhang. Guangyu Wang was responsible for editing the volume.

This book has received strong support from the China Green Carbon Foundation, the University of British Columbia, the Fuding and Zherong governments, the Wenzhou Carbon Research Institute and several other organizations. In particular we thank the following individuals: Nuyun Li, Jinhong Yuan, Yu He, Zhonghai Su, Qinglin Li, Weiye Wang, Zhongqi Xu, Xudao Wei, Yong Pang, Yuhao Lu, Zhijian Yang, Sherry Xie, and others. We express our sincere thanks to all who have given us a hand.

Dr. Guangyu Wang
Assistant Dean
Faculty of Foresty
University of British Columbia
May, 2016

内容概要

最近几十年，大多数发展中国家处于城市化极其迅猛的时期。预计到2030年，全球人口的60%将集中于城市。城市创造了全球约85%的GDP，也相应消耗了67%～76%的能源，排放了与能源相关的71%～76%的温室气体。中国的城市化进程也不例外，它经历了一个快速发展阶段，并还将持续进行下去。目前，中国有54%的人口居住在城市，预计到2045年将上升到75%，在此期间将有4亿人口迁移到城市居住。中国是世界上温室气体排放量最大的国家，近年来不遗余力地减少自身排放，并将发展低碳经济作为增汇减排、走可持续发展道路的重要战略之一。鉴于城市化的快速发展和减少温室气体排放的迫切需要，对中国中小城市低碳发展的研究显得极为适时与重要。

当前关于低碳经济发展的研究多集中于大中城市，本课题将聚焦于中国中小城镇的低碳经济发展，选择具有区域代表性的福建省福鼎市和柘荣县进行对比研究。本研究以全球气候变化背景下的中小城镇可持续发展为研究对象。首先，对研究对象的自然地理条件、人文条件和经济发展的现状进行了实地调查与分析。两县(市)具有良好的自然环境与资源基础，减排增汇有相当的潜力。近年来，各地政府明确了节约目标，建立了责任制与激励机制，不断优化产业结构，在促进森林经营与发展、使用清洁能源等方面均取得良好的效果。但由于两县(市)地理、自然条件的不同，一个是沿海发达城市，一个是落后山区，因此，各自经济发展、减排增汇的途径也不相同，从而具有很强的代表性。

其次，为深入了解中小城镇居民对低碳经济的认知现状，本次研究发放了共计1253份问卷，对福鼎、柘荣两地的居民按公众、社区和政府管理者三个组别进行调查分析。结果显示：公众较为担心气候变化的不利影响，尤其是对家庭和子孙后代的影响；80%以上的受访者听说过低碳经济，且表示他们愿意支持低碳经济；绝大多数的受访居民认为政府需要从改革工业、林业、建筑业和能源生产入手发展低碳经济，并在未来工作中侧重发展清洁能源、低碳技术、森林碳汇以及垃圾分类回收体系。多项逻辑回归模型研究显示，人们对气候变化的担忧程度和对低碳经济的认知水平相关性最为显著

（显著水平为95%），也就是说，居民对低碳经济发展的支持与反对态度取决于他们对气候变化不利影响的担心程度；并且，对低碳经济越了解，越可能支持低碳经济。通过比较不同区域以及样本组数据发现，福鼎市和柘荣县居民对低碳经济认知和态度十分相似，但柘荣县居民相对而言更担心气候变化的不利影响；政府工作人员最担心气候变化的影响且最了解低碳经济，其次为公众组，社区成员相对而言最不担心气候变化，对低碳经济的了解最少。

第三，运用政府间气候变化专门委员会（下简称IPCC）指南对福鼎市和柘荣县2009～2013年的五年间碳排放量进行了测算，结果显示：福鼎市的碳排放量保持逐步增长态势，2013年碳排放量达到399.66万吨CO_2，比2009年增长了187.76万吨CO_2，年均增长21.1%；而由于经济发展水平和人口数量的明显差异，柘荣县的碳排放量从2009年的41.08万吨CO_2增长至2013年的64.86万吨CO_2，年均增长为12.3%。相比较而言，福鼎市的碳排放量年增长速度显著高于柘荣县增长速度。第二产业的碳排放占了福鼎市和柘荣县的总排放量的75%。这些碳排放主要源于工业生产活动（占第二产业碳排放的90%以上）。第三产业中，两县（市）的交通运输、仓储和邮政的碳排放最高。

第四，通过遥感技术方法来研究2000～2015年福鼎市和柘荣县的碳汇变化情况，结果表明：两地在2000～2015年期间的土地利用均发生了一定的变化并影响到碳汇/碳排放量的变化，两地碳汇指数目前都呈现负数，即总体上是碳排放区，且碳排放量呈现逐步缓慢上升趋势，但两地的单位面积碳排放均较低；随着两地有林地面积的逐步增加，将对区域碳减排有一定贡献，柘荣县林业的碳减排贡献要高于福鼎市。

第五，运用“压力—状态—响应”（PSR）模型方法构建了低碳发展综合评价体系（LCSCI），对福鼎和柘荣的低碳发展水平及其影响因素进行了分析。研究结果显示：低碳发展水平与区域经济发展水平没有很强的关联度。经济发展水平相对低的城市其低碳发展水平不一定比经济相对发达的城市低，但森林碳汇资源丰富且重视碳减排放生态环境建设的城市，由于较少受到碳排放的干扰破坏或所受的干扰破坏能较好恢复，从而可以弥补在低碳发展过程中经济发展程度的不足。福鼎市的低碳发展水平综合值从2009年的61.12分逐步发展为2013年的63.21分；柘荣县从2009年的64.32分逐步发展为2013年的68.09分。两个地方的低碳发展水平都在61～80分间，属第Ⅱ级。

说明两个地方所承受的压力较小，低碳发展水平较高，但仍需采取一定的防护和治理措施。柘荣县的森林覆盖率和森林蓄积增长率比福鼎市高，能够维持一个较优的人均森林碳汇指数和人均碳汇/碳源比，因此柘荣县的低碳发展水平明显高于福鼎市。同时，福鼎市和柘荣县 2009 ~ 2013 年低碳发展水平大体上是在逐年升高，但柘荣县的低碳发展水平增长幅度明显高于福鼎市，且不同区域的低碳发展水平影响因子各有侧重。

最后，根据上述研究结果，设计提出了中小城市低碳发展路线图，并具体从完善制度环境管理、推行节能减排战略和支持固碳增汇事业三个方面，结合福鼎市和柘荣县两地的低碳发展状况，对中小城市低碳发展提出了有针对性的对策与建议，以期为中国中小城市低碳经济的未来发展提供理论支撑和技术指导。

Summary

In most developing countries, the last few decades has seen a period of extremely rapid urbanization, and it is expected that 60% of the world's population will be concentrated in cities by 2030. Cities create about 85% of the global GDP, consume 67 – 76% of global energy and are responsible for 71 – 76% of global carbon emissions. Urbanization in China is no exception; it has occurred rapidly in recent years and is expected to continue: currently 54% of the population lives in cities, and this is expected to rise to 75% by 2045, with 400 million people moving to cities during this period. China has the greatest national greenhouse gas emissions in the world, despite making great efforts to reduce its emissions. Developing a low-carbon economy is now seen as an important strategic path for sustainable development. In view of the rapid rate of urbanization and the urgent need to limit greenhouse gas emissions, the collection of information on low-carbon development in China's small cities is both timely and important.

Current research on low-carbon economies has mostly concentrated on big cities (population larger than 1 million). In the study presented here, the focus is on the development of low-carbon economies in China's small cities (population less than 0.5 million). Two case studies, Fuding and Zherong in Fujian province, have been used as examples. The study started with field investigations and analysis of the natural and geographical conditions, cultural conditions of the study areas and the status of economic development.

With this background information, 1253 questionnaires were distributed among three sample groups: the general public, local community residents, and government employees. A variety of results were obtained. Local residents were "somewhat concerned" about the impacts of climate change, especially the impacts on future generations (there is an increasing concern about climate change as the spatial scale of impact narrows down from global to local). More than 80% of the respondents had heard of low carbon economies and indicated their support for a low carbon economy in their local area. Most people felt that the first actions that governments should take should involve the reform of industry, forestry, construction and energy production. The most frequently cited priorities for the development of a low carbon economy were considered to be the introduction of clean energy and low carbon technologies in industry, the development of forest carbon projects and the development of recycling programs. A multinomial logistic regression analysis utilized in the study led to the finding that the public's concerns about climate change and their knowledge of low carbon economies were the most influential factors in developing their attitudes towards low carbon economies. People with a better understanding of low carbon economies were more likely to support a low carbon economy in their local area. There was also evidence that people with greater concerns about the impacts of climate change were significantly more likely to have decided whether or not they support low carbon economies, instead of being unsure about it. Residents in Fuding City and Zherong County had very similar levels of understanding and attitudes towards low carbon economies. In contrast, residents in Zherong County were significantly more concerned about the impacts of climate change. Government employees were the most knowledgeable about low carbon economies, and were more supportive of developing a low carbon economy. The general public came next. Community residents, compared to the other groups, were the least concerned about climate change and the least knowledgeable about low carbon economies.

The IPCC carbon indices were then applied to estimate carbon emissions in Fuding and Zherong from 2009 to 2013. The results indicate that the total carbon emissions from 2009 to 2013 in Fuding and Zherong have been increasing. There was a bigger increase in Fuding, with CO_2 emissions increasing from 1, 877, 600 t CO_2e in 2009 to 3, 996, 600 t CO_2e in 2013, representing an average annual increase of 21. 1%. Carbon emissions in Zherong increased from 410, 800 t of CO_2e in 2009 to 648, 600 t CO_2e in 2013, with an average increase of 47, 600 t CO_2e and 12. 3% annually. Carbon emisions from secondary industries accounted for 75% of the total. The emissions were generated mainly by industrial activities (secondary industry accounted for more than 90% of carbon emissions), while transportation, storage and postal services contributed the highest carbon emissions in the tertiary industry in these two counties.

Remote sensing technology was applied to estimate changes in carbon sinks between 2000 and 2015 in Fuding and Zherong. The results show that changes in land use occurred during 2000 – 2015 and impacted on the carbon sink / carbon emissions. The greatest change was in the area of woodland which has gradually increased. Overall, the carbon sequestration indices were negative, meaning that there have been net carbon emissions. The carbon emissions have shown a slow gradual upward trend, but the per unit area carbon emissions increased very slowly. The carbon sink capacity of forest was very large, contributing a regional carbon offset, and the carbon offset contribution of forestry was higher in Zherong than that in Fuding City.

A Pressure-State-Response (PSR) framework was thenapplied to set up a Low-carbon Development Comprehensive Assessment System (LCDAS) to assess the level of low-carbon development in Fuding and Zherong and to identify its influencing factors. There was not a strong correlation between the level of regional economic development and low-carbon development. The level of low-carbon development in the relatively under-developed city was not necessarily lower than that of the relatively developed city. The level of low-carbon development gradually increased from an index of 61.12 in 2009 to 63.21 in 2013 in Fuding, while the level increased from 64.32 in 2009 to 68.09 in 2013 in Zherong. The level of low-carbon development in the two cities lay in the 61 – 80 range (Grade II), which indicates that smaller levels of pressure exists, as do higher levels of low-carbon development. However, some protective and rehabilitative measures still need to be taken. The level of low-carbon development in Zherong was significantly higher than in Fuding. The level of low-carbon development in Fuding and Zherong steadily increased between 2009 and 2013, with the growth rate in Zherong being significantly higher than in Fuding. The factors influencing the rate of low carbon developed differed between the two cities.

Based on the findings, three effective countermeasures are suggested. These are: supporting carbon sequestration through sinks and improving the management of institutional systems, implementing energy conservation strategies, strengthening education about the low-carbon economy. These countermeasures will provide theoretical support and technical guidance for the development of low-carbon economies in China's small cities.

目　录

第一章　引　言

第一节　研究背景

我们生活在一个城市化时代。城市，特别是在发展中国家，正以前所未有的速度发展壮大，预计到2030年，大约60%全球人口将居住在城市(Seto et al.，2012)。城市也是经济增长和社会变革的发动机。2015年，全球GDP中城市创造了约62万亿美元，约占全球的GDP的85%。预计到2030年，有望上升到115万亿美元，或全球GDP的87%(Floater et al.，2014)。与此同时，城市的能源消耗占全球能源消耗的67%～76%，排放了与能源相关的71%～76%温室气体(GHG，Seto et al.，2014)。

随着全球城市人口数量不断增加，经济规模持续增长，产生了大量温室气体排放，带来的问题是显而易见的。IPCC最新发布的《气候变化2014》(第五次评估报告)表明，1880～2012年，全球平均气温上升0.85℃(90%置信区间0.65～1.06℃，IPCC，2014)。这样的增长速度在过去1300年是前所未有的(IPCC，2014；NASA，2015a，2015b)。除此之外，气候变化正在影响着地球各生态系统以及人类社会的方方面面，如海平面上升、冰川退化、水资源分布和热流量失衡、生物多样性减少、心脑血管和呼吸道疾病发病率升高等(Patz et al.，2005；Piao et al.，2010；NASA，2015a)。此报告再次证明，人类对气候系统的影响是显著的，且人类引起的温室气体排放持续升高极可能是全球气温持续升高的主要原因(Raupach et al.，2007；IPCC，2014)。自工业革命以来的1750～2011年间，温室气体排放量达2040±310Gt CO_2，其中40%(880±35 Gt CO_2)存留在大气中加强温室效应，其余的储存在植物、土壤等陆地或者海洋里(IPCC，2014)。在所有温室气体中，二氧化碳(CO_2)在大气中浓度增长最快，短短七年中增长了10%，且其辐射强度最强，因此，在讨论温室气体时往往以二氧化碳为基准(IPCC，2014)。在此背景下，降低人类对化石燃料以及其他高排放产品或服务的依赖是减缓气候变化的最基本和最首要任务。

应对并解决气候变化问题一直是国际社会的努力重点。为减缓气候变化，加强国际间合作，许多国际组织、环保组织/项目应运而生，以联合国环境规划署(UNEP)和政府间气候变化专门委员会(IPCC)为代表。UNEP 主要使命是促进国际合作以应对气候变化为主的各种环境问题，并提供相关调研报告以促进可持续发展(Steiner，2012)。《UNEP Yearbook，2012》对过去一年的气候变化影响以及国际上对于减排和减缓气候变化所作出的努力和成果进行一个综合回顾。尽管许多国家在 2009 年提出各自的减排计划和目标，但根据目前大气温室气体含量以及气候变化幅度，UNEP 估计全球需要减少 60～110 亿吨二氧化碳当量(CO_2e)才能在 22 世纪来临前达到全球平均气温只增加 2℃的目标(UNEP，2012)。面对如此严峻的挑战，UNEP 呼吁各国提高能源效率，向低碳可再生能源转型：一、提高能源效率：制定相关行业政策帮助减排；二、倡议“绿色采购”(Green Procurement)，选择对环境影响较小的服务和产品以减少排放；三、通过技术改革减少氢氟碳和黑碳排放。《UNEP Yearbook 2012》还指出，发展低碳绿色经济需要在十个相关部门进行改革：林业、农业、渔业、加工业、废品处理、水域管理、建筑业、交通系统、可再生能源使用和旅游业(UNEP，2012)。IPCC 则是一个全面、客观、公开、透明地研究与评估气候变化及其潜在影响，并提供制定应对方案所需要的科技和社会经济信息的一个全球性非政府组织。IPCC 目前已出版五期评估报告，最近的一期报告《气候变化 2014：综合报告》(简称《综合报告》)重点阐明了七方面的科学问题：一是更多的观测和证据证实全球气候变暖；二是确认人类活动和全球变暖之间的因果关系；三是气候变化影响归因，气候变化已对自然生态系统和人类社会产生不利影响；四是未来气候变暖将持续；五是未来气候变暖将给经济社会发展带来越来越显著的影响，并成为人类经济社会发展的风险；六是不采取行动的后果；七是要实现在本世纪末升温控制在 2℃内的目标，须对能源供应部门进行重大变革，并及早实施全球长期减排路径(IPCC，2014)。

与此同时，《联合国气候变化框架公约》(UNFCCC，简称《公约》)、《京都议定书》(简称《议定书》)、《哥本哈根协议》、“巴厘路线图”、《坎昆协议》、德班会议等一系列的成果标志着国际合作取得了令人瞩目的突破，既明确了应对气候变化国际合作的目的、原则、责任和任务，同时也明确了运作管理中的透明度、技术、资金、能力建设等机制(Chen，2011；陈勇等，2011；UNFCCC，2014)。

在国际公约与国际间应对气候变化努力下，各国也积极响应，努力减排并提高对未来极端气候的适应能力。实践证明，要想真正减缓并最终停止气候变化的脚步，人类社会必须转变对高排放的化石燃料的依赖，实现从社会、经济、环境三方面的改革。低碳经济是近几年来提出的对策之一(HM Government, 2009; Pan et al. , 2010)，其核心内容是通过对社会的生产、消费方式上彻底转变各行业对高碳传统方式的依赖，从而根本上解决经济社会高速发展带来的高排放、高消耗问题。“低碳”主要针对于目前大气中浓度增长最快且辐射强度最高的二氧化碳以及其他温室气体，意义在于将大气中温室气体浓度尽可能降到目标水平。“经济”则表明其是一种经济发展模式，主要针对于社会生产和消费各环节的温室气体排放。通过产业结构调整，技术创新和提高能效等方式实现社会生产消费各环节的排放最小化(中国科学院可持续发展战略研究组，2009；苏美蓉等，2012)。综合而言，低碳经济包含了三个方面：清洁能源发展、资源有效利用和科技创新(中国评论新闻网，2009; Pan et al. , 2010)。许多国家表示低碳经济是一条可行之路，并开始探索适合自己国家的低碳经济发展模式。目前，大部分发达国家(如英国)已宣告要发展低碳经济并承诺一定的低碳目标，如承诺在一定时间内减少全国温室气体排放至一定水平(往往以过去某年排放量为基准，以基准排放量的百分比衡量减排量)。低碳经济除了以上三个主要方面，近年来还融入了人文理念，如绿色工作、绿色建筑以及绿色生活(2050 Japan Low - Carbon Society scenario team, 2009; Committee on Climate Change UK, 2010; Pan et al. , 2010; European Commission, 2015)。2015 年 12 月在巴黎召开的联合国气候大会(COP21)是一个历史性的会议，达成了旨在全球内有约束力的《巴黎协定》。各国提交了国家自主贡献方案，阐述了各个国家的减排承诺。根据协定，各国将共同努力把全球气温平均升幅控制在2°之内。我们正在进入一个低碳时代，这是一场强大的、不可逆转的、超越国家与政府的运动。数千个地区、省份、城市承诺从现在到2050 年减少温室气体排放，诸多企业、金融机构决定将投资转向低碳领域。

作为世界上温室气体排放量最高的国家，中国目前面临着多个严峻挑战：提高人民生活水平、快速发展经济、保护生态环境以及降低温室气体排放(Hannon et al. , 2011; Baeumler et al. , 2012)。要同时完成以上任务，低碳经济是中国的最佳选择(Leggett, 2011)。实际上，中国在过去 6 年中已在低碳经济发展方面取得显著成效。首先，中国在十一五期间，全国能源密度

（即每单位GDP所消耗的能源）降低了19.1%。与此同时，经济保持强劲势头，GDP平均每年增长11.2%。这相当于减少燃烧6.3亿吨煤，减少排放14.6亿吨CO_2eq（Baeumuler et al.，2012）。其次，中国拥有世界上最大的水电站和第二大的风能发电厂。在十一五期间，其非化石燃料能源使用比例上升至9.6%，相当于15万兆瓦的发电量（Hannon et al.，2011；Baeumuler et al.，2012）。另外，中国推行了全球规模最大的造林项目。这些森林将吸收大量二氧化碳，增加巨量碳汇，为中国减少温室气体排放作出贡献（The National Development and Reform Commission，2007；Baeumuler et al.，2012）。

除此以外，中国在一级城市（尤其是北京、上海、广州等一线城市）开展了许多低碳试行项目和研究，在减排方面取得了显著成就。相比之下，作为未来城市化主力军的中小城镇却很少有关注。中国的中小城镇与主要城市不同，当前处于城镇化高速发展阶段，很多设施城建需要规划和完善，这给低碳经济的发展留有很大空间，且所需成本相对大城市而言较低（Cai et al.，2012）。另外，由于中国目前主要能源来自煤炭，如果保持当前粗放模式不变且没有正确的指引，中小城镇的高速发展必将导致大量的温室气体排放（Bulkeley et al.，2011）。因此，对中国中小城镇的低碳发展研究很有必要，也具有不可或缺的重要意义。

第二节　历史回眸

中小城镇低碳发展是指旨在实现城镇居民低碳生活方式与社会低碳发展模式的有效结合，从社会经济与居民生活日常两方面不断扭转社会发展理念与居民行为特征。

一、公众认知研究现状

气候变化对于人类社会而言是一个严峻挑战。因此，很多学术研究围绕着气候变化这个主题展开。自然科学致力于研究其开始原因和未来影响，人文科学则从人文社会角度来理解气候变化（即人们如何理解和应对气候变化）。这些研究成果对于帮助人们理解什么是气候变化以及相关政府决策有着重大意义（Bord et al.，1998；Sterman & Sweeney，2007；Swim et al.，2011；Center for Research on Environmental Decisions（CRED），2009）。为了更好引导公众，消除他们对气候变化的误解和困惑，学者们需要加深自身对于公众对气候变化认知的了解。同时，政府也需要明确公众的需求和期望，从而制定更有效更符合民意的政策(Bord et al.，1998；Brooker & Schaefer，2006；Oldendick，2002；Lorenzoni & Pidgeon，2006)。

在众多公众认知和意向研究方法中，社会调查(survey)是最为广泛应用的方法之一(Babbie & Benaquisto，2010；Check & Schutt，2012)。社会调查主要取材于现实生活，分析社会现状，发现社会规律或者趋势。它主要有3个优点：首先，灵活性高，研究人员可以自行决定调查问题以及调查方法(Babbie & Benaquisto，2010；Colorado State University，2012)。同时，研究人员可以通过社会调查收集的数据来定义变量，不像其他实验设计，很多变量或者操作流程是固定的，不可随意更改。通过问题标准化(standardized questions)，研究人员可以进一步简化调查过程，且进行不同组间比较(Babbie & Benaquisto，2010)。其次，社会调查可以在短时间内测量多个变量并取得较大样本量，这对于研究整个群体特征和趋势十分有用(Check & Schutt，2012；Colorado State University，2012)。最后，相对于其他方法，社会调查所需费用十分少，尤其是自填问卷调查方法(Babbie & Benaquisto，2010；Colorado State University，2012)。

当然，社会调查也有不足之处。首先，研究人员需要特别注意调查设计，特别是问题标准化。为了设计一份明了易懂的适合所有群体的问卷，研究人员需要避免针对性或者专业性较强的问题，然而这些问题往往是最能够体现问题或者调查主题的(Babbie & Benaquisto，2010)。其次，社会调查结果的有效性和可靠性很容易受到质疑，尤其是自填式问卷。参加调查的人回答问题时的估值很容易偏高或偏低。最常见的例子是社会调查常使用的5级或7级likert量表，人们很难非常准确地区别量表的每个级别，如非常同意和同意。因此，研究人员需要格外注意相关调查问题的设计。

公众对气候变化认知的社会调查始于1980年代(Bord et al.，1998；Dunlap et al.，2000)。这类调查主要在于了解人们对气候变化的认知、了解和担心程度等(Bord et al.，1998)。根据Gallup全球调查结果显示，全球128个国家中，一半公众对气候变化有一定了解。其中，11%的居民十分了解气候变化，39%的居民不了解或者拒绝回答这个问题(Pugliese & Ray，2009)。发达国家居民(如北美和欧洲)认知程度高于发展中国家居民(如中东和非洲)(Leiserowitz，2007；Pugliese & Ray，2009；Ray & Pugliese，2011；Chang et al.，2012)。通过比较不同年份的调查结果，研究人员发现，自1980年代以来公众对气候变化的认知度越来越高(Nisbet & Myers, 2007; Chang et al., 2012)。以美国为例, 1986年的一项社会调查显示, 只有39%的美国人听说过气候变化。到了2006年, 听过气候变化的居民比例已达91%(Nisbet & Myers, 2007; Chang et al., 2012)。虽然中国在80年代没有太多关于气候变化认知的调查研究, 但对比近几年的研究结果, 我们发现了相似的增长趋势: 听说过气候变化的中国居民比例从2006年的78%增至2007年的96%(Chang et al., 2012)。此外, 人们对气候变化的担忧逐年递增, 表示担心气候变化不利影响的居民比例由2006年的61%提高至2009年的78%(Chang et al., 2012)。

由于气候变化的加剧, 2003年英国政府首次提出的低碳经济概念受到了社会各界广泛关注。国内学者渐渐将目光转向公众对低碳经济的认知和态度。调查结果显示, 大多数公众对低碳经济的概念有所耳闻但有深入了解的人并不多, 仅有约10%的调查对象表示对低碳经济十分了解(Liu et al., 2009; Cao, 2010; Xue et al., 2010; Chen & Tylor, 2011; 阳洪霞, 2011; 魏水英, 2012)。尽管如此, 公众对发展低碳经济态度积极, 多数人表示非常支持。公众支持的原因包括低碳经济能够减缓气候变化、保护环境且提高人民的生活水平(Chen & Tylor, 2011)。除此之外, 许多学者对人们日常行为进行了调查。研究发现, 最常见的低碳相关行为往往有一定的经济回报, 即居民可通过这类行为节省开支或者得到一定的收益, 如节约用水电(Huang et al., 2006; Liu et al., 2009; Chen & Tylor, 2011)、购买绿色产品(如节能电器等)(Huang et al., 2006; Liu et al., 2009; Chen & Tylor, 2011; 魏水英, 2012)、循环使用塑料包装袋(Xue et al., 2010; Chen & Tylor, 2011)、垃圾分类(Huang et al., 2006; Liu et al., 2009; Xue et al., 2010; Chen & Tylor, 2011)。另一方面, 部分公众对低碳经济持观望态度或者反对态度, 主要原因是担心低碳经济可能会限制当地经济的发展, 低碳转型成本过大, 低碳绿色产品标价过高无力承担, 公众认知度低等(Xue et al., 2010; Chen & Tylor, 2011)。

近年来, 虽然公众对气候变化与低碳经济的意识程度明显提高, 但缺乏全面和深入的了解(Blake, 1999; Chen & Tylor, 2011; Gifford, 2011)。人们往往将低碳、绿色、环保、循环等名词混为一谈(Lorenzoni et al., 2007; Chen & Tylor, 2011)。由于缺乏正确和全面的认识, 公众往往低估了气候变化对社会、环境和自身的影响(Leiserowitz, 2007; CRED, 2009)。因此, 人们往往更关注经济等与当前自身利益相关的问题，如就业率、人均收入等。与其他环境问题（如空气污染）相比，人们往往认为气候变化并不严重，无需立即采取措施（Pew Research Center，2009；Newport，2014）。另外，研究发现，公众缺乏可信的资源和渠道来了解气候变化和低碳经济（Chen & Taylor，2011）。大部分公众表示他们了解气候变化和低碳经济的主要渠道为电视、网络和报纸杂志，但是很多人对他们的所见所闻有所怀疑（Xue et al.，2010；Chen & Tylor，2011；魏水英，2012；Dugan，2014）。他们表示，媒体信息往往夸大其词，缺乏根据且常常互相冲突（Lorenzoni et al.，2007）。并且，由于气候系统十分复杂，预测气候变化尤其是全球范围的影响十分困难，有很多不确定因素，因此目前相关的科学研究无法100%确定气候变化对未来影响，造成公众对科研成果的误解和怀疑（CRED，2009）。

除此之外，研究发现，仅仅传递相关信息是远远不够的。可靠丰富的信息资源并不能改变人们的生活习惯和日常行为（CRED，2009；Chen & Tylor，2011；Gifford，2011）。对政府而言，如何制止人们的高碳排行为同时保证其自由选择的权利是一大挑战，这要求政府在全面彻底了解民意的基础上推行奖惩机制（巢桂芳，2010；Chen & Tylor，2011）。将减排和市场机制结合在一起是一个很好的例子，如政府补贴购买节能电器或者使用太阳能热水器等（Blake，1999；Xue et al.，2010）。相反的，不鼓励甚至惩罚高碳排消费和行为也可以取得很好的效果，如超市塑料袋收费政策施行后，Chen & Taylor（2011）的调查显示90%的居民表示不再使用塑料袋。另有调查显示，中国西北部（甘肃省和陕西省）城市70%的居民开始使用可循环购物袋（Xue et al.，2010）。

与此同时，为了加深对公众认知和态度的了解以及更有针对性地对不同群体进行宣传和教育，很多学者对影响公众对气候变化或者低碳经济的认知和态度的主要因素进行了分析研究。从社会学角度而言，主要因素包括年龄、性别、教育、职业、收入等。综合而言，年轻的（Jaeger et al.，1993；Dunlap，1998；Saad，2014）、受过良好教育的（Jaeger et al.，1993；Dunlap，1998；Liu et al.，2009；Newport，2014；Saad，2014）、并且有一定信仰的（Grecni，2014）都市（Dunlap，1998；Hamilton and Keim，2009）女性（Jaeger et al.，1993；Kollmuss & Agyeman 2002；Saad，2014）对气候变化的认知和担忧程度较高。需要注意的是，人们对某一问题的意识和认知受到多种因素的影响，虽然以上趋势总结代表一部分的研究，仍有许多学者发现完全相反的趋势。例如，部分研究发现，年龄和教育对人们的认知程度影响不显著(Hines et al. , 1987, as cited from Olli et al. , 2001; Sterman & Sweeney, 2007; Walsh, 2008)。

二、碳排放研究现状

2003年，英国首相布莱尔发表的《我们未来的能源——创建低碳经济》的白皮书首次提出低碳经济概念，引起国际社会的广泛关注。此后，这一概念被赋予了不同含义，但其主旨都在于发展低能耗、低排放、低污染的绿色生态经济。然而，发展低碳经济必须综合考虑来自经济(如经济增长、收入差异)、社会发展(如人口增长、城市化、工业化)和技术进步(如新技术的开发和能源利用率的提高)等多方面因素的影响(Baeumler et al. , 2012; 樊星, 2013)。不同行业碳排放存在的差异来源于行业规模、产业结构、资本、能源结构和生产方式等方面，而各行业生产经营所进行的各种社会活动也消耗不同的能源量，从而影响各部门所占的碳排放比重。因此，针对各种社会活动的碳排放量测算和核算标准的选取成为衡量低碳经济成效的重要指标(Peters & Hertwich, 2008; Baeumler et al. , 2012)。

近几年来，碳排放问题受到越来越多的关注，对于碳排放的核算方法的研究也越来越多。然而关于碳排放问题的研究还没有达成完全一致的认识，排放量的测算方法呈现多样化，出发角度也不尽相同(Bastianoni et al. , 2004)。国外对碳排放测算的研究以及标准制定起步早，但研究方法和方向仍在不断地改进和变化。相比较，国内关于碳排放核算方法的认识不够深入，计算方法不统一，缺少对能源消费和碳排放特征变化的分析(蒋金荷, 2011)，也还没有形成完整的碳排放核算体系。总体而言，国内外关于碳排放问题的研究主要针对以下几方面：

(1)碳排放量测算方法的研究。目前国际上现有的碳排放核算体系可以分为两种：自上而下宏观层面的核算和自下而上微观层面的核算(Denier van der Gon et al. , 2012)。其中，自上而下核算体系是根据国家或区域范围内各种主要碳排放源乘以其碳排放系数测算碳排放量。以IPCC提出的《IPCC国家温室气体指南》为代表，通过层层分解碳排放源并结合《IPCC指南》的方法和数据进行核算，具有一定的广泛性和权威性(IPCC, 2006)。这种核算方法多用于估计大区域范围的碳排放核算，如上海市交通能源消费碳排放测算等(吴开亚等, 2012; Liu et al. , 2012)。自上而下方法的测算结果有可能无法准确反映当地小区域具体情况而出现偏差(Nicholls et al. , 2015)。自下而上核算体系更侧重于对小范围具体产品和企业的碳核算，加总各核算结果得到总碳排放，被认为是从社会大众向政府转移的碳核算体系(Zhao et al. , 2011)。但很多时候自下而上核算体系由于缺乏数据等原因无法涵盖经济生活的各个方面(郝千婷等, 2012; Liu et al. , 2012; Nicholls et al. , 2015)。因此，对区域的碳排放量核算应以自上而下的碳核算体系为主，在此基础上针对研究结果再进行自下而上的辅助研究，有利于制定区域适用型的低碳减排措施。

现有的相关研究主要从不同角度对行业或产品的碳排放进行核算，主要方法有：清单测算法、生命周期法(Life Cycle Assessment, LCA)、实测法、物料衡算法和投入产出法等(Environment Canada, 2015)。清单测算法着眼于将许多温室气体加入到排放清单指南中，对地理边界和核算内容作出规定，统计清单内包含的全部生产和消费所产生的碳排放(Ramaswami et al. , 2008; 汪浩等, 2013)。该方法以IPCC发布的清单方法指南为代表。《2006年IPCC国家温室气体清单指南》为温室气体排放估算提供了广泛而适用的最佳缺省方法，也成为了国际上最成熟理论的代表之一(IPCC, 2006)。生命周期法是对产品生命周期内碳排放的计算，属于“自下而上”的分析方法。自上世纪末以来，发达国家政府及国际社会组织通过大量调研，逐步形成系统化的碳排放量核算标准体系，如国外的国际标准化组织(ISO)、世界资源研究所(WRI)和世界可持续发展工商理事会(WBCSD)等；出现了认知制度较高的碳排放核算标准如PAS 2050《公众可用规范》，ISO 14064《温室气体核证标准》，GHG Protocol《温室气体议定书》(Chomkhamsri et al. , 2011; 庄智等, 2011)。生命周期法作为对资源、能源、材料及其产品进行环境评价的主要方法，被广泛应用于社会各个层面(Samaras & Meisterling, 2008; 张鹏, 2013)，如曹华军等(2012)运用该方法对机床的碳排放进行了评估；尚春静等(2010)以北京地区底层住宅为例对建筑进行了生命周期碳排放测算。实测法则是对某区域进行现场测定，直接获得二氧化碳的排放浓度和流量，从而计算碳排放量，例如通过环境监测站检测出污染物的排放量，科学合理地收集具有代表性的样品。这种方法具有较高的准确度，也可以用于考证其他计算方法的准确性，缺点是工作量大，对计算人员要求高，结果可能会出现较大误差。物料衡算法是以质量守恒定律为原则对生产过程中的物料平衡进行计算，遵循 ΣG(投入) = ΣG(产品) + ΣG(损失) 的守恒公式(Gillenwater, 2005；张鹏, 2013；郝千婷等, 2012；Environment Canada, 2015），该方法可同时适用于整个生产过程和局部过程的碳排放量估算（肖宏伟, 2013）。投入产出法（Economic Input - Output Analysis, EIO）属于“自上而下”的分析方法，利用投入产出表，通过平衡方程研究初始投入、中间投入、总投入，中间产品、最终产品、总产出之间的关系，分析各个流量间的来源与去向及各个生产活动的相互依存关系（Norman et al., 2006；Ramaswami et al., 2008）。该方法适用于宏观分析，在计算过程中常合并多个产业，无法获得微观层面每个产业各自的碳足迹（Norman et al., 2006；Ramaswami et al., 2008；林剑艺等, 2012）。因此该方法也常与生命周期法结合，相互扩展补充，克服前者数据粗略和后者系统不完整性的弊端，弥补了彼此的不足（汪浩等, 2013）。

（2）碳排放量的影响因素的研究。目前，广大国内外学者通过构建相关模型，模拟宏观和微观层面的碳排放情景和政策，对影响碳排放的各类因素进行定量分析。常见的因素研究模型包括 IPAT 模型（Ehrlich & Holden, 1971；York et al, 2003）、STIRPAT 模型（York et al., 2003）、Kaya 模型（Kaya, 1990）、LMDI 分解法（Ma & Stern, 2008；梅煌伟, 2012；刘源, 2014）等。案例包括测算了 1990～2004 年全球碳排放量（Raupach, Marland, Ciais et al., 2007），甘肃省 1990～2009 年的能源碳排放量（焦文献, 2012），辽宁省碳排放的驱动因素分析（冯雪, 2013），王克等（2014）利用 Theil 指数和 Kaya 恒等式深入研究了导致人均碳排放差异的能源强度影响因素。

大量研究成果表明，关于碳排放影响因素分解研究趋于成熟与多样，碳排放的差异受经济、社会发展、技术进步和能源消费等因素的不同程度影响。朱玲玲（2013）利用两种分解解析法和 LMDI 因素分解模型，测算出中国工业各行业 2003～2011 年碳排放情况和变化趋势。结果显示人口规模、经济发展、能耗强度无一例外地增加了各行业的碳排放。贺红兵（2012）利用 Kaya 恒等式及其扩展，估算了中国全国以及各省域的碳排放量，分解结果表明，经济的快速增长推动了碳排放的迅速增加，而能源强度的下降在很大程度上抑制了碳排放的增加。能源结构和产业结构的减排贡献不明显。付伟（2012）从分析湖北省化石能源消费结构以及各类化石能源消费状况入手，以 STIRPAT 模型为基础进行分析，研究显示：短期碳排放模型中，碳排放水平受人口因素、经济发展水平、技术水平和上一期碳排放水平的影响；而长期碳排放模型中，能源消费结构直接影响碳排放水平。由此可见，减排方式的选择与经济发展、人口、技术进步、能源消费有很大的关系，多种模型的构建使用和互补也使得研究结果更加准确可信，为低碳经济发展提供建设性建议。

(3)碳排放量预测及其影响效应。基于逐渐完善和多样化的碳排放研究，学者们不断深入，利用相关模型对碳排放趋势及其影响效应进行了预测，为提出合理可行的减排路径提供参考依据。其中，许多研究针对不同工业行业的碳排放量进行预测，如 Barros 等(2011)通过对分布在世界各地的 85 个发电型水库的抽样分析，发现发电型水库每年大约排放二氧化碳 48 TgC 和甲烷 3 TgC，约占全球内陆水域碳排放的 4%；Vleeshouwers 等(2002)建立了一个模型测算欧洲农业土壤碳通量，结果显示在 2008 ~ 2012 年承诺期情景下草原碳排放每年每公顷大约为 0. 52 tC，耕地每年每公顷碳排放大约为 0. 84 tC；田立新等(2012)建立了一系列微分方程来预测中国人口、经济发展、煤炭消耗及碳排放量，描述了人口、GDP、煤炭消耗和碳排放之间的动力学关系。

(4)碳减排路径与方法的分析。通过构建模型，研究影响碳排放量的各种因素及预测，国内外学术界提出了许多关于低碳经济的理论研究，大多数从能源消费与经济发展的角度去探讨和制定合理可行的碳减排路径和方法。Nakata & Lamont (2001)从日本的能源系统角度出发，研究了碳税和能源税对减少碳排放量的影响，结果表明两种税均能在一定程度上减少二氧化碳的排放量，且成本相似；赵鹏飞(2013)讨论了低碳减排对成本核算管理的影响，认为碳减排使环境污染的成本外部性内部化，同时影响企业经营成本和管理、现金流和绩效；陈理浩(2014)围绕低碳经济理论、经济增长理论和碳排放测算等领域对大量已有文献进行综述，从产业结构视角、碳汇视角、消费视角分析了中国碳减排的路径，强调了增强我国林业碳汇功能的重要性；张钰坤，刘雅薇(2013)使用静态面板估计方法，对中国各区域二氧化碳排放的驱动因素进行了研究，结果显示能源强度、城市化和人口数分别是东、中和西部 CO_2 排放最主要的影响因素，且提出了相应的政策。

三、低碳发展评估

在低碳城市建设实践进行的同时，国内外学者们开展了大量关于低碳评价的研究，作为低碳城市建设成效的一种评估和检测的依据。当前关于城市低碳发展评价的研究主要表现在以下几方面：

(1)对某个领域的低碳评价。已有的一部分评价研究侧重于低碳经济某一专项或某一领域的评价，将低碳经济具体化，如对低碳政策、低碳技术、低碳能源及低碳产业等的评价分析，并广泛采用多种数量模型为测评方法(裴雪姣等, 2013)。如 Turton(2008)构建 ECLIPSE 模型评估了能源和气候变化政策的影响；Jaeger 等(2015)从避免不必要的出行行为和高效的出行方式、仔细考虑资金和成本预算、明确界定机构作用和责任等三方面对印度尼西亚的可持续城市交通计划(SUTI)进行了评估；Sun 等(2015)基于多角色多标准分析(MAMCA)方法，提炼基于社会网络分析来衡量利益相关者的意见的权重模型，对天津的低碳交通政策进行评估结果表明，最支持的政策是交通需求管理和国家资助及补贴；Sperling & Yeh(2010)认为低碳燃料标准(LCFS)新政策工具是降低交通运输燃料碳排放一种很好的途径；欧嘉瑞等(2011)运用系统动态模型，评价了台湾澎湖岛低碳计划中的绿色交通政策，并通过 4 种情景分析了绿色交通减排政策的有效性。其他领域的低碳评价，如 Gessinger(1997)评价了技术创新及技术改进在电力生产、物流、电力消费、最优化系统领域减少碳排放的可行性及可减排空间；叶祖达(2011)建立了以城乡生态绿地空间为本位的碳汇功能评估模型，对河南郑汴新区进行了城乡生态绿地空间系统碳汇功能评价；宋平等(2014)通过层次分析法和模糊评价法建立了中国低碳制造业的评价指标，评价比较了中国 5 个省市制造业的低碳水平。

(2)对某一区域的综合评价。低碳城市综合评价研究主要集中在三个维度：评价某个城市某阶段的低碳发展水平，比较多个城市某阶段的低碳发展水平，分析某个城市低碳发展水平的年际变化(苏美蓉等, 2012)。如 Irvine (2015)综合分析了绿色城市指标、城市良性发展指标、可持续城市指标、可持续经济福利的区域指数、评估生态及低碳城市评价指标工具(ELITE Cities Tool)等评价指标体系，探讨一套适合曼彻斯特低碳经济发展水平的评价指标。政府间合作与发展组织(OECD)/地方经济与就业发展委员会(OECD & LEED, 2013)以比荷卢联和区为例，探讨了跨境地区低碳增长的绿色发展政策和路径，并从经济的环境和资源生产率、自然资产基础、生活质量的环境问题、经济机遇和应对政策、社会经济背景和增长的特点等五大方面构建了低碳发展的评价指标体系。由劳伦斯・伯克利国家实验室的 Zhou 等学者总结了关于中国低碳生态城市及相关指标体系的研究，并将其与国外的 20 多种低碳生态发展评价指标体系进行了比较，认为中国研究中的主要类别和既有的二级类别和结构与国际体系是相似的，其中主类，无论在国际和国内评价体系中都是通常由环境（生态）、经济、社会等方面构成，这也与可持续发展的框架是一致的（Zhou et al.，2012）。苏美蓉等（2012）从经济发展和社会进步、能源结构和使用效率、生活消费和发展环境等方面提出了一种低碳城市发展评价指标体系，并建立了加权模型，选择了12个典型的中国城市进行案例研究，依据评价结果和低碳发展模式将其分为三组。中国社会科学院2010年公布了我国低碳城市的评估指标体系，该体系包括低碳生产力、低碳消费、低碳资源和低碳政策等四大类共12个指标（House，C，2010）。

从以上阐述中可以看出，与国外相比，国内对城市低碳经济发展综合评价的研究最多，在评价体系的构建与定量化方法上已有了较多进展，并且已实践应用于很多区域与城市的评价分析上。在评价方法的研究中，为尽可能的做到涵盖城市低碳发展的多面性，越来越多的学者倾向于选择由采用主要指标体系向采用综合指标体系转变，基本形成了包含近百项指标的一个稳定的指标选取范围，同时为减少主客观性对指标权重及指数值的量化结果的影响，更多的组合方法得到了尝试，并取得了较好的效果。基于一定方法所进行评价的实证经济体集中为三种类型：部分省份、直辖市和省会城市、较为典型的资源型城市。综合来看，虽然我国对低碳经济发展评价的研究已较多且取得了一定的进展和成果，但离完善仍有较大距离，存在的问题可以概括为三个方面。第一，评价的目的不够明确和清晰，一部分评价体系中包含指标过多且过于求全，对同类型指标缺乏一定的筛选方法，且有些指标明显偏离了低碳的核心，而更多的类似于可持续发展评价或城市竞争力评价。第二，由于大部分评价指标的标准化都采用的是最大最小法，使得城市在时间维度上的低碳发展比较难以实现，同时由于国家低碳发展的目标和标准的缺乏，导致城市低碳发展的进展程度难以得到反映。第三，绝大部分研究仅从城市的共性上进行分析评价，侧重在统一标准下的城市比较，而没有对城市特质、阶段或类型进行区分。由于中国城市类型和发展阶段差距较大，在分析城市低碳发展潜力及应承担的责任时，这样的评价就显得不够完善和公平（裴雪姣等，2013）。

四、低碳发展实践

一是西方低碳发展实践。欧洲作为低碳经济实践的先锋，在发展低碳能源、减少碳排放上取得瞩目成绩（European Climate Foundation，2010）。1996

年，欧盟委员会为欧盟各成员国设立了2020年全球平均气温不超过工业时代气温2℃的目标。2009年，欧盟委员会发布《2050能源路线图》，提出三个节能减排的路线：发展可再生能源、适度使用核能、开发碳捕捉和存储技术(Carbon Capture and Storage，简称CCS)，达到2050年欧盟的温室气体排放量较1990年减少80%的目标，实现欧洲低碳经济的发展(European Climate Foundation，2010)。欧盟碳排放交易体系(EU Emission Trading System，简称EUETS)是目前世界上最大的碳交易市场(European Commission，2013)。根据预测，至2020年，EU ETS所覆盖的部门的总体排放量将降低21%(以2005年为基准)(European Commission，2013)。欧盟也对其他国家施压，提出了如果其他发达国家能够开展同等规模的减排计划和碳交易系统，发展中国家能在其能力范围内作出适当贡献，欧盟愿意继续努力，实现《合约》中的减排30%的承诺(European Commission，2013；李布，2010)。

二是中国低碳发展实践。建国以来，中国经济、社会发展无疑取得了全球瞩目的成绩。然而，在经济快速发展的背后遗留许多不足和问题(杨宜勇，2009)。由于历史原因，中国目前经济发展方式仍处于能源消耗大，资源使用效率低的状态，导致生态环境的逐步恶化（世华财讯，2010)。另一方面，中国目前已进入高速工业化、城市化的发展轨道，在2006年超越美国成为全球最大温室气体排放国，为此，中国在环境保护和减少温室气体排放方面，面临着巨大的国际压力(Wang and Watson，2007)。

值得注意的是，由于各国国情不同，向低碳转型的具体做法和短期目标也有差异。与目前国际发达国家相比，中国作为世界上最大的发展中国家，当前最紧要的目标为发展。因此，针对中国国情而言，如何通过降低单位GDP能耗比实现低碳经济成为目前最可行的目标(中国科学院可持续发展战略研究组，2009)。2009年，中国提出《2009中国可持续发展战略报告——探索中国特色的低碳道路》，表明中国愿意承担责任，与国际合作减缓气候变化的脚步，并将“低碳化”发展列入未来中国的重要战略计划之一(倪铭娅，2011)。中国承诺“在2020年以前单位GDP能耗比2005年降低40%～60%，单位GDP的CO_2排放降低50%左右。如果中国采取较为严格的节能减排技术(包括CCS)和相应的政策措施，并且在有效的国际技术转让和资金支持下，则中国的碳排放可争取在2030～2040年达到顶点，之后进入稳定和下降期”(中国科学院可持续发展战略研究组，2009)。这无疑对中国经济发展而言是一个重要的机遇，同时也是一次严峻的挑战。

诚然，该战略目标的实现对中国乃至全世界在对抗气候变化之战中有着不可估量的意义。中国作为世界上碳排放量最大的国家，若能在规定时间实现其承诺，将大大减少全球排放总量。根据《合约》，发展中国家（如中国）为附件二国家[①]，没有具法律约束力的减排要求，而中国能以身作则担起减排重任，对世界其他发展中国家是一个很好的示范和鼓励。同时，该减排目标的实现将意味着中国在发展低碳道路上已有一定经验和成就，碳减排的技术研发和碳交易机制趋于稳定，将进一步加快中国在低碳发展道路上前进的步伐。另一方面，中国凭借自身在国际经济上的重要地位以及低碳发展的经验，能够在未来占领国际低碳技术和碳交易市场优势，提高国际地位，赢取主动权（中国科学院可持续发展战略研究组，2009）。

目前，虽然中国已开始积极应对气候变化，社会各界也纷纷响应政府号召，但是低碳之路任重道远，存在许多问题和挑战。根据中国国情，城市的碳排放占了国内总排放量很大比重。据统计，2010 年中国近五成人口居住在城镇，城镇化率高达 49.68%，这意味着中小城镇将在中国未来的发展进程中有着重要影响（刘少华和夏悦瑶，2012）。若仍按照传统模式粗放发展，中小城镇很可能成为未来中国一个重要排放源。因此，如何将增汇减排融入未来的中小城镇发展规划中、创建“低碳城镇”成为中国发展低碳经济的重要一步。

国家发改委先后于 2010 年 7 月 19 日和 2012 年 11 月 26 日下发《关于开展低碳省区和低碳城市试点工作的通知》和《国家发展改革委关于开展第二批低碳省（区）和低碳城市试点工作的通知》，确定了两批低碳省（区）和试点城市，共覆盖 10 个省份（含直辖市）和 32 个城市。各试点已积极展开低碳经济相关项目。由于社会、经济、科技发展和周边生态环境不同，从第一批试点省市的情况来看，各省市所采取的途径不尽相同。以上海和保定为例，上海计划在崇明东滩建立全国第一个碳中和示范区，而保定则采用低碳支撑产业模式，大力发展清洁能源（苏美蓉等，2012；刘文玲等，2010）。各试点城市目前所取得成效也不尽相同。因此，开展低碳经济发展的研究有着深远的意义。

① 详见《京都议定书》

第三节　研究意义

当前，国内部分城市已开展相关减排项目，建立并完善相应的低碳城市指标体系。然而，由于低碳城镇的概念相对较新，还没有相对应的指标体系，再加上缺少技术和政策方面的指导，中小城镇的低碳发展之路无疑难上加难。

对福鼎市和柘荣县而言，尽管两地政府的未来规划中都将生态建设摆在发展的首要位置，但是从对其林、农、工、商、旅游业发展状况的综合回顾看来，两县市仍没有建立系统碳评估指标和相应的碳排放计算数据。目前，两县市都处于经济高速发展的起步阶段，但由于缺少相关碳排放和吸收的经济技术指标，政府在工作规划中并未将增汇减排列入决策参考之中，这很可能导致未来政府决策更集中于经济发展而忽略温室气体排放这一重要“外部性”(externality)，同时也增加中国将来碳减排机制建立的难度。

第四节　研究问题及目标

一、研究问题

在此背景下，本研究项目针对福鼎市和柘荣县两地展开调查，了解以下问题：

(1)目前福鼎市和柘荣县居民对低碳经济发展的认知水平如何？当地居民是否支持未来低碳经济的发展？如何减小低碳发展过程对当地社区的影响，使其更易适应未来的转变？

(2)福鼎市和柘荣县目前各行业(农、林、工、商、旅游业等)的碳排放量以及未来碳减排潜力(包括可再生能源资源清查和保护，以及可再生资源利用效率和技术更新等方面)各为多少？两地碳排放和低碳发展状况是否相似？

(3)如何根据已有数据为两地设计适合当地发展形势的低碳指标体系，为两地增汇减排提供指导和反馈？

(4)如何将福鼎市和柘荣县低碳指标体系应用于中国其他发达中小城市(以福鼎市为代表)和欠发达中小城镇(以柘荣县为代表)的低碳经济发展

进程？

本项目旨在通过对福鼎市和柘荣县两个具有代表性城镇的调查研究，为当地低碳经济作出贡献，同时设计适合中国中小城镇的低碳指标体系，为中国其他地区增汇减排提供理论基础和实例参照，加快推进中国“集约、智能、绿色、低碳的有中国特色的新型城镇化”的进程（周毅和罗英，2013）。

二、研究目标

（1）目标1：提高公众对增汇减排以及低碳城镇的意识

本项目通过问卷形式对福鼎市和柘荣县市民进行调查，以了解公众对增汇减排的态度，并借此机会宣传其对社会以及人们日常生活的重要性。

问卷中的自变量为“职业”“教育”“年龄”，因变量为“对环保和低碳减排的认知程度和态度/偏好”。问卷问题将以选择为主来测量人们的态度和了解程度，用规定标尺来衡量答案在最终统计的权重。

最后，根据问卷统计分析结果，设计一套针对福鼎和柘荣市民低碳环保活动方案，帮助提高市民们减排节能的意识，促进当地低碳生活方式的建立，为福鼎市和柘荣县未来实施相关减排政策和措施打好社会基础。

（2）目标2：分析并对比福鼎市和柘荣县各部门、各行业的能源消耗和碳排放现状

通过对福鼎市和柘荣县农、林、工、商、建筑、旅游业的发展现状进行调查，根据政府数据和当地知识进行初步估算，并以图表形式对比以上各行业的年碳排放量和碳减排潜力，方便未来为两县市制定不同的碳汇指标体系。

（3）目标3：建立适合福鼎市和柘荣县的低碳指标体系

由于侧重点和研究方向不同，国内学者对低碳经济的定义不尽相同，这在一定程度上对低碳经济的推广和实施形成了障碍（付允等，2010）。因此，建立一个全面的低碳指标系统用来系统评估低碳发展水平，对当地低碳经济的建立和完善有着重要指导意义。本研究将以中国社科院设计的中国低碳城市指标体系为基础，结合福鼎市和柘荣县当地特色和碳排图表（来自目标2），构建适用于两县市的低碳发展评价指标体系。

（4）目标4：为福鼎市和柘荣县提出低碳经济发展规划建议和指导

通过对福鼎市和柘荣县农、林、工、商、建筑、旅游业等第一、第二、第三产业各行业的发展现状进行调查，根据统计年鉴数据、政府报告数据、

以及当地知识对福鼎市和柘荣县 2009 ~ 2013 年地区总碳排放量、各行业碳排放量、各类能源消耗所产生的碳排放量等多项碳排放的衡量指标进行测算与估计，并以图表形式对比以上各行业的年碳排放量和碳减排能力，方便未来为两县市制定不同的碳汇指标体系。

第五节 研究方法

一、研究思路与技术路线

本研究以全球气候变化背景下的中小城市可持续发展为研究对象，在研究区的现状了解以及公众、社区和政府管理者问卷调查分析的基础上，运用环境经济学和生态经济学等学科相关理论，对两个代表城镇的碳排放进行测算，构建低碳发展评价体系，对中小城镇的低碳发展水平及其影响因素进行分析，据此提出行之有效的对策。具体研究思路如图 1-1 所示。

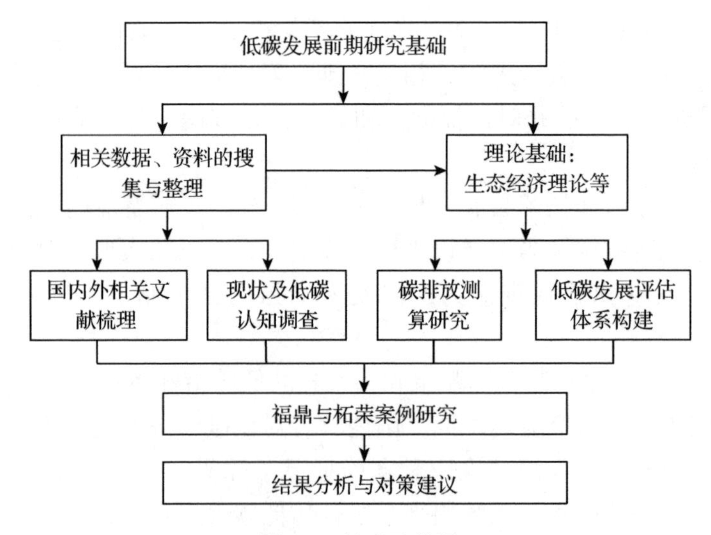

图 1-1 技术路线图

二、研究方法

本研究主要采用定性和定量、理论与实证、统计分析相结合的研究方法，具体见表 1-1。

表 1-1 项目研究内容及方法

序号	研究内容	研究方法
1	公众意识调查研究	文献分析法、问卷调查、参与式访谈法、统计分析法、因子分析法、相关分析法、Logistic 回归分析法；
2	碳排放测算研究	文献分析法、实地调查、IPCC 法、案例分析法；
3	低碳发展评估研究	文献分析法、统计分析法、低碳发展指标体系；
4	政策安排和制度设计	文献分析法、案例分析法。

第二章　研究区概况

本研究选取福建省福鼎市和柘荣县作为福建省小城镇代表。福建省位于中国东南海岸，其森林覆盖率高达65.95%，为全国森林覆盖率最高的省份，森林面积超过750万公顷，增汇减排的潜力巨大。正因为如此，福建省在减缓气候变化方面拥有巨大潜能。然而，由于快速工业化进程和较低的能源密度，福建省的温室气体排放增长迅速。从1997年至2007年十年间，福建省人均温室气体排放翻了一番，增长速度远超全国平均水平(Cai，2010，as cited in Liu et al.，2012)。因此，发展低碳经济、减少温室气体排放、提高能源利用效率是福建省政府应对气候变化的重中之重。

第一节　自然地理条件

一、地理条件

福鼎市地处福建省东北沿海，北纬26°52′~27°26′，东经119°55′~120°43′，东北与浙江省苍南县接壤，西北与浙江省泰顺县相邻，西接柘荣县，南邻霞浦县。福鼎市陆地总面积为1461平方公里，地貌主要由山地、丘陵、盆谷和平原构成，分别占陆地总面积的12.05%、55.92%、2.12%、5.95%。除沿海港湾有冲积小平原外，福鼎市境内其余地区均为丘陵地(占陆地总面积的91.03%)。全市海域面积14959.7平方公里，为陆地面积的10倍。泥、沙岸总长201.8公里，浅海滩涂面积达10.44万亩。全市海域以沙埕港为中心，距离温州港81海里，三都澳71海里。福鼎市土壤资源多为耕作土壤(24376.38公顷)，可细分为水稻土(面积达22483.3公顷，占耕作土壤总面积的92.23%)、耕作红壤(1793.05公顷，占7.36%)、耕作滨海盐土(48.18公顷，占0.20%)、耕作潮土(43.68公顷，0.18%)、耕作风砂土(8.18公顷，占0.03%)。福鼎市地处亚热带区，属东亚热带海洋性季风气候，常年温暖湿润，平均气温18.4℃，平均气温所较差19.5℃。年平均无霜期270天，最长无霜期可达309天，最短221天。年平均日照时长

1621.7 小时。福鼎市降雨充沛，年平均降水量 1668.3 mm，年平均降雨天数为 172 天。降雨集中在每年夏季 5 月至 9 月，8 月降水量最多。福鼎市水文资源丰富，境内流域面积超过 30 平方公里的溪流有 9 条，其中最大的 5 条河流河道长度达 158.5 公里，流域面积达 978.3 平方公里。多年平均水资源总量为 25.41 亿立方米，其中地表水资源 17.88 亿立方米，地下水资源量 2.73 亿立方米，入境水资源量 4.8 亿立方米。部分溪流水流湍急，预估适合建造 36000 千瓦潮汐电站(福鼎市政府办，2012)。

柘荣县地处福建省东北部，北纬 27°05′～27°19′，东经 119°43′～120°04′，东部与福鼎市相连，北邻浙江省泰顺县，西接福安市。柘荣县陆地总面积为 571 平方公里，是闽东的内陆山区县，地势层峦起伏，东高西低。地貌可分为丘陵、山地和山间盆谷三类，分别占陆地总面积的 3.7%、93.1%、3.2%(福建省情资料库，2008)，山地总面积为 509.16 平方公里，占全县总面积 94.6%，平均海拔约 600 米。境内土壤以红黄壤为主，偏酸性，可开发山区面积大。全县耕地面积 71483 亩，水田面积 62541 亩，农地面积 8942 亩。柘荣属亚热带山地气候，同时受海洋季风气候影响较大，“温和湿润，冬长夏短“，平均气温在 13～18℃，每年平均无霜期约 238 天，平均雪日 7 天，年平均日照时数为 1634.2 小时(福建省情资料库，2008；柘荣县人民政府，2015)。雨量充沛，年平均降水量在 1600～2400 mm，降雨集中在夏季 7 月至 9 月，平均占全年降水量 41.3%(柘荣县人民政府，2015)。柘荣县境内河流交错，分为交溪和七都溪两大系，平均年径流量 6.97 亿立方米(柘荣县人民政府，2015)。由于为山地水系，落差大，水电潜能大。预计可开发水能资源 214 处，总装机容量达 2.28 万千瓦(福建省情资料库，2008)。具体地理位置可见图 2-1。

二、生物资源条件

福鼎市森林资源十分丰富，树种资源多样。福鼎市拥有木本植物 74 科 212 属 491 种，其中：裸子植物 9 科 18 数 29 种，被子植物 65 科 194 属 462 种(福建省情资料库，2006)。境内乔灌木 235 种，主要用材林树种包括松、杉、柏，主要经济林树种包括黄栀子、毛竹、油茶、油桐等(宁德市政府网，2015)。另外，福鼎市是福建省的海洋与海岸生物多样性保护优先区域，福鼎台山列岛和星仔列岛是福鼎市海洋特别保护区，保护对象为保护区内的珊瑚礁生态系统。福鼎市也是水禽集中分布区——日屿岛自然保护区，重点保

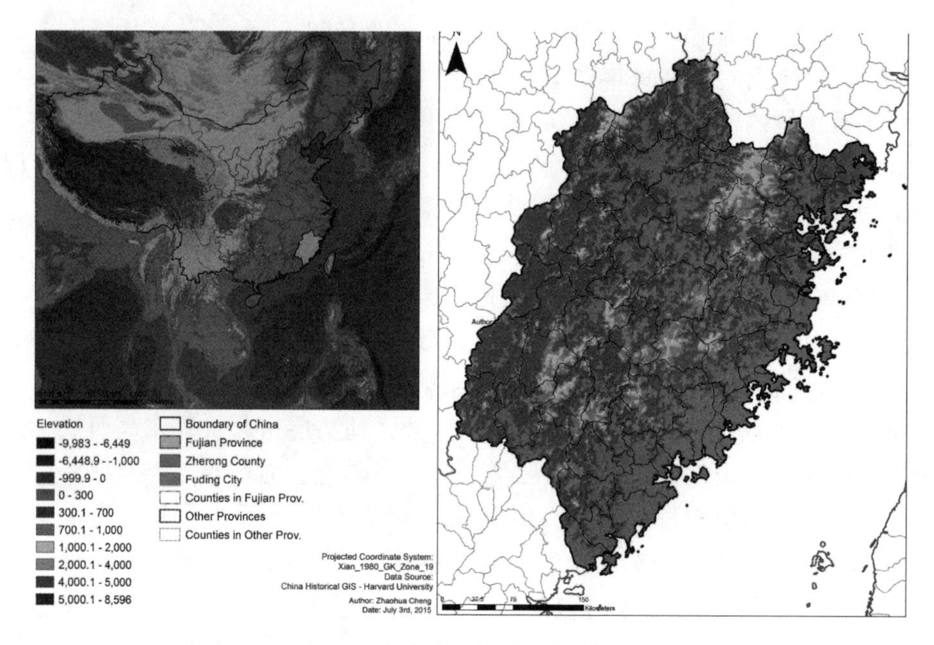

图 2-1　福鼎市和柘荣县地理位置

护岩鹭、黄嘴白鹭、黑脸琵鹭、白鹭、黑尾鸥等国家和省级重点保护动物。浅海滩涂面积 10.44 万亩，水生动物多样性高，有黄鱼、带鱼、鲳鱼、鳗鱼、石斑鱼等。

柘荣县的森林覆盖率较福鼎市高，且略高于福建省平均水平。主要森林类型有针叶林(以马尾松、柳杉、杉木为主)、针阔叶混交林(以马尾松和米槠、马尾松和青冈、马尾松和木荷等为主)、阔叶林(以常绿甜槠、米槠等壳斗科为优势树种)、毛竹林。境内野生植物 262 种，其中乔木 76 种，灌木 37 种，竹 20 种，花卉 80 种，草藤 49 种。珍贵植物有银杏、罗汉松、三尖杉、铁树、楠木等。境内常见脊椎动物 103 种，无脊椎动物 58 种，其中珍稀动物有虎、豹、穿山甲等(福建省情资料库，2008)。

三、其他自然资源

福鼎市内矿产资源丰富，已发现矿产 14 种，其中金属矿产有铅(储量 7.8 万吨)、锌(储量 25 万吨)、银、铬、铟、铜、铁等 7 种。非金属矿产有石灰石、叶腊石、玄武岩、辉绿岩、花岗岩、高岭土、石英石等 7 种，尤其是白琳大嶂山的玄武岩，储量达 5000 万立方米，被国家建设部誉为“福鼎黑”，为全国十大石板材出口之一；另外还有叶腊石、玄武岩、花岗岩等（福鼎市政府办，2012）。

柘荣县处于火山岩地带，已探明矿产十余种，尤其是紫砂，蕴藏量高达260万吨，品质可与江苏宜兴紫砂相媲美。另有辉绿岩、花岗岩等矿产，成材率较高，年开采量分别可达1万立方米（柘荣县人民政府，2015）。

第二节 人文条件分析

一、区位条件

福鼎市地理位置优越，南距省会福州230千米，北邻浙江温州84千米，东至台湾基隆142海里。市内有104国道、高速公路同三线和温福铁路纵贯全境，水陆交通便捷。同时，福鼎市是闽浙两省海陆相连的唯一县级市，历史上同浙南有着密切的经济社会文化往来，边界贸易基础好、发展快、规模大，是福建省重要的省际边贸改革试点县（市）。福鼎市海岸线长432.7千米，占全省的十分之一，有大小港湾41个，岛屿81个，具有良好的港口优势。天然深水良港之一的福鼎沙埕港，水深港阔，长年不淤不冻，万吨巨轮出入不受潮汐限制，是国家二类口岸和国家一级渔港。

柘荣县同为闽浙交界，以龙溪为纽带，与宁德市的发达地区霞浦、福安、福鼎相互毗邻。目前仅有一条104国道横贯东西，但政府未来计划在柘荣县境内改造连接柘荣至福鼎104国道并建造沈海高速公路复线，将日益凸显柘荣的区位优势。柘荣东狮山与福鼎太姥山、霞浦杨家溪将构成宁德市旅游的金三角（柘荣县人民政府，2013）。作为中国最大太子参集散地、国家级生态示范县和中国民间文化艺术之乡，柘荣县依托其生态和区位优势，实施“双城”战略，建设“生态养生城”，构筑百亿产业群“海西药城”。

二、人文资源

福鼎市多年来各类教育事业全面发展。2013年，全市设有普通中学24所，在校24833人，高中在校10743人，初中在校14090人。职工教育学校1所，普通小学89所，幼儿园83所，特殊教育学校1所。全市小学、初中入学率分别高达99.9%和97.5%。办学条件继续改善，新增普通中学校舍面积17786平方米，新增普通小学校舍面积3255平方米。科技进步成效明显。新增省级大黄鱼企业重点实验室1家，工程科技研究中心6家。拥有高新技术企业4家，省级创新型企业6家，科技型企业30家。此外，“MC13A压缩波喷射式化油器”项目获国家科技部等四部门联合颁发的“国家重点新产品”，“高效、优质槟榔芋栽培、保鲜及加工技术开发研究与示范”项目获国家级星火计划项目殊荣，专利授权量比上年增长44.1%等。商标品牌培育亦卓有成效。2013年全市新增中国驰名商标3个，地理标志证明商标6件，著名商标4件(福鼎市统计局，2013)。

柘荣县教育事业稳步发展，完成义务教育标准化学校建设。2013年，全县共有中学10所，在校学生数7479人，共有小学校数27所，在校学生数5967人，全县学龄儿童入学率96.86%。全县共有幼儿园26所，在园幼儿数4844人。科技创新步伐加快，太子参良种脱毒组培、扁铜线汽车发电机、弧焊发电机研发及产业化项目获国家立项，拉米夫定、炎琥宁研发成果获省政府科学技术进步三等奖，新引进药学类“海归”博士入选省“百人计划”，力捷迅、广生堂被认定为省级创新型企业，省级可持续发展试验区获批实施(柘荣县统计局，2013)。

第三节　经济发展状况

一、福鼎市产业发展现状

福鼎市近几年经济发展迅速。据统计，2013年，福鼎市实现地区生产总值248.14亿元，比上年增长12.9%，增长速度为全宁德市首位。经济总量在全省58个县市中居第15位，增幅居8位，比上年前移12位。如图2-2和图2-3所示，福鼎市三次产业构成比例为13.7：60.0：26.3，对GDP增长贡献率分别为5.4%：74.1%：20.5%。其中，第一产业增值5.8%，拉动GDP增长0.7%；第二产业增长最快，为福鼎市经济发展主要动力，增值16.8%，拉动GDP增长9.6%；第三产业增值8.5%，拉动GDP增长2.6%(福鼎市统计局，2013)。

全市2013年财政收入突破20亿元，达到23.33亿元，同比上年增加4.03亿元，占全市地区生产总值的9.4%。城乡居民收入稳步提升。地方级财政支出28.48亿元，增长21.5%。据统计，城镇居民全年人均可支配收入25181元，同比增长10.0%。全年农民人均纯收入10548元，增长13.8%

（福鼎市统计局，2013）。

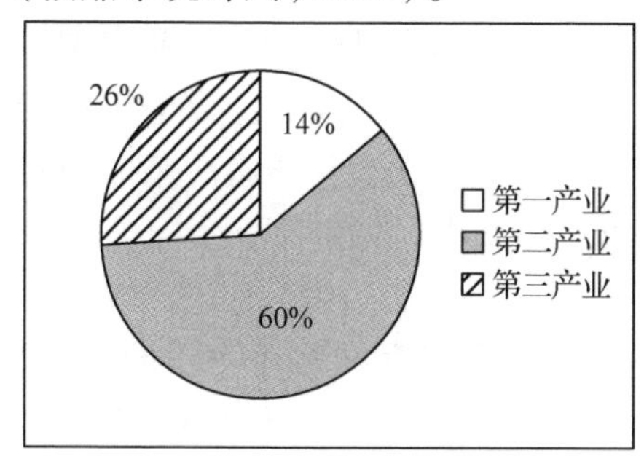

图 2-2　福鼎市三次产业构成

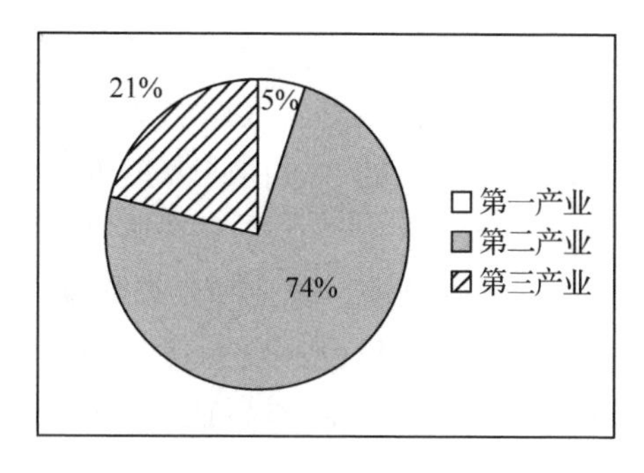

图 2-3　福鼎市三次产业对 GDP 增长贡献率

以下为福鼎市统计局关于各行业的数据：

（一）农林牧渔业

2013 年福鼎市实现全年农林牧渔业总产值 57.78 亿元，比上年增长 6.0%。其中农业产值 20.15 亿元，增长 4.4%；林业产值 3.10 亿元，增长 1.1%；牧业产值 2.31 亿元，增长 17.2%；渔业产值 31.55 亿元，增长 6.6%，农林牧渔服务业产值 0.68 亿元，增长 8.0%。特色农产品包括茶、芋、柚、菇、黄栀子、水产等。

（二）工业和建筑业

2013 年全年工业增加值增长 16.7%，对经济增长的贡献率达 66.5%。增长值占 GDP 比重由上年的 51.2% 提高到 54.5%，比上年增长 3.3%。企业向规模化发展持续迈进。产值超亿元的全市规模以上工业企业增加至 126 家，总产值高达 497.83 亿元，占全市规模以上工业总产值的 82.8%。股份制工业仍占主导地位，完成 579.71 亿元全年股份制工业产值，占全部规模以上工业总产值 96.4%，与上年相比提高 0.2%。此外，非公有制企业、引进企业稳步发展，工业品产销率稳步上升。

（三）固定资产投资

2013 年全社会固定资产投资高达 180.69 亿元，同比上年增长 64.0%，其中固定资产投资完成 176.11 亿元，增长 65.8%。固定资产投资项目个数（不含房地产）369 个，比上年增加 73 个。新开工项目计划总投资 115.09 亿元，增长 91.7%。全市范围内 120 个重点项目累计实现年投资 84.14 亿元，其中包括宁德核电 1 号机组顺利并网发电。

（四）交通、邮电和旅游业

2013 年交通运输、仓储和邮政业实现增加值 7.59 亿元，比上年增长

7.0%。全市在2013年累计接待境内外游客337.6万人次，年增长20.7%；实现旅游收入16.25亿元，增长23.1%。福鼎市成功跻身2013年度中国城市旅游竞争力百强县，太姥山成功创建国家5A级旅游景区，获评中国最美地质公园；嵛山岛、小白鹭海滨度假村、九鲤溪等景点均获评旅游精品项目和相应示范基地称号，在全省年度游客满意度调查中名列前茅。

(五)资源环境、林业和生态建设

全市在生态建设，资源保护方面成绩瞩目。全市森林覆盖率不断提高，2013年全市森林覆盖率高达59.9%。全年完成植树造林面积26640亩，增长24.8%。商品材产量6460立方米，增长24.8%；自用材产量87212立方米，提高5.1%。城区绿地面积749公顷，比上年增加85公顷；城区公园绿地面积169公顷，新增6公顷，人均公园绿地面积11.58平方米；建成区绿化覆盖面积833公顷。

二、　柘荣县产业发展现状

据初步核算，柘荣县2013年实现地区生产总产值42.21亿元，同比增长12.5%，增幅排宁德地区各个县市第五，完成全年计划93.8%。如图2-4和图2-5所示，柘荣县三次产业构成比例为17.1∶57.6∶25.3，对GDP增长贡献率分别为7.0%∶83.2%∶9.8%。三产增加值同比增长3.9%、17.2%和6.5%，其中，一产、二产增速比上期下降了1.6%和0.6%，三产则提高了2.1%（柘荣县统计局，2013）。

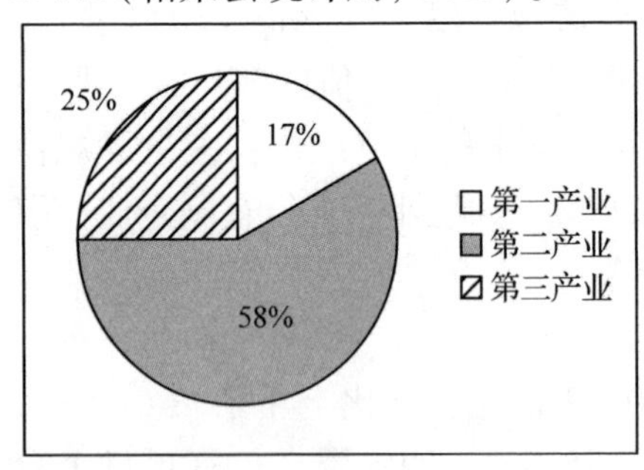

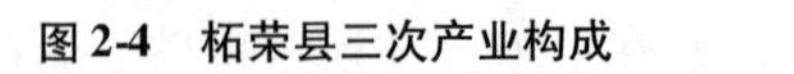

图2-4　柘荣县三次产业构成

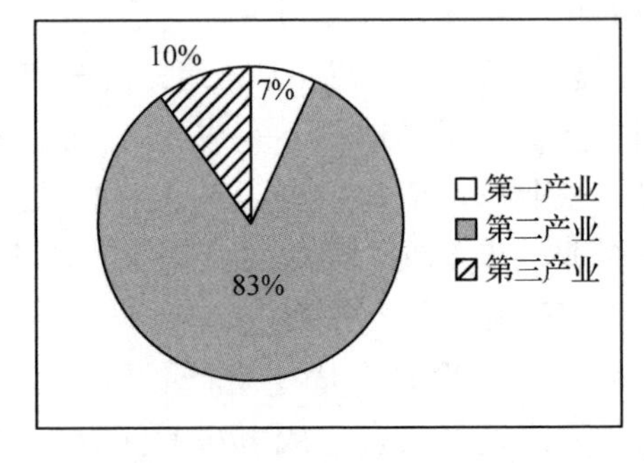

图2-5　柘荣县三次产业对GDP增长贡献率

2013年全县公共财政总收入3.56亿元，增长20.3%。其中，地方财政收入2.20亿元，增长28.7%。全县财政总支出8.06亿元，增长38.3%。人均收入不断提高，实现农民人均纯收入9159元，比上年增长13.1%，增幅排名全市第六。农村居民恩格尔系数与上年同期持平，为44.8%（柘荣县统计局，2013）。

以下各行业数据来自柘荣县政府和统计局：

（一）农林牧渔业

柘荣县2013年实现农林牧渔业总产值11.98亿元，同比增长4.1%。其中，农业总产值8.42亿元，同比增长2.4%；林业总产值1.98亿元，同比增长7.8%；牧业总产值1.09亿元，增长13.0%；渔业产值0.40亿元，增长4.0%，农林牧渔服务业产值0.08亿元，增长7.0%。特色产业有太子参、茶叶、林药、食用菌等。省级农业产业化龙头企业5家，市级14家。

（二）工业和建筑业

2013年全县规模以上工业完成总产值100.21亿元，比上年增长22.0%，增幅排宁德市第三，实现销售产值96.19亿元，产销率96.0%，重点支柱行业包括钢铁业、医药制造业和有色金属业等。新增规模以上工业企业11家，合计拉动规模以上工业增长1.6%，有力推动了工业较快增长，工业经济增长后劲不断增强。实现建筑业增加值36.97亿元，同比增长19.3%。

（三）固定资产投资

2013年全县实现36.97亿元固定资产投资，同比增长62.6%。其中，城镇固定资产投资占35.95亿元，高速路项目投资额5.88亿元，房地产投资完成1.18亿元。68个“五大战役”项目、96个重点项目分别完成投资41亿元、24亿元；14个省市重点项目和10个“双百项目”分别完成投资10.1亿元、7.7亿元。其他一大批重大基础设施项目业扎实推进，完成城区污水处理改造工程等。

（四）交通、邮电和旅游业

2013年交通运输、仓储和邮政业实现增加值1.23亿元，比上年增长5.4%。生态旅游业扎实推进，旅游区基础设施日趋完善，宣传推介加强，东狮山文化广场、马仙文化主题园等项目稳步推进，东狮山景区、中华游氏文化园分别创建国家3A级旅游景区，还有多种当地旅游副产品被选入市十佳旅游商品。

（五）资源环境、林业和生态建设

环境质量日趋优良。柘荣县2013年全年空气中二氧化硫、二氧化氮年均浓度值总体超过国家二级标准；县城龙溪内河功能区水环境质量达标率高于85%，流域水质功能区达标率和集中式饮用水源水质达标率均为100%。

未发生环境污染事故，环境质量优良。全年林产品产量10.1万吨，比上年增长0.4%；完成造林面积2.1万亩，人工更新面积0.05万亩，成林抚育面积2.2万亩。

三、福鼎市和柘荣县低碳发展措施

随着气候变化日益加剧和社会经济快速发展，福鼎市和柘荣市县政府积极开展低碳建设。根据宁德市人民政府“十二五”节能减排综合性工作方案的实施意见，其低碳建设工作可以分为以下几方面：

(1)明确节能减排目标。福鼎市和柘荣县分别明确2015年将单位GDP能耗各自下降至0.462和0.473吨标准煤，较2010年下降5%，确定4项主要污染物减排目标：化学需氧量(福鼎市：15.4%；柘荣县：13.6%)、氨氮(福鼎市：10.6%；柘荣县：4.9%)、二氧化硫(福鼎市：28%；柘荣县：3%)、氮氧化物排放量(福鼎市：13%；柘荣县：1%)(福建省人民政府，2012)。

(2)建立强化政府责任制。分别成立福鼎市和柘荣县节能减排(应对气候变化)工作领导小组，两地政府主要领导和部门主要领导为主要负责人，下设节能办和减排办，确保上级相关政策的贯彻实施，并将减排工作任务层层下达至各个部门和乡镇，加强执行和考察力度，为实现减排目标作保障。同时，通过市/县政府定期公布各部门和乡镇的节能减排工作完成程度，并将其列入各部门、乡镇及其主要负责人的综合考核体系，确保各项工作的有效实施。建立完善监督体系，定期执行节能减排检查，对未按期完成工作的地区进行通报批评，严惩违规、越权行为。除此之外，完善企业责任制，确保企业自觉完成减排任务，对没有按规定完成任务的企业进行通报批评，限时整改。

(3)优化产业结构。出台政策提高企业引进门槛，严格把关高污染、高能耗企业。尤其是柘荣县政府，由于特殊地理位置，为保护水源不受污染，拒绝千万重污染企业投资。对年耗能3000吨标准煤以上企业加强节能管理，实行能源审计和能效对标活动。逐步淘汰小水泥、小化工、小矿山等落后产能企业。公开新增企业，并严格把关，确保新增企业在开工前通过用地预审、环境影响评估、节能评估等审查。

(4)积极造林，增加森林碳汇。积极推进“四绿”工程(绿色城市、绿色村镇、绿色通道、绿色屏障)，更新人工林，加强森林抚育，顺利完成造林任务。两地森林覆盖率约 60%，均超过全国平均水平，并逐年稳步增长，是两地发展低碳经济的一大优势(数据来自 2009 年至 2014 年福鼎市统计局和柘荣县统计局统计年鉴)。

(5)发展清洁能源，推广清洁能源与建筑一体化。推广太阳能的使用，大力开发其他清洁能源如风能和核能，进一步替代化石燃料，减少能源使用造成的排放。尤其是福鼎市，拥有宁德市第一个核电站，预计全部建成后可供全省 18% 的用电量。相当于减少二氧化碳排放约 2400 万吨，减少二氧化硫排放约 23 万吨，减少氮氧化物排放约 15 万吨(福建宁德核电有限公司，2014)。推广绿色节能建筑，以及清洁能源如太阳能板在建筑中的应用。另外，两地政府积极推进沼气池以及循环使用秸秆，其中秸秆的利用率高达 98%，沼气普及率虽较低，但逐年稳定增长，尤其是柘荣县由 2009 年的 7% 提升至 2013 年的 12%。

(6)加强基建力度，抓好污水和生活垃圾无害化处理项目。2009 年至 2013 年五年内，福鼎市污水处理率从 60% 提高至 84%，但生活垃圾处理率由原先的 100% 下降至 91%。柘荣县的污水处理率由 2009 年的 53% 提高至 2013 年的 80%，生活垃圾处理率也稳步提高，由 78% 提高至 96%。两地目前均无健全垃圾分类回收系统，在未来低碳经济发展中完善垃圾分类回收体系是两地政府的一大工作重点。除此之外，福鼎市和柘荣县积极推广节能环保型车辆作为公共交通、出租车以及中短途客运车辆。尤其是福鼎市交通便利，市民出行可搭乘动车、市内公交等低碳交通工具，而柘荣县交通运输方式单一，除了中短途客运以外，居民只能搭乘出租车或者开私家车等高碳排交通工具出行。

(7)完善财政激励体制，确保每年环保和研发(R&D)资金投入。福鼎市和柘荣县设立节能减排专项资金，加大财政激励力度，政府提供上级资金支持，对低碳经济重点项目加强财政支持，并鼓励金融机构对相关项目提供信贷支持。

(8)加强教育，提高全民低碳意识。福鼎市和柘荣县每年举办节能宣传周、地球日、环境日等低碳教育活动，通过电视新闻、网络、传单宣传册、报纸杂志以及短信等多种教育途径，提高低碳意识，动员全民参与到低碳经济建设进程中来。

第三章 公众低碳意识研究

公众的支持与合作对中国能否成功完成低碳转型至关重要(Semenza et al., 2008; Liu et al., 2009)。首先,中国温室气体排放的20%来自于居民日常活动,远高于美国居民日常活动排放比重(12%),这其中并未包括供暖、建筑和交通等活动导致的碳排放(U.S. Environmental Protection Agency (EPA), 2013; Zheng et al., 2010)。如果人们愿意建立一个更可持续、低碳的生活方式,温室气体总排放量将大大减少(Semenza, et al., 2008);其次,低碳经济发展意味着社会经济各层面的重大改变,会给当地居民生活带来明显影响,了解公众对气候变化和发展低碳经济的想法与态度,对于当地政府的低碳经济发展决策获得公众的认可和支持具有重要意义;最后,通过了解与评估公众对于气候变化和低碳经济的认识程度,可以更加明确是否存在有知识盲点或者误区,以便有针对性的开展相应知识普及、教育和宣传,加深公众对低碳经济的理解,并促进其对政府相关决策的支持(Center for Research on Environmental Decisions, 2009; Levin, 2006)。

本章节旨在通过问卷调查了解中国中小城镇居民对低碳经济的认知和态度,为当地政府发展低碳经济决策及进行相关工作提供科学依据。通过该研究,拟了解与评估以下问题:①中小城镇居民对气候变化和低碳经济的认知程度;②中小城镇居民的低碳减排行为;③影响居民对低碳经济发展态度的主要因素,包括两个方面:认知因素和人类社会学背景因素;④发达地区与欠发达地区居民的低碳认知与行为的差异,以及不同群体间(包括公众、社区居民及政府工作人员)的差异。

第一节 研究方法

一、调查方法

本研究以福建省福鼎市和柘荣县两个区域的居民为研究对象,采用横向问卷调查方法(即在同一时间段完成所有数据采集,Babbie and Benaquisto,

2009)。该方法所需经费和时间较少、所得数据代表性大，因而被广泛应用于各个领域，特别是公众认知和态度的调查。但该方法并不适用于分析因果关系以及时间跨度较大的研究(Babbi and Benaquisto, 2009)。

本研究主要针对3类社会群体，分别是公众、社区居民和政府工作人员。由于三个样本群体特征不同，因此采用三套问卷，每套问卷针对目标群体设计，符合各研究群体特征，除一些基本问题相同以外，分别针对性的设计和发放了不同的问题。例如，给社区居民和公众的问卷主要考察其对气候变化的了解程度，而大部分政府工作人员由于已参加过气候变化相关的培训和会议，他们对此领域有一定的了解，所以给政府工作人员的问卷不涉及以上问题，而较多涉及一些更深入、更技术性的问题，如目前在当地发展低碳经济的最大障碍是什么等问题。

问卷调查设计主要包括两个部分：第一部分为调查对象对气候变化以及低碳经济的认知和态度，第二部分为调查对象的人类社会学背景，如年龄、性别、工作等。问卷设计了26个变量以提取用于统计分析。其中：5个变量用于考察公众对气候变化的了解程度及其对全球、社区、家人以及后代的影响的担忧程度；11个变量用于考察公众对低碳经济的认知和态度(如对低碳经济的了解和支持程度)；4个变量用于考察公众的支付/贡献意愿；6个变量用于分析调查研究对象的社会学背景。详细变量描述见表3-1。

本研究还做了预调查，随机对十二位受访者进行了问卷调查，在此基础上对问卷进行了修订。

问卷的抽样方法为便利抽样(convenience sampling)和配额抽样(quota sampling)。本次调查中，公众组主要为在福鼎市和柘荣县街道过往的行人。研究人员在街道边随机抽取路人，发放问卷进行调查，所有问卷当场填写并收回。社区组主要为福鼎市和柘荣县中心社区居民。研究人员事先随机选择三至四个中心社区，在社区中心工作人员配合和协助下进行入户问卷调查。政府组为当地政府工作人员。研究人员选择了十三个与低碳经济发展相关的单位，在市/县政府工作人员的帮助下，联系并前往各单位发放问卷和搜集调查结果。

本次研究一共发放问卷1253份，回收1208份。问卷回收率为87.39%。在回收的问卷中，有113份问卷由于没有全部完成或者超半数选项答案雷同被归为废卷。其余1095份问卷为有效问卷，用于之后的统计分析。详细样本数量见表3-2。

表 3-1　变量描述

编号	问卷变量	变量描述
1	是否支持低碳经济	调查公众对在当地发展低碳经济的支持程度 多项逻辑斯蒂回归模型的因变量 Y
2	对气候变化的认知（仅出现于公众组和社区组问卷）	调查公众对气候变化的认知水平
3	对低碳经济的认知	调查公众对低碳经济的认知水平
4	对低碳经济定义的了解（仅出现于公众组和社区组问卷）	调查公众对低碳经济的认知水平
5	对气候变化的担忧程度	对全球影响的担忧
6		对所居住社区影响的担忧
7		对家人影响的担忧
8		对后代影响的担忧
9	了解低碳经济的途径	从什么途径获得低碳经济的信息
10	认为发展低碳经济的着手点/第一步	公众认为政府应当首先开展低碳工作的部门/行业
11	认为发展低碳经济的重点	公众认为政府应当重点开展低碳工作的部门/行业
12	支持低碳经济的原因	公众支持在当地发展低碳经济的原因
13	反对低碳经济的原因	公众反对在当地发展低碳经济的原因
14	对低碳政策的支持程度（仅出现于公众组和政府组问卷）	引进碳税
15		投资或补贴低碳项目
16		为低碳项目提供低利率贷款
17	低碳活动、生活方式（仅出现于公众组和社区组问卷）	当地居民尝试过的低碳活动的数目
18		当地居民未来愿意尝试的低碳活动的数目
19	为发展低碳经济的支付/贡献意愿	当地居民愿意为发展低碳经济支付的金额（通过碳税或者捐款）
20		当地居民愿意为发展低碳经济投入的时间（通过做志愿者或者向亲友宣传低碳知识）
21	年龄	如 19～30 岁、31～40 岁、41～50 岁等
22	性别	如男、女
23	职业	如政府部门工作人员、企业职员、个体户等
24	教育	如高中、中/大专、大学本科等
25	收入	按照国家个人所得税征税级次规定的收入登记
26	是否有小孩	如有、无

表 3-2　福鼎市和柘荣县各样本组容量

区域 / 样本组	福鼎市			柘荣县		
	社区	收到问卷	发放问卷	社区	收到问卷	发放问卷
公众组		388	403		120	128
政府组		129	130		137	142
社区组(总)		299	300		135	150
	桐南	100	100	上城	45	50
	龙山	99	100	城南	46	50
	石亭	100	100	乍洋	24	25
				楮坪	20	25
总数		816	833		392	420

二、数据分析

所有数据采用 IBM SPSS 20.0 软件进行分析，显著水平 95%。主要数据分析方法包括：

频数分析(frequency analysis)：频数分析是最常见也是最基本的一种描述性分析方法。频数分析主要计算数据的频数分布，即每个选项被选次数。该分析方法也可以提供其他基本数据如平均数和偏度(California State University，2013)。

曼－惠特尼检验(Mann－Whitney Test)：曼－惠特尼 U 检验主要测试两个总体函数分布一致的独立样本的均值是否有显著差异。在这部分数据分析中，曼－惠特尼 U 检验用于检验来自不同地区(福鼎市和柘荣县)居民对相同问题的回答是否有显著差别。检验的变量有：人们对气候变化和低碳经济的认知水平、已实践或愿意尝试的低碳行为的数量、是否愿意为当地低碳经济发展做贡献以及对当地发展低碳经济的支持程度。

Kruskal－Wallis 检验：Kruskal－Wallis 检验(或者 K－W 检验)是对曼－惠特尼检验的拓展，主要进行两组以上的比较。在这部分数据分析中，主要用于不同样本组(政府组、公众组、社区组)的比较。检验变量有：人们对气候变化和低碳经济的认知水平、已实践或愿意尝试的低碳行为的数量、是否愿意为当地低碳经济发展做贡献以及对当地发展低碳经济的支持程度。

因子分析(factor analysis)：因子分析可以通过已有变量数据提取不可测量或者较难测量的潜在变量，称为因子(Kim & Mueller，1978)。在这部分数据分析中，因子分析可以从多个已测变量(公众对气候变化对全球、社区、家庭和未来后代影响的担忧程度以及对低碳经济的认知程度)中提取能够代表公众对气候变化和低碳经济认知的潜在因子(变量描述详见表3-1)。这些因子作为预测变量用于多项逻辑斯蒂回归模型的建立。

多项逻辑斯蒂回归分析(multinomial logistics regression)：多项逻辑斯蒂回归是因变量Y有两个以上分类的回归分析方法(Kwak & Clayton – Matthews, 2002; Field, 2009; El – Habil, 2012)。在该部分数据分析中，多项逻辑斯蒂回归模型可用于探索影响公众对低碳经济态度(三个分类：支持、不支持以及不知道)的重要因素。

第二节　结果分析

数据分析主要分为三个部分：第一部分主要是对整体数据及利用所有数据建立的总回归模型进行比较分析，以了解沿海中小城镇居民对低碳经济的总体认知水平和态度；第二部分是对两个研究区域的数据进行比较分析，以了解沿海中小城市和山区县城居民对低碳经济发展认知水平和态度的不同；第三部分则主要是对不同样本群组之间的数据进行比较分析，以了解公众、政府职员和社区居民对气候变化和低碳经济的认知水平和支持程度。

一、中小城镇居民低碳意识水平分析

(一)人类社会学特征描述

所有调查样本的社会学背景如表3-3所示，大部分参与问卷调查的居民较年轻，其中超过半数的调查对象年龄在19岁至30岁之间，29%的调查对象年龄在31~40岁之间；参与调查的男女性别基本相当；参与调查的人员涉及政府部门工作人员、公有企业职员、私有企业职员、个体户及私营企业业主、自由职业、学生及退休人员等；大部分人员接受过中、高等教育(42.9%，大专或以上)；大多数人收入处于中、低水平(月薪1500~4500元)。

表 3-3 样本人类社会学变量

人类社会学变量		%①
年龄(岁)	19～30	52.4
	31～40	29.0
	41～50	12.4
	51～60	3.5
	61 或以上	2.6
性别	男性	50.2
	女性	49.8
职业	政府部门工作人员	36.3
	公有企业职员	7.1
	学生	7.8
	私营企业职员	10.8
	农民	2.2
	自由职业	15.5
	个体户或私营企业业主	12.4
	已退休	4.3
	无职业者及其他	3.7
最高学历	小学或以下	7.1
	初中	17.0
	高中或中专	33.0
	大专或本科	41.0
	研究生或以上	1.9
月薪	￥1500 或以下	25.2
	￥1501～￥4500	64.5
	￥4501～￥9000	6.4
	￥9001～￥35000	2.7
	￥35001～￥55000	0.4
	￥55001～￥80000	—
	￥80001 或以上	0.8
是否有小孩	是	58.7
	否	41.3

① 有效百分比(即过滤缺失或者无效值后占总回答人数的百分比)。

(二)公众对气候变化及低碳经济的认知

1. 公众对气候变化的认知和担忧程度

问卷调查了当地居民对气候变化认知程度的自我评价。问卷结果显示：首先，绝大多数(94.1%)受访对象听说过气候变化，其中对于气候变化“听说过并有一定了解”和“经常听说并十分了解”的比例总共为59.1%，35.0%对其偶有听说但不了解，只有5.9%的受访对象表示从未听说过；其次，不同年龄层次的受访对象对气候变化的认知程度不同，年纪越轻的居民认知比例越高，其中19~30岁居民对于气候变化“听说过并有一定了解”和“经常听说并十分了解”的比例最高，为64.9%，其次为31~40岁居民，比例为57.3%；然后，不同学历的受访对象对于气候变化的认知水平存在差异，且学历越高，对气候变化较为了解的人数比例越高，如93%的硕士研究生或以上学历的居民表示对气候变化较为了解，比例最高，而小学学历或以下的居民对气候变化较为了解的人数比例最低，仅为37%；并且，从事不同职业的居民对气候变化的认知水平也略有不同，其中私营企业职员对气候变化的认知程度最高，57.1%表示听说过气候变化并有一定了解，17.1%表示十分了解气候变化，在所有职业群组中比例最高，而农民、自由职业以及个体户或私营企业业主对气候变化比较了解的人数比例最低，分别为37.5%(农民)、45%(自由职业)、50%(个体户或私营企业业主)，此外还有16.7%的农民表示从未听说过气候变化，比例最高；最后，不同收入群体对气候变化了解程度的比例基本是随着收入增加而不断提高，其中“了解”和“十分了解”的总比例由55.9%逐渐提高到100%，表明收入高的群体对气候变化的认知程度高。

问卷同时调查了当地居民对气候变化影响的担忧程度，影响对象包括全球、所居住社区、家人和子孙后代4个方面，要求调查对象为自己的担忧程度进行评分。评分范围为1分(完全不担心)到4分(非常担心)。总体而言，公众较为担心气候变化的不利影响。首先，在所有受访者中，对气候变化对全球、社区、家人、后代的影响“有点担忧”和“非常担忧”的比例逐渐提高，分别为73.8%、76.4%、80.0%、83.4%，而如图3-1所示，公众的担忧程度(平均评分[①])由2.97不断上升到3.25，表明其对气候变化的担忧随着空间范围的缩小(由全球到社区到家人)而增加，且从时间跨度来看，公众对

① (每个人对四个范围影响的担忧程度的总和)/4

气候变化于子孙后代影响的担忧程度远超于对现在影响的担忧程度；其次，从学历背景上看，学历越高的居民表示越担心气候变化的影响，其中初中学历或以下的居民表示十分担心气候变化的影响的人数比例最少（尤其是对全球和当地社区的影响，低于15%），而大学本科以上学历的居民表示十分担心气候变化的比例最高，尤其是对子孙后代的影响，过半数居民表示非常担心；最后，随着收入的增加，居民对气候变化在全球、区域、家人和后代四个方面的"有点担忧"和"非常担忧"所占的比例不断增加，其中"月薪1500元及以下"收入群体中，在气候变化对全球、区域、家人、后代的"有点担忧"和"非常担忧"程度的总比例依次为75.8%、75.9%、78.9%、85.8%，"1501～3000元"收入人群比例从71.3%增加到81.1%，而"4501～9000元"收入人群比例从77.3%增加到92.4%，为担忧程度较高的人群。此外，不同年龄段的人担忧程度略有不同，总体趋势是年轻人担忧程度小于年龄大的人。从性别方面来分析，男性和女性对气候变化影响四个层次影响都比较担心，且范围越小、越与自身相关的影响担忧程度越高。女性对气候变化影响四个层次影响的担忧程度分别为81.2%、81%、83.8%和86.7%，男性的担忧程度低于女性，分别为73%、76.9%、80.2和84.8%。

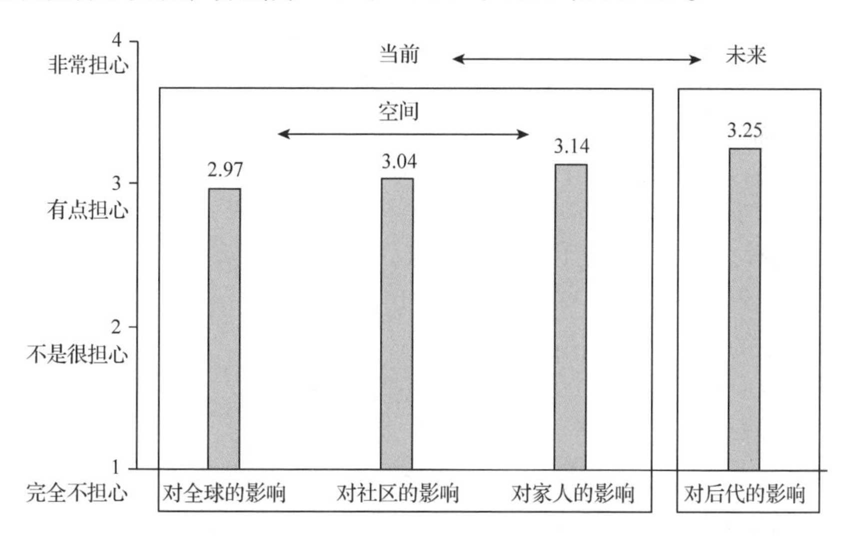

图3-1　参与问卷调查的公众对气候变化在不同范围影响的平均担忧程度

2. 对低碳经济的认知程度与途径

问卷要求调查对象为自己对低碳经济的认知水平进行评分。评分范围为1分（从没听过）到4分（经常听说并十分了解）。问卷结果显示：绝大多数

(89.5%)受访对象听说过低碳经济，其中6.5%的居民表示自己十分了解低碳经济，83.5%对其有最基本的了解，只有10.5%的居民表示从未听说过低碳经济；其次，从学历背景来看，不同学历的受访对象对于低碳经济的认知程度存在差异，且学历越高，对低碳经济较为了解的人数比例越高，如：近八成初中以下学历的居民表示对低碳经济了解甚微(20%表示完全没听说过，60%表示听过但不了解)，只有2%～3%表示十分了解低碳经济，而多数大学本科学历或以上的居民表示对低碳经济有一定了解或十分了解，尤其是研究生或以上学历的居民，57%表示对低碳经济有一定了解，19%表示对低碳经济十分了解，是所有学历组中的最高。从职业背景来看，政府工作人员和学生对低碳经济的了解相对其他其他职业人群较高，超过50%表示对低碳经济较为了解(自评3分和4分)，而农民、自由职业者和个体户或私营企业业主对低碳经济的认知水平最低，超过70%表示从未听说过或不大了解低碳经济，其中甚至23.7%的个体户或私营企业业主表示从未听说过低碳经济，在所有职业群体中比例最高。从年龄层次来看，不同年龄组的人对低碳经济的了解程度差别不大，其中31～40岁和41～50岁的年龄组稍高，了解的人比例分别为48.1%和44.8%，主要原因是该年龄段的公务员偏多。

问卷调查了解了当地居民对于空气中"碳"的重要性认识。结果显示，认为空气中的"碳"重要的受访人员比例达到74.6%，认为不重要的只有3.2%，22.2%的人表示不确定，且不同年龄段、不同性别和不同地域间没有明显差别。全部受访者中，分别有76.9%和64.3%的受访者认为空气中"碳"很重要原因是过多的碳会导致气温升高和气候异常，明显高于导致加速冰川融化(54.4%)、减少生物多样性(36.6%)和海水酸化(28.9%)等原因，表明人们主要还是从与自身联系密切的气温、气候感受到碳的重要性，对于空气中的"碳"引起其他方面的变化还不是很了解。

问卷同时调查了解了当地居民对低碳经济的定义("您眼中的"低碳经济"是什么样的?")，以进一步了解他们对于低碳经济的认知水平。超过半数的居民认为低碳经济是使用可再生能源作为主要能源(60.9%)，建立废料/垃圾回收循环系统(55.1%)，减少工业污染和温室气体排放(54.5%)，发展公共交通系统(53.6%)以及大力造林提高森林碳汇(51.3%)；认为低碳经济是人们自觉培养低碳生活方式、减少自身排放的仅占47.6%，表明人们所认为的"低碳经济"的范畴主要局限于工业及政府采取的社会措施，对个人低碳行为在"低碳经济"中所起的作用还不是特别了解；40.1%的居民认为低碳经济是应用低碳高能效技术(尤其在电力及工业系统)；31.5%的居民认为低碳经济应该倡导绿色建筑，取代传统混凝土建筑，是选择人数比例最少的选项。从年龄层次来看，越年轻的受访对象对各项知识的了解度越高。

通过问卷调查还得知，在日常生活中，有77.4%的受访者确定在日常生活中有主动减少自身碳排放，其中随手关电器(64.3%)、合理消费减少浪费(58.3%)、使用节能电器(53.9%)是主要方式。也有不少居民通过垃圾分类与回收(47.3%)、尽量使用公共交通(46.7%)、减少塑料袋使用(45.2%)及循环使用生活用水(40.8%)等方式主动减少自身碳排放；较少人选择走路(32.9%)、不使用一次性物品(30.3%)、骑自行车出行(24.4%)方式。

关于对低碳经济的认知途径，八成以上居民表示他们通过电视节目听说和了解低碳经济，六成以上居民通过网络了解低碳经济，这两种方式为当地居民了解低碳经济的最主要途径。约三成左右居民表示他们通过报纸杂志、专题教育活动和公益广告了解低碳经济。只有14.1%的公众通过课堂了解低碳经济。从职业背景来看，大部分职业群组了解低碳经济的途径十分相似，主要通过电视、网络和报纸等。其中93.5%的退休职工表示通过电视节目了解低碳经济，比例最高；网络(75.8%)和报纸(49.4%)则在政府工作人员中比较普遍；学生了解低碳经济的途径与其他职业群体略有不同，除了电视和网络以外，其他重要渠道为广告(40.5%)和课堂(40.5%)。仅有26.2%的学生通过阅读杂志报纸来了解低碳经济。

3. 对低碳经济的支持程度

通过问卷调查了解到，民众普遍非常支持在当地发展低碳经济。调查结果显示，82.5%参与问卷调查的居民表示他们愿意支持低碳经济，仅6.1%表示反对，而8.7%表示不知道或者没有回答。大部分居民表示他们之所以支持低碳经济是因为它能改善环境质量(74.9%)、减缓气候变化(66.2%)、提高生活质量(64.5%)以及提高生产效率和资源利用率(54.8%)等。从学历背景方面分析，学历越高的居民其支持人数比例越高，其中研究生或以上学历的居民支持比例最高(90.5%)，初中、小学或以下的居民支持比例相对较低(78.3%和83.1%)。从职业背景分布来看，退休职工和政府工作人员比较支持在当地发展低碳经济，他们的支持人数比例是所有职业群组中最高的(退休职工为93.6%，政府工作人员为92.4%)，农民的支持率最低

(70.8%)。从年龄层次来看，年轻人的支持度略高于年龄大的人。

问卷同时调查了解了当地居民在日常生活中的低碳减排行为及未来的意愿。调查结果显示，当地居民平时和未来想要尝试的低碳行为十分相似。在日常生活中愿意主动减少自身碳排放的比例为77.3%，其中19～30岁的年轻人的主动减排意愿最低，只有72.2%，31～40岁的为82.2%，其他年龄段的均超过86%，显示出年龄大的人主动减排意愿高于年轻人；女性的主动减排意愿度高于男性，分别为80.1%和74.3%。在未来日常生活中减少自身碳排放的方式上，认可度最高的是用完电器随手关(64.4%)，其他依次为合理消费减少浪费(58.1%)、使用节能电器(53.7%)、垃圾分类与回收(47.3%)、尽量使用公共交通(46.7%)、使用购物袋以减少塑料袋的使用(45.2%)、循环使用生活用水(40.8%)、步行(32.9%)和不使用一次性物品(30.3%)，骑自行车的认可度最低，仅为24.4%。

同时，通过问卷调查也了解了人们反对低碳经济发展的原因，大部分人认为没有必要发展低碳经济的主要原因是担心发展低碳经济所需成本过高(53.8%)以及其对居民生活质量的影响(46.2%)，少部分人(18.3%)认为当地政府的环保举措已足够，无需再发展低碳经济。从性别来看，男性更担心成本过高，女性更担心对生活质量的影响。从学历背景方面分析，本科以下学历以及研究生以上学历的居民表示担心生活质量受到影响的人数比例最高，尤其是研究生学历的居民(83.3%)，而本科学历的居民多数表示更担心低碳经济的所需成本(58.6%)和对当地经济的影响(38.3%)。另外还有一半的研究生以上学历的居民认为目前的环保措施已经足够，无需再发展低碳经济，明显高于其他学历居民选择此项的人数比例(约18%)。从职业背景分布来看，超过半数政府工作人员(65.4%)、公有企业职员(51.6%)、学生(58.3%)、农民(58.3%)、无职业者及其他(68.8%)表示发展低碳经济成本过高是他们反对的主要原因，而多数私营企业职员(54.1%)、自由职业者(55.7%)、个体户或私营企业业主(58.0%)以及退休员工(60.0%)则表示更担心他们的生活质量受到影响。另外还有50%的退休职工表示反对低碳经济的原因是当地环保措施已足够，在所有职业群组中比例最高。

4. 对政府发展低碳经济的建议

通过问卷调查了解了当地居民对政府发展低碳经济的具体建议。在所有受访对象中，超过六成的居民表示政府需要从工业入手，通过引进节能技术等手段开展低碳减排活动以发展低碳经济，有47.8%的居民认为政府需从林业入手，通过造林增汇等手段发展低碳经济，还有约四成左右的居民认为可以从建筑业、能源生产行业和旅游业入手，通过推广绿色建筑和可再生能源使用、宣传资源保护意识来开展低碳减排活动以发展低碳经济，而认为政府应从商业(如投资碳汇)入手的人最少(30.9%)。

当问及政府未来发展低碳经济的工作重点时，多数公众表示在今后的低碳发展工作中，政府应侧重发展并鼓励清洁能源的使用(74.1%)、引进低碳技术并减少生产加工中的温室气体排放(64.2%)、增加森林和绿化带覆盖率及其他增加森林碳汇项目(59.8%)和建立垃圾分类回收系统(59.3%)；其次，也有民众支持发展/升级公共交通体系并鼓励低碳出行方式(56.7%)与教育普及低碳经济和低碳生活知识(53.0%)；同时还有近一半的参与者认为政府应该从发展绿色建筑入手。

对各题相关调查分析结果详见下表3-4。

表3-4　测量公众对气候变化及低碳经济认知水平的各变量的调查结果

测量认知水平的变量	数量	比例(%)
您听说过低碳经济吗？		
从没听说过	114	10.5
偶尔听说但不了解	486	44.8
听说过并有一定了解	419	38.7
经常听说并十分了解	65	6.0
您是如何知道/了解“低碳经济”的？		
电视新闻	845	83.3
专题活动教育	264	26.0
网络	626	61.7
广告	317	31.2
报纸杂志	379	37.3
公共讲座/课堂	143	14.1
您是否支持在您所居住的街区发展“低碳经济”？		
是	921	85.2
否	66	6.1
不知道	94	8.7
您认为有必要发展“低碳经济”的原因是什么？		
减缓气候变化	661	66.2
提高生活质量	644	64.5
提高生产效率和资源利用率	547	54.8
改善环境质量	748	74.9
成为可持续发展先锋地区，提高知名度	385	38.5

（续）

测量认知水平的变量	数量	比例%
您认为没有必要发展“低碳经济”的原因是什么？		
要求成本过高	203	53.8
影响生活质量	174	46.2
限制经济发展速度	136	36.1
目前的环境保护措施已经足够	69	18.3
您认为政府应在以下哪些行业入手开展低碳减排活动？		
林业（如造林增汇）	802	47.8
农业（如使用低碳肥料）	695	38.8
商业（如投资碳汇）	647	30.8
工业（如引进节能技术）	525	63.6
旅游业（如宣传资源保护意识）	613	39.5
建筑业（如绿色建筑）	642	43.1
能源生产（如推广可再生能源使用）	574	42.1
您认为以下哪些方式应该作为政府未来在发展低碳经济的工作重点？		
发展并鼓励清洁能源的使用	802	74.1
引进减碳技术，减少生产加工中的温室气体排放	695	64.2
增加森林及绿化带覆盖率，实施林业碳汇项目	647	59.8
发展绿色建筑（如木制建筑）	525	48.5
发展/升级公共交通体系，鼓励低碳出行方式	613	56.7
建立垃圾分类回收系统	642	59.3
宣传普及低碳经济和低碳生活知识	574	53.0

（三）因子分析

因子分析有两大重要步骤：决定因子数量以及旋转。由于数据可以分为两大类，我们在分析的过程中决定保留两个因子：对气候变化影响的担忧程度和对低碳经济的认知水平。分析使用方差最大旋转法，使得各变量仅和一个因子相关性较强，有助于分析和理解因子的意义。如表3-5所示，所有有关测量气候变化担忧程度的变量与因子1相关度较高，且与因子2相关性较弱。同时，低碳经济的认知水平与因子2相关性较强，与因子1相关性弱。因此，因子1可以代表当地居民对气候变化的担忧，而因子2则代表对低碳经济的认知水平。由于各变量与因子间的相关系数皆为正数，因子1数值越大，则越担心气候变化的不利影响，因子2数值越大，则代表人们对低碳经济的了解越多。两个因子可以解释所有数据84.56%的方差（共性方差为4.228，总值为5.000）。

表 3-5　旋转后的因子结构(最大方差旋转法)

变量名称	因子 1	因子 2
对低碳经济的认知水平	0.128	0.990
对全球的影响的担忧程度	0.813	0.180
对所居住社区影响的担忧程度	0.924	0.093
对家人影响的担忧程度	0.937	0.074
对后代影响的担忧程度	0.881	0.122
因子名称	对气候变化影响的担忧程度	对低碳经济的认知水平

(四)多项逻辑回归模型

1. 模型比较和选择

该研究分别使用不同组合的自变量建立 4 个模型。前 3 个模型使用向前逐步回归法选择引入模型的自变量，引入和剔除显著限制值皆为 $p=0.1$。第 4 个模型中的自变量由后退逐步回归法选择。

模型 1：使用认知因子(因子分析的结果)作为自变量

模型 2：使用人类社会学变量作为自变量

模型 3：使用认知因子和人类社会学变量作为自变量

模型 4：与模型 3 相同。

通过比较模型拟合数据(AIC、BIC 和 －2LogLikelihood)和预测准确率，模型 2 和模型 3 的 Hessian 矩阵存在单一性问题，表明模型中部分自变量应剔除或合并，因此模型 2 和模型 3 被排除。模型 1 和模型 4 十分相似。首先，两个模型模型拟合数据十分相近。伪 R 方都相对较低(模型 1：0.063；模型 4：0.071)。然而，伪 R 方和线性回归模型的 R 方不同，不能直接解释为模型中自变量 X 对因变量 Y 的解释程度，且在分析伪 R 方时需要格外注意，因此伪 R 方在该研究中不作为主要评估模型的指标(Louviere，2000)。似然比结果显示，模型 1 和模型 4 都显著优于常量模型(不含任何自变量)。两个模型的总体预测精度皆高于 85%，预测低碳经济支持者精度近 100%，但预测反对者和未明确表态的调查对象的精度低于 1%。其次，模型 1 和模型 4 包括的自变量十分相似：模型 1 包括两个认知因子，而模型 4 比模型 1 多一个自变量“收入”。然而，“收入”在模型中的显著度十分接近临界值 0.05($p=0.049$)，表明其在模型中影响相对较小。且在参数分析中，由于收入数值较大，导致其系数小于 0.001(表 3-6)，很难分析“收入”对模型的影响。基于以上分析，我们选择模型 1 做深入分析。

表 3-6　模型 1 拟合数据和似然比检验

模型	模型拟合数据			似然比检验	
	AIC	BIC	-2Log Likelihood	Chi-Square	Sig.
常量模型	465.407	475.309	461.407	75.087	<0.001
最终模型	405.944	435.649	393.944		

2. 模型中自变量的显著性分析

模型 1 中的两个认知因子都十分显著。由于因变量，公众对在当地发展低碳经济的态度分为 3 种情况，因此多项逻辑斯蒂回归模型将分类进行两两比较，并计算相应的发生概率。其中，表示支持低碳经济（即回答“是”）为基准分类。表 3-7 中所有的参数和概率估计都是与基准分类的相对值（Institute for Digital Research and Education（IDRE）University of California Los Angeles（UCLA），2007）。表格中的 B 为每个多项逻辑斯蒂回归模型中预测变量的系数。Odds ratio 为模型预测某事件发生（如公众未明确态度）与基准时间发生（如公众持支持态度）的概率比（又称胜算比）。

（1）未明确态度 Vs 支持态度

在对比未明确态度和持支持态度人群时，人们对气候变化不利影响的担忧程度和他们对低碳经济的认知水平两个自变量的沃特检验（Wald Test）值达十分显著水平。具体而言，人们对于气候变化的担忧程度这个自变量的回归系数为 -0.317，如果人们的担忧程度增加一个单位，则他们持不确定态度比支持态度的概率对数值下降 0.317。对低碳经济的认知水平的回归系数为 -0.808，代表如果人们的认知水平增加一个单位，则他们持不确定态度比持支持态度的概率对数值将下降 0.808。综上，人们如果越担心气候变化的比例影响，或者越了解低碳经济相关知识，他们在当地是否发展低碳经济这个问题上持不确定态度比持支持态度的概率比越低，即他们越有可能支持低碳经济在当地的发展，而不是持不确定态度。

（2）反对态度 Vs 支持态度

在对比持反对态度和持支持态度人群时，人们对气候变化影响的担心程度不再显著，代表反对低碳经济的人与支持低碳经济的人在担忧气候变化影响方面没有显著区别。低碳认知水平是该对比中唯一显著变量，回归系数为 -0.546。如果人们的认知水平增加一个单位，则他们反对低碳经济比支持低碳经济的概率对数值将下降 0.546。简而言之，如果对低碳经济越了解，越不可能反对低碳经济而是支持低碳经济。

表 3-7　模型 1 参数估计

模型 1	B	Std. Error	Wald's (df =1)	p	Odds Ratio
未明确态度对比支持态度					
常量	−2.593 ***	0.138	351.128	<0.001	
对气候变化的担忧程度	−0.317 **	0.103	9.444	0.002	0.728
对低碳经济的认知水平	−0.808 ***	0.127	40.823	<0.001	0.446
反对态度对比支持态度					
常量	−2.706 ***	0.139	376.415	<0.001	
对气候变化的担忧程度	−0.098	0.126	0.610	0.435	0.907
对低碳经济的认知水平	−0.546 ***	0.137	15.947	<0.001	0.579

* R^2 =0.063 (Cox & Snell), 0.097 (Nagelkerke). Model (4) =67.463, p=0.000. * $p<0.05$, * * $p<0.01$, * * * $p<0.001$.

二、不同区域中小城镇居民低碳经济意识比较分析

(一)人类社会学背景描述

通过对福鼎市和柘荣县两个区域受访对象的人类社会学变量进行频数分析表明，两地居民背景较为相似。如表 3-8 所示，两区域参与问卷调查的居民都比较年轻，各年龄段的人员分布比重趋于一致，更多的集中在 19 ~ 30 岁及 31 ~ 40 岁之间；两区域参与调查的男女性别基本相当；参与调查的男女参与调查的人员涉及政府部门工作人员、公有企业职员、私有企业职员、个体户及私营企业业主、自由职业、学生及退休人员等，其中柘荣县参与调查的政府部门工作人员明显超过半数(55.9%)，占有较大比例，而福鼎市参与调查的政府部门工作人员仅占当地受访对象总数的 26.7%；两地大部分受访对象都接受过中、高等教育(福鼎市 71.8%，柘荣县 83.8%)，柘荣县略高于福鼎市，但接受过初中教育的受访对象比例福鼎市为 19.3%，高于柘荣县的 12.3%；两地大部分受访对象均处于中低收入水平(月薪低于或等于 4500 元)，相关人员比例为福鼎市 88.2% 和柘荣县 93.6%，福鼎市中高收入水平(月薪高于 4500 元)的受访对象比柘荣县多。

表 3-8　福鼎市和柘荣县问卷调查人类社会学背景

人类社会学背景		福鼎市 有效%	柘荣县 有效%
年龄	19～30	53.8	49.6
	31～40	27.2	32.7
	41～50	11.5	14.2
	51～60	4.0	2.5
	61 或以上	3.4	1.1
性别	男性	51.2	48.2
	女性	48.8	51.8
职业	政府部门工作人员	26.4	55.9
	公有企业职员	8.5	4.1
	学生	11.0	1.4
	私营企业职员	13.1	6.3
	农民	2.2	2.2
	自由职业	17.4	11.8
	个体户或私营企业业主	11.4	14.2
	已退休	6.1	0.8
	无职业者及其他	3.9	3.3
最高学历	小学或以下	8.8	3.8
	初中	19.3	12.3
	高中或中专	30.7	37.5
	大专或本科	38.8	45.2
	研究生或以上	2.3	1.1
月薪	￥1500 或以下	27.6	19.0
	￥1500～￥4500	60.6	74.6
	￥4501～￥9000	7.4	3.9
	￥9001～￥35000	3.0	1.7
	￥35001～￥55000	0.2	0.9
	￥55001～￥80000	—	—
	￥80001 或以上	1.2	—
是否有小孩	是	58.3	59.4
	否	41.7	40.6

(二) 两区域公众对气候变化及低碳经济的认知

1. 对气候变化的认知和担忧程度

问卷要求调查对象为自己对气候变化的认知水平进行评分。评分范围为1分(从没听过)、2分(偶尔听说但不了解)、3分(听说过并有一定了解)到4分(经常听说并十分了解)。调查结果显示：两个区域居民对气候变化均有一定程度的了解(平均分为2.50，总分4.00分，见图3-2)。柘荣县居民对气候变化了解程度的评分略高于福鼎市居民，但没有显著性差异；两个地区绝大多数调查对象都表示听说过气候变化，其中柘荣县对于气候变化“听说过并有一定了解”和“经常听说并十分了解”的居民比例总共为63.9%，超过福鼎市的57.2%，只有5.2%的福鼎市居民和7.7%的柘荣县居民表示他们对气候变化没听说过；从两区域受访对象学历背景来看，学历越高的福鼎市居民对气候变化越了解，但在柘荣县调查数据中没有发现相似趋势，其不同各层级学历人员的了解程度相当，且柘荣县初中学历或以下的居民表示对气候变化较为了解（自评3分和4分）的人数比例（3分为57.2%，4分为53.6%）明显高于福鼎市（3分为32.9%，4分为37.9%）；从两区域受访对象职业背景来看，在福鼎市和柘荣县所有参与调查的职业群组中，私营企业职员和学生对气候变化了解程度最高，且柘荣县比例高于福鼎市，其中54.3%的福鼎市私营企业职员和55.7%的学生表示对气候变化有一定了解，而柘荣县私营企业职员为69.6%，学生为80%；另外，参与调查的近70%福鼎市农民表示不太了解气候变化，而约60%柘荣县自由职业者表示对气候变化不了解。

问卷同时调查了两个区域居民对气候变化影响的担忧程度，影响对象包括全球、所居住社区、家人和子孙后代4个方面，要求调查对象为自己的担忧程度进行评分。评分范围为1分（完全不担心）、2分（不是很担心）、3分（有点担心）到4分（非常担心）。总体而言，两地居民都较为担心气候变化的不利影响，且担心程度随着范围的缩小而增加。福鼎市受访者对气候变化的全球、社区、家庭和后代层次影响表现为担忧的分别为75.9%、80.5%、82.5%和84.9%，柘荣县受访者分别为79.4%、75.7%、81.2%和87%。两地对气候变化产生的影响都表现出较高的担忧程度，且范围越小、与自身关系越紧密，担忧程度越高。尤其是“非常担忧”所占的比例不断升高，其中福鼎市受访者在四个方面“非常担忧”的比例分别为18.5%、21.9%、27.5%、34.2%，柘荣县受访者在四个方面“非常担忧”的比例分别为27.8%、32.1%、42.4%、48.9%，柘荣县受访者“非常担忧”的比例都比福鼎高，表明柘荣县人们受益于良好的生态环境，对未来气候变化对环境可能带来的影响更加担忧。同时，曼－惠特尼检验结果显示，两地之间的平均担忧程度显著不同。柘荣县居民相对福鼎市居民更担心气候变化对全球、家人以及对后代的影响。两地居民对气候变化对社区影响的担忧程度无显著不同（详见图3-2）。

2. 对低碳经济的认知程度和途径

问卷要求两地调查对象为自己对低碳经济的认知水平进行评分。评分范

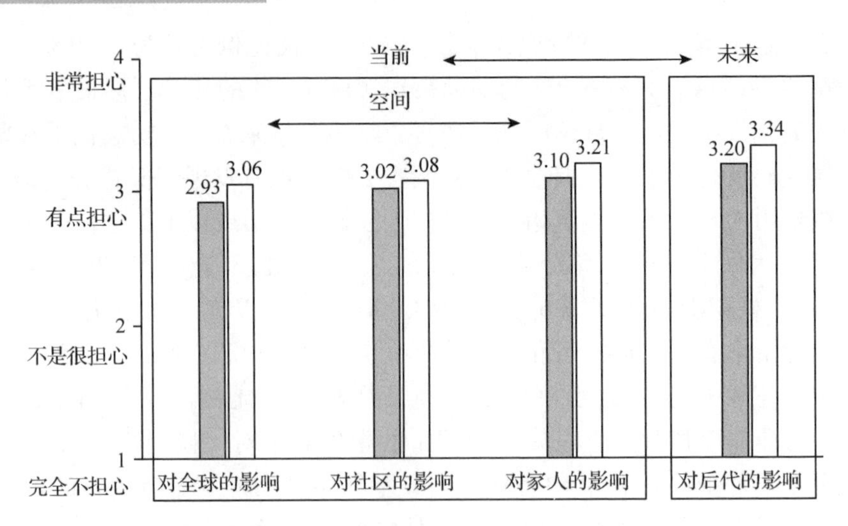

图 3-2　两地居民对气候变化在不同范围的影响的担忧程度（平均值）

围为 1 分（从没听过）、2 分（偶尔听说但不了解）、3 分（听说过并有一定了解）到 4 分（经常听说并十分了解）。调查结果显示：两个区域 85% 以上的调查对象表示听说过低碳经济，且均有一定程度的了解，其中十分了解的人比例为 6%，听说过并有一定了解的比例为 38. 7%，偶尔听说但不了解的比例为 44. 8%，从没听说过的比例为 10. 5%，由此可见大部分人对低碳经济的了解不如对气候变化的了解（见图 3-3）。柘荣县受访者对低碳经济认知水平的自我评分高于福鼎市，但没有显著性差异。福鼎市有 91. 8% 的受访对象听说过低碳经济，高于柘荣县的 85. 0%，但有更高比例的柘荣县受访对象表示对低碳经济有一定程度的了解（44. 0%）或十分了解低碳经济（7. 5%），分别高于福鼎市的 35. 9% 和 5. 0%。从居民学历背景来比较分析，两地受访对象对低碳经济“听说过并有一定了解”和“经常听说并十分了解”的比例呈现随着学历的增高而增大的趋势（福鼎市分别为 17. 5%、18. 5%、42. 4%、53. 5% 和 76. 4%；柘荣县分别为 38. 5%、26. 6%、47. 5%、63% 和 75%），且各层级比例柘荣县均高于福鼎市，说明低碳经济认知水平是可以随着人们知识文化水平的提高而提高，且柘荣地区居民由于生活在较良好的生态环境，对低碳经济的认识和体会更深刻。从职业背景来比较分析，两区域大多数政府工作人员均表示对低碳经济较为了解，较多的农民、自由职业者和个体户或私营企业业主均表示对低碳经济了解较少或不了解。多数福鼎市自由职业者（74. 4%）、个体户或私营企业业主（73. 5%）、退休职工（73. 8%）及农民(81.3%)对低碳经济了解很少或者从没听说过，其中表示从未听说过低碳经济的受访对象中自由职业者(16%)和个体户或私营企业业主(18.1%)比例最高，表示听说过但不了解低碳经济的受访对象中农民(81.3%)和退休职工(71.4%)比例最高；超过半数的福鼎市政府工作人员(53.7%)和学生(57.1%)表示对低碳经济有一定了解或十分了解，相对其他职业背景人员比例最高。相比而言，多数柘荣县学生60%、农民(62.5%)和个体户或私营企业业主(67.3%)、自由职业者(80.9%)对低碳经济的认知水平较低，表示从未听说过或不了解，而较多政府工作人员(65.7%)、公有企业职员(53.4%)和私营企业职员(52.2%)表示有一定程度了解或十分了解低碳经济。

关于对低碳经济具体定义的了解，柘荣县居民比福鼎市居民的知识全面度普遍要高一些。多数福鼎市和柘荣县受访对象表示低碳经济应当使用可再生低碳能源作为主要能源(福鼎市60.5%，柘荣县64.6%)，建立废料/垃圾回收循环系统(福鼎市52.1%，柘荣县63.6%)，减少工业污染和温室气体排放(福鼎市50.7%，柘荣县64.6%)。较少受访对象认为低碳经济应当发展绿色建筑，29%的福鼎市居民和39%柘荣县居民选择此项。在培养公众低碳生活方式和发展公交系统方面，更多柘荣县居民认为低碳经济应当包括这两个方面，选择人数比例均比福鼎市高约10%。

关于对低碳经济的认知途径，福鼎市和柘荣县居民了解低碳经济的途径十分相似。电视为当地居民了解低碳经济的最主要途径，超过八成受访对象(福鼎市81.5%，柘荣县86.8%)表示通过电视知道并了解低碳经济。网络为第二大途径，约六成居民(福鼎市59.2%，柘荣县66.7%)表示是通过网络听说了解低碳经济。杂志报纸(福鼎市32.6%，柘荣县47.1%)和广告(福鼎市29.7%，柘荣县34.5%)排第三。通过课堂来了解低碳经济的比例较低，受访对象中只有15%的福鼎市居民和12.3%的柘荣县居民选择此项。结合年龄背景分析可知，在福鼎市19~50岁的人主要依靠电视和网络获得低碳知识，而51岁以上的主要依靠电视获得；而在柘荣县19~60岁的人主要依靠电视、网络和杂志，61岁以上的老人主要依靠电视来了解低碳经济。柘荣县学历越高的受访对象通过报纸杂志或者参加教育活动了解低碳经济的人数比例越高，而福鼎市居民了解低碳经济的途径与其学历关联度不太明显。

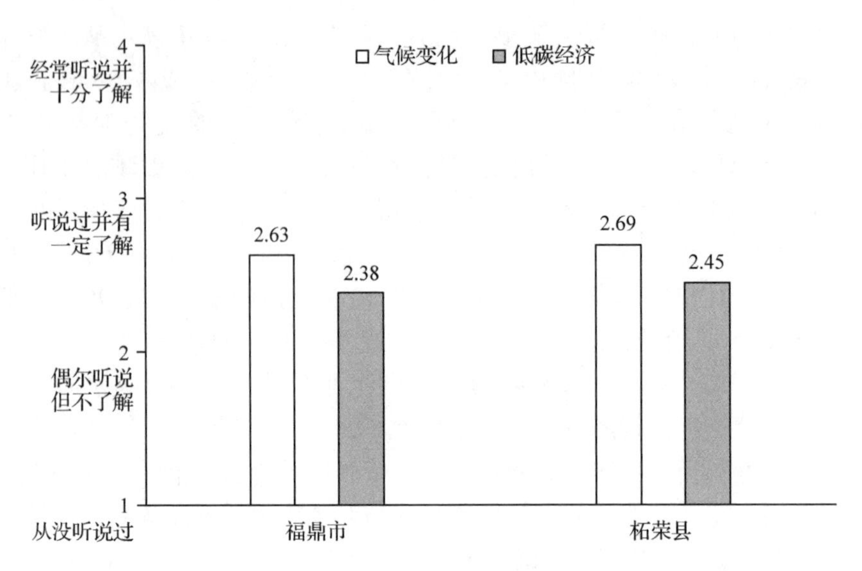

图 3-3　两地居民对气候变化和低碳经济的了解程度(平均值)

3. 对低碳经济的支持程度

通过问卷调查了解到，民众普遍非常支持在当地发展低碳经济，且柘荣县支持程度略高于福鼎市。在所有受访对象中，84.7% 福鼎市居民和 86.2% 的柘荣县居民表示支持发展低碳经济，仅有 5.2% 的福鼎市居民和 8.0% 的柘荣县居民表示不支持，而 10.2% 福鼎市居民和 5.8% 的柘荣县居民表示“不知道”。从学历背景来看，柘荣县居民对于低碳经济支持率与其学历呈正相关，学历越高，对低碳经济的支持人数比例越高，而福鼎市没有体现出明显的趋势相关度。从职业分类来看，福鼎市各职业群组对在当地发展低碳经济的支持人数比例略高于柘荣县，但两地对低碳经济支持率最高的职业群组一致，为政府工作人员(福鼎市 93.2%，柘荣县 91.7%)和退休职工(福鼎市 93.2%，柘荣县 100%)。改善环境质量、减缓气候变化、提高生活质量是两地受访对象支持在当地发展低碳经济的主要原因，相对而言，柘荣县居民比福鼎市居民更支持当地政府发展低碳经济以成为低碳经济先锋城市/县城。两地政府工作人员比其他职业人员更关注发展低碳经济以提高生产效率/资源利用率(福鼎市 83.2%，柘荣县 77.5%)和生活质量(福鼎市 78.4%，柘荣县 74.3%)。

在不支持低碳经济的受访对象中，两地居民的反对原因比较一致。大部分反对者认为没有必要发展低碳经济的主要原因是担心发展低碳经济所需成本过高（福鼎市 51. 2%，柘荣县 58. 5%）以及其对居民生活质量的影响（福鼎市 48. 8%，柘荣县 41. 5%），少部分人（福鼎市 17. 5%，柘县荣 20%）认为当地政府的环保举措已足够，无需再发展低碳经济。两地区均为学历越高的居民表示担心低碳经济发展成本过高的人数比例越高。

4. 对政府发展低碳经济的建议

两地居民对建议政府如何着手发展低碳经济的观点较为相似。六成以上两地受访对象均认为政府应首先从工业入手，通过引进节能技术等手段开展低碳减排活动以发展低碳经济；其次是支持从林业入手，通过造林增汇等手段发展低碳经济，柘荣县居民支持力度为 50. 6%，比福鼎市的 46. 3% 要高；四成左右两地民众支持从建筑业、能源生产行业和旅游业入手，通过推广绿色建筑、可再生能源使用、宣传资源保护意识来开展低碳减排活动以发展低碳经济，柘荣县居民支持力度略高于福鼎市居民；而支持从农业入手，通过使用低碳肥料以发展低碳经济的柘荣县居民比例为 44. 4%，明显高于福鼎市的 36. 1%；此外，认为政府应从商业着手发展低碳经济的两地居民最少，仅为三成左右，福鼎市居民支持比例 29. 8% 仍然低于柘荣县的 33. 1%（详见图 3-4）。

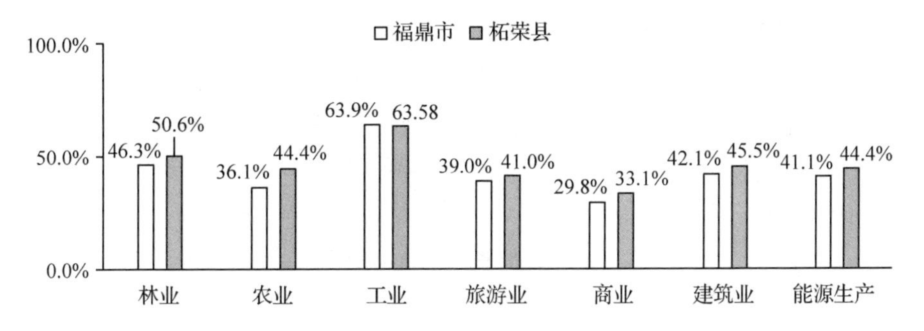

图 3-4　两地居民对政府发展低碳经济入手点的建议

当问及政府未来发展低碳经济的工作重点时，超过七成的福鼎市居民和超过八成的柘荣县居民表示在今后的低碳发展工作中，政府应侧重发展并鼓励清洁能源的使用，超过六成的两地居民赞成引进低碳技术并减少生产加工中的温室气体排放，五成至六成居民认为政府的低碳经济工作重点是增加森林和绿化带覆盖率及其他增加森林碳汇的项目、建立垃圾分类回收系统、发展/升级公共交通体系并鼓励低碳出行方式和教育普及低碳经济和低碳生活知识。只有 47. 1% 的福鼎市居民和 51. 4% 的柘荣县居民认为政府应以发展绿色建筑为重点工作，是人数最少的选项。两地受访对象中，学历越高的居民越建议加强低碳经济教育和普及低碳生活知识(见图3-5)。

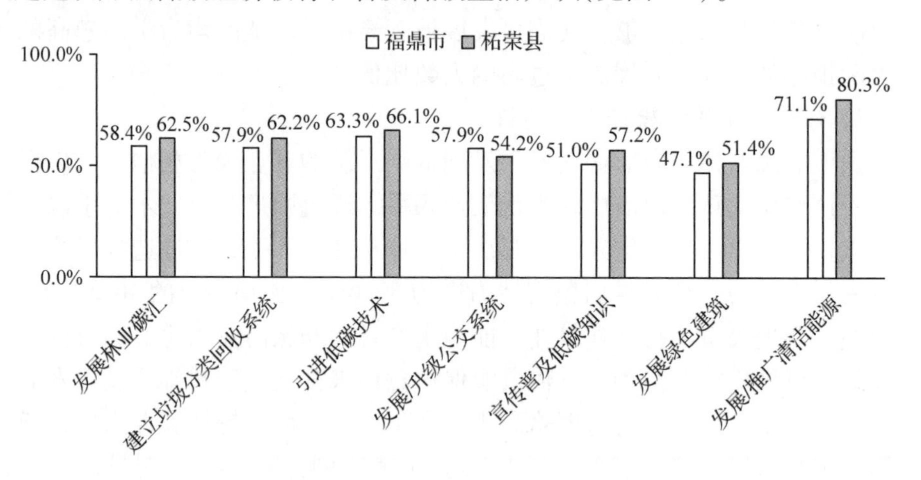

图3-5　两地居民对政府未来发展低碳经济过程中工作重点的建议

5. *居民低碳减排行为及生活方式*

为了解两地居民在日常生活中已经进行及未来愿意尝试的低碳减排行为，问卷提供了10项与“低碳行为”相关的生活方式供受访对象选择回答。频数分析结果显示，两地居民在日常生活中已有涉及到多种低碳行为，其中柘荣县居民低碳行为平均值为4.29，略高于福鼎市的3.57；对于未来将要采取的行动，福鼎市居民低碳行为意愿度为1.62，柘荣县为1.82。显著性检验显示，两地居民当前和未来的低碳行为数量没有显著差异(详见图3-6)。

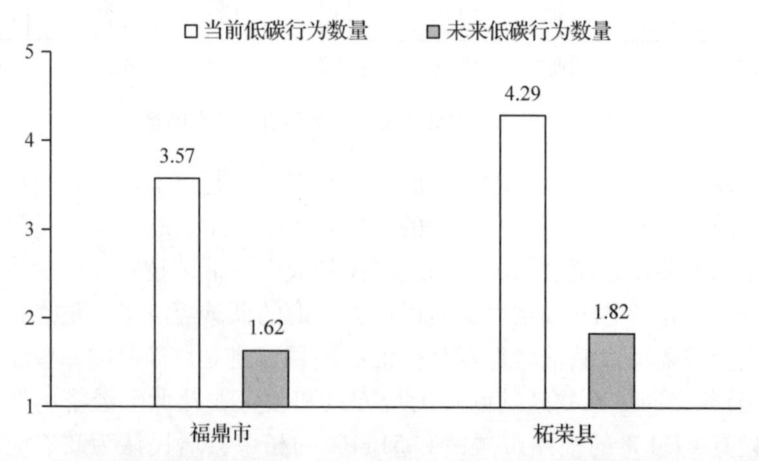

图3-6　两地居民当前已有低碳行为平均数量和未来愿意尝试低碳行为的平均数量

总体而言，两地居民已采取的的低碳行为及生活方式十分相似(见表3-10和图3-7)，人们倾向于较多选择可以节约金钱的低碳行为，较少选择需要消耗更多时间和精力的低碳行为。两地均有超过六成的受访对象表示日常可以做到用完电器随手关，其他比较受欢迎的低碳行为依次包括合理消费减少浪费、使用节能电器、垃圾分类与回收、尽量使用公共交通、使用购物袋以减少塑料袋的使用和不使用一次性物品。但较少人选择循环使用生活用水、骑自行车或步行去上学、上班及购物等。在所有列举的低碳行为中，以

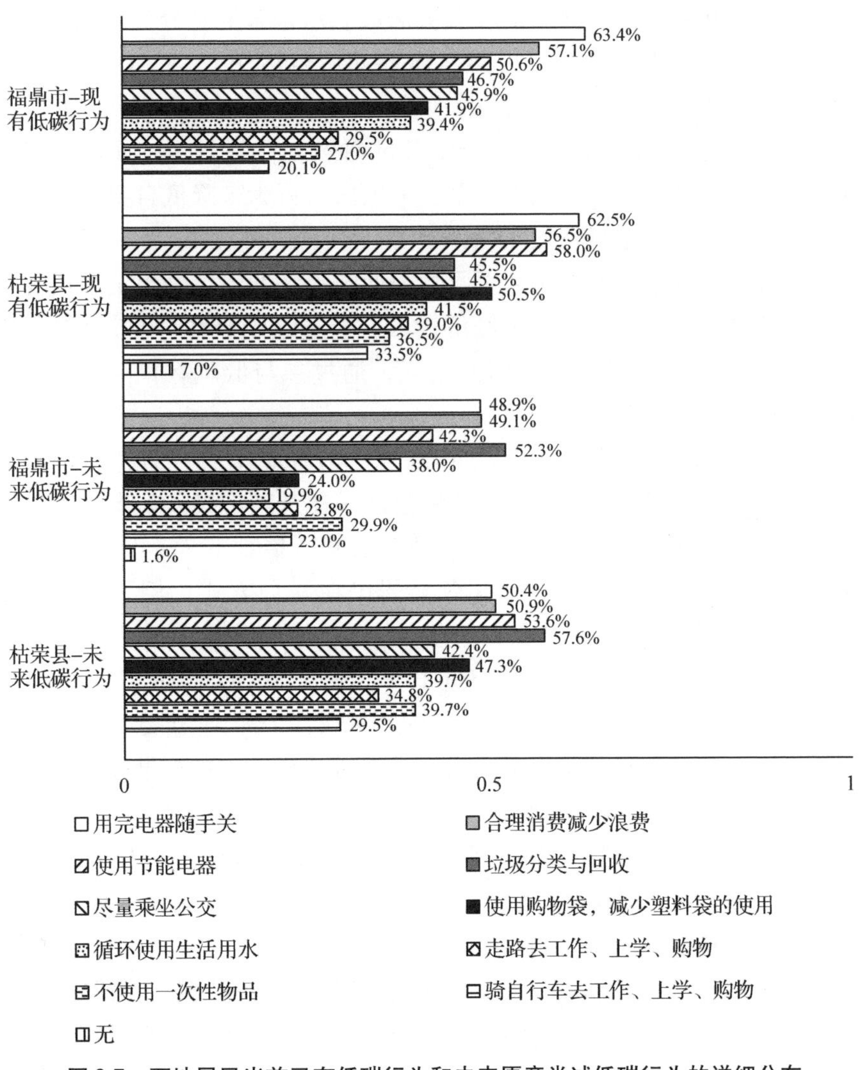

图3-7　两地居民当前已有低碳行为和未来愿意尝试低碳行为的详细分布

骑自行车出行支持率最低(福鼎市20.1%，柘荣县33.5%)。另外，有7%的柘荣县居民表示从未采取过任何低碳行为。

两地居民未来愿意尝试的低碳行为与生活方式也比较近似，且与当前的低碳行为较为相似，即仍倾向于简单、快速或有回报的低碳行为，如使用节能电器、合理消费、用完电器随手关等。而较少人愿意尝试需要花更多精力、时间或者金钱的活动/行为，如以自行车代步、走路代替开车、不使用一次性物品等。不同的是，垃圾分类和回收成为未来最受欢迎的低碳行为，52.3%的福鼎市居民和57.6%的柘荣县居民表示未来愿意分类且回收自家生活垃圾。更高比例的柘荣县居民愿意循环使用生活用水(39.7%)和使用购物袋(47.3%)，约为福鼎市居民的1倍(分别为20%和24%)。此外，有1.2%的福鼎市居民表示不愿意在未来尝试更多的低碳行为，而所有参与本次问卷的柘荣县居民表示愿意尝试至少1项低碳行为来降低自身碳排放。

6. 对低碳经济发展的支付和贡献意愿

问卷调查了两地居民表明是否愿意为低碳经济的发展做出贡献或支付意愿。问卷列举了两种方式：一是经济投入，通过缴纳碳税(尤其针对使用高碳排产品)或者自愿捐款；二是时间投入，通过参与低碳教育活动或主动向亲友宣传低碳相关知识。

经济投入方面，两个地区有约40%的受访者愿意通过缴纳碳税或自愿捐款来支持低碳经济的发展，表明两地公众对通过经济投入来支持低碳经济发展都有较高意愿。其中，福鼎市居民表示愿意捐款的人数比例(39%)比缴纳碳税的比例更高(33%)，而柘荣县居民在两种方式比例上无明显差异(40%愿意缴纳碳税，38%愿意自愿捐款)。从学历背景来看，除了中学学历的柘荣县居民支持率低于福鼎市近10%以外，其他学历的柘荣县居民对碳税的支持率均超过40%，比福鼎市高近10%。从职业分类来看，福鼎市43.8%的农民和50%的退休职工表示愿意支付碳税，支持率最高，对碳税支持率相对较低(低于30%)的职业群组有个体户或私营企业业主(28.9%)、自由职业(28.6%)、无职业者及其他(25%)。柘荣县政府工作人员和公有企业职员对碳税的支持率较高，分别为55.7%和46.7%，而对碳税支持率较低的职业群组和福鼎市十分相似，分别为自由职业者(27.9%)、无职业者及其他(16.7%)。除此之外，柘荣县学生对低碳的支持度也偏低，仅有20%的支持率。两地居民为低碳经济自愿捐款的意愿没有显著差异。福鼎市学生和无职业者及其他群体对于自愿捐款意愿较强，43%表示愿意为低碳经济捐款，农民的意愿最低，仅12.5%表示愿意捐款。柘荣县学生和退休职工表示愿意为低碳减排捐款的人数比例为所有职业群组中最高，分别为80%（学生）和66.7%（退休职工）。柘荣县农民和私有企业职工的捐款意愿最低，约25%表示愿意捐款。

在表示愿为低碳经济建设投入金钱的人群中，大部分福鼎市和柘荣县的受访对象表示愿意每年支付100元（不论是通过碳税或是捐款）。福鼎市有28.9%受访者愿意每年缴纳碳税高于100元，而柘荣县只有16.7%，表明福鼎市由于经济较为发达，人们所愿意缴纳的碳税额度也相对更高。另外，超过九成初中或以下学历的福鼎市居民愿意每年支付或捐款低于50元。并且，学历越高的福鼎市居民愿意支付的数额越多，超过半数的高中或以上学历的居民愿意每年支付51~500元，42.9%本科学历以上的居民表示愿意每年支付500元以上。而柘荣县居民的支付金额与学历背景关联不明显。从职业背景来看，除农民和个体户或私营企业业主外，近一半的福鼎市居民表示愿意每年为低碳经济发展支付碳税或捐款51~100元。农民的支付意愿较低，愿意每年支付或捐款1~10元。个体户或私营企业业主则相反，超过70%的业主表示愿意每年支付100元以上，50%表示愿意每年支付500元以上。

时间投入方面，大多数受访对象表示不愿意做低碳志愿者服务（福鼎市65.6%，柘荣县63.1%）或者向亲友宣传低碳知识（福鼎市60.7%，柘荣县54.5%）。从学历角度来看，不同学历的居民对于是否愿意为低碳经济发展投入时间上有明显差异。在福鼎市，高中或以上学历的受访者表示愿意投入时间的人数比例略高于高中以下学历的人数比例。其中，高中学历的福鼎市居民做志愿者的意愿最强（41%），而研究生或以上学历的福鼎市居民最愿意和亲友宣传低碳知识（62.5%）。在柘荣县，学历越高的居民做低碳志愿者的意愿越强烈，由21.4%（小学学历）逐渐升至为46.9%（大学本科学历及以上）。从职业背景来看，福鼎市政府工作人员和退休职工表示愿意做志愿者的比例较高，超过40%，而农民和个体户或私营企业业主的意愿最弱，约20%表示愿意做志愿者服务。柘荣县政府工作人员和学生表示愿意做志愿者服务的人数比例最高，57.1%和60.0%。仅有33.3%的退休职工表示愿意参与低碳志愿者活动。同福鼎市相似，柘荣县私营企业职员和业主（包括个体户）及农民参与的积极性较低，约20%表示愿意投入时间做志愿者（农民仅有12.5%）。福鼎市的学生（48.8%）私营企业职工（43.2%）和业主（包括个体户，42.2%）表示愿意和亲友宣传低碳知识，相对其他职业群体比例最高。退休职工表示愿意和亲友宣传的人数比例最低，27.3%。柘荣县居民的积极性相对高于福鼎市，尤其是退休职工，66.7%表示愿意和亲友宣传低碳知识，是柘荣县所有职业群组中比例最高的。其余超过50%表示愿意和亲友宣传的职业群组有学生(60.0%)、私营企业职员(52.2%)、个体户或私营企业业主(51.9%)及农民(50.0%)。多数福鼎市居民表示愿意每月花24小时作低碳活动志愿者，远远高于愿意每月花1小时和家人朋友讨论低碳相关话题的人员比例。和福鼎市民相同，柘荣县居民愿意花更多时间做志愿者服务。多数柘荣县居民表示愿意每月花10小时做志愿者，但只愿意花1.5小时每月和家人朋友宣传低碳知识。据曼－惠特尼检验结果显示，两地居民在支付和贡献意愿上并没有显著区别(详见表3-9和图3-8)。

表3-9　福鼎市和柘荣县居民对发展低碳经济的支付和贡献意愿

支付/贡献意愿	福鼎市					柘荣县				
	N	平均值	众数	标准差	范围	N	平均值	众数	标准差	范围
支付金钱(元/年)	102	258.41	100	583.113	1～5000	48	111.69	100	165.507	1～1000
支付碳税	45	380.53	100	812.277	1～5000	23	114.39	100	136.771	1～500
自愿捐款	57	162.00	100	270.917	1～1500	25	109.20	100	191.004	10～1000
投入时间(小时/月)	125	15.22	1	20.000	1～120	46	13.25	2	22.200	1～100
志愿者服务	66	19.57	24	21.394	1～120	20	12.63	10	13.785	1～60
向亲友宣传	59	10.36	1	17.223	1～100	26	13.73	1.5	27.242	1～100

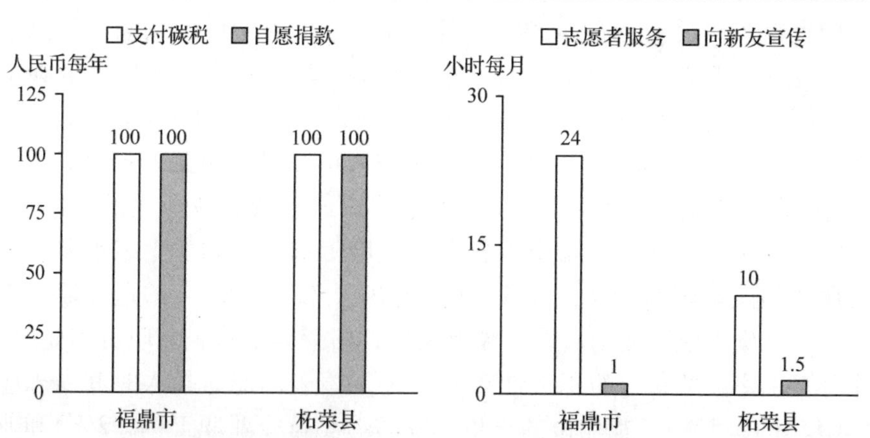

图3-8　两地居民愿为发展低碳经济素所支付的金钱数额和投入时间小时数(众数)

7. 对政府低碳政策的支持程度

该问卷调查了两地居民对政府三项低碳政策的支持程度：引进碳税，补贴低碳项目和为低碳项目提供优惠贷款。参与问卷的居民需要为自己对各项政策的支持程度打分，其中 1 分最低，代表“非常不赞同”，2 分代表“不赞同”，3 分代表“中立”，4 分代表“赞同”，5 分最高，代表“非常赞同”。如图 3-9 所示，两地受访者比较支持对低碳项目进行补助以及提供低利率贷款（平均 4 分），但对碳税政策持中立态度（平均 3 分）。虽然福鼎市居民总体支持评分略高于柘荣县居民，但是曼－惠特尼检验结果显示，在三项低碳政策中，两地居民只在“为低碳项目提供优惠贷款”一项的赞同程度上表现出显著差异（U = 83354. 000，z = －1. 021，p = 0. 307，r = －0. 035），其他皆没有显著差异。由此可见，福鼎市居民更加支持政府为低碳项目提供优惠贷款，但在引进碳税和为低碳项目提供优惠贷款政策上与柘荣县居民看法没有显著差异。

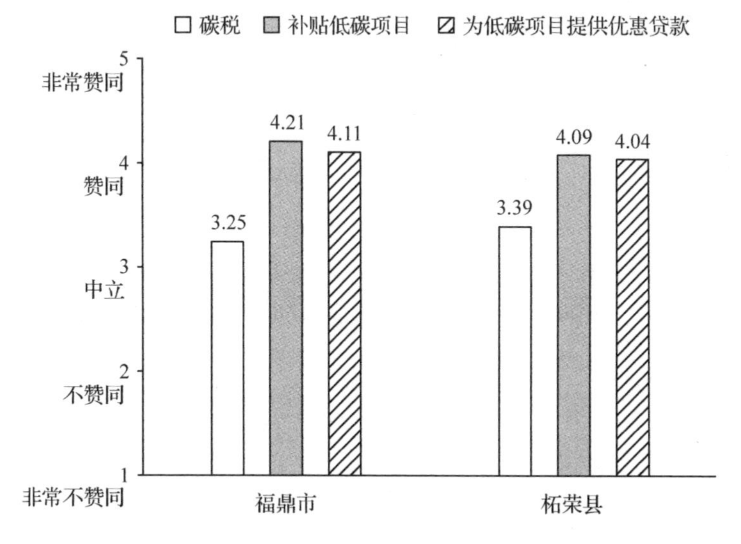

图 3-9　两地居民对 3 项低碳政策的支持程度（平均值）

表 3-10　测量两地居民对气候变化及低碳经济认知和态度的变量频数分布

测量变量	福鼎市		柘荣县	
	n	有效 %	n	有效%
您听说过气候变化吗？				
从没听说过	31	5. 2	18	7. 7
偶尔听说但不了解	224	37. 6	66	28. 3

（续）

测量变量	福鼎市		柘荣县	
	n	有效 %	n	有效%
听说过并有一定了解	274	46. 0	120	51. 5
经常听说并十分了解	67	11. 2	29	12. 4
您听说过低碳经济吗？				
从没听说过	59	8. 2	55	15. 0
偶尔听说但不了解	365	50. 8	121	33. 1
听说过并有一定了解	258	35. 9	161	44. 0
经常听说并十分了解	36	5. 0	29	7. 9
您是如何知道/了解“低碳经济”的？				
电视新闻	555	81. 5	289	86. 8
专题活动宣传	171	25. 1	93	27. 9
网络	403	59. 2	222	66. 7
广告	202	29. 7	115	34. 5
报纸杂志	222	32. 6	157	47. 1
公共讲座/课堂	102	15. 0	41	12. 3
您是否支持在您所居住的街区发展“低碳经济”？				
是	608	84. 7	313	86. 2
否	37	5. 2	29	8. 0
不知道	73	10. 2	21	5. 8
您认为有必要发展“低碳经济”的原因是什么？				
减缓气候变化	437	65. 4	224	67. 7
提高生活质量	427	63. 9	217	65. 6
提高生产效率和资源利用率	342	51. 2	205	61. 9
改善环境质量	508	76. 0	240	72. 5
成为可持续发展先锋地区，提高知名度	223	33. 4	162	48. 9
您认为没有必要发展“低碳经济”的原因是什么？				
要求成本过高	126	51. 2	76	58. 5
影响生活质量	120	48. 8	54	41. 5
限制经济发展速度	90	36. 6	46	35. 4
目前的环境保护措施已经足够	43	17. 5	26	20. 0
在日常生活中 您是否有主动减少自身碳排放？				
垃圾分类与回收	237	46. 7	91	45. 5
使用节能电器	257	50. 6	116	58. 0
合理消费，减少浪费	290	57. 1	113	56. 5
用完电器随手关	322	63. 4	125	62. 5
循环使用生活用水	200	39. 4	83	41. 5
使用购物袋，减少塑料袋的使用	213	41. 9	101	50. 5
尽量搭乘公共交通	233	45. 9	91	45. 5

（续）

测量变量	福鼎市		柘荣县	
	n	有效 %	n	有效%
不使用一次性物品，如杯子、餐具等	137	27.0	73	36.5
走路去工作/上学/购物	150	29.5	78	39.0
骑自行车去工作/上学/购物	102	20.1	67	33.5
无	—	—	14	7.0
您是否愿意通过以下方式支持低碳经济的发展？				
改变生活习惯				
垃圾分类与回收	147	32.6	57	35.8
使用节能电器	115	25.5	46	28.9
合理消费，减少浪费	123	27.3	45	28.3
用完电器随手关	108	23.9	44	27.7
循环使用生活用水	48	10.6	31	19.5
使用购物袋，减少塑料袋的使用	64	14.2	40	25.2
尽量搭乘公共交通	95	21.1	47	29.6
不使用一次性物品，如杯子、餐具等	112	24.8	50	31.4
走路去工作/上学/购物	85	18.8	34	21.4
骑自行车去工作/上学/购物	88	19.5	30	18.9
无	7	1.6	—	—
投入金钱或者时间				
支付碳税	197	43.1	92	48.2
自愿捐款	234	51.2	89	46.6
为政府、环保组织做志愿者	206	45.1	86	45.0
向亲友同事宣传低碳知识	236	51.6	105	55.0
您认为政府应在以下哪些行业入手开展低碳减排活动？				
林业（如造林增汇）	329	46.3	180	50.6
农业（如使用低碳肥料）	257	36.1	158	44.4
商业（如投资碳汇）	212	29.8	118	33.1
工业（如引进节能技术）	454	63.9	226	63.5
旅游业（如宣传资源保护意识）	277	39.0	146	41.0
建筑业（如绿色建筑）	299	42.1	162	45.5
能源生产（如推广可再生能源）	292	41.1	158	44.4
您认为以下哪些方式应该作为政府未来在发展低碳经济的工作重点？				
发展并鼓励清洁能源的使用	513	71.1	289	80.3
引进减碳技术，减少生产加工中的温室气体排放	457	63.3	238	66.1
增加森林及绿化带覆盖率，其他林业碳汇项目	422	58.4	225	62.5
发展绿色建筑（如木制建筑）	340	47.1	185	51.4
发展/升级公共交通体系，鼓励低碳出行方式	418	57.9	195	54.2
建立垃圾分类回收系统	418	57.9	224	62.2

（续）

测量变量	福鼎市		柘荣县	
	n	有效 %	n	有效%
教育普及低碳经济和低碳生活知识	368	51.0	206	57.2
当地政府应当征收碳税（碳税为针对汽油等高排放的传统燃料使用者的税收）				
非常不赞同	46	9.6	24	6.6
不赞同	70	14.6	43	11.9
中立	169	35.3	133	36.8
赞同	108	22.5	90	24.9
非常赞同	86	18.0	71	19.7
当地政府应当投资或补贴低碳项目，包括替代能源开发、森林增汇等				
非常不赞同	4	.8	8	2.2
不赞同	7	1.5	2	.5
中立	71	14.8	69	19.0
赞同	198	41.3	154	42.3
非常赞同	199	41.5	131	36.0
当地政府应当为低碳项目提供低利率贷款				
非常不赞同	5	1.0	9	2.5
不赞同	9	1.9	4	1.1
中立	97	20.3	80	22.1
赞同	185	38.6	141	39.0
非常赞同	183	38.2	128	35.4

（三）多项逻辑斯蒂回归模型

本研究使用福鼎市和柘荣县的问卷数据建立了2个多项逻辑斯蒂回归模型，分别叫做福鼎市模型和柘荣县模型。模型中的自变量为人类社会学背景（如年龄、性别等）和认知因子（如对低碳经济的认知水平）。因变量为对在当地发展低碳经济的支持程度，分三类回答：是（即支持低碳经济）、否（即反对低碳经济）和不知道。其中，表示支持低碳经济（即回答"是"）为基准分类。两个模型根据向后逐步回归法筛选自变量，剔除和引入显著限制值为 $p=0.05$。两个模型都包含对低碳经济的认知水平和现有低碳行为的数量这两个自变量。福鼎市模型比柘荣县模型多两个自变量：未来愿意尝试低碳行为数量和年龄。

1. 福鼎市模型中自变量的显著性分析

福鼎市模型中有四个自变量：对低碳经济的认知水平、现有低碳行为数量、未来愿意尝试低碳行为的数量和年龄（见表3-11）。

(1)未明确态度 Vs 支持态度

在对比未明确态度和持支持态度人群时，人们对低碳经济的认知水平、现已实践的低碳行为数量、未来愿意尝试的低碳行为数量的 Wald 检验值达十分显著水平。具体而言，福鼎市居民对低碳经济的认知水平的回归系数为 -0.443，代表如果他们的认知水平增加一个单位，则他们持不确定态度比持支持态度的概率对数值将下降 0.443。目前已有低碳行为数量的回归系数为 -0.248，表示如果人们在日常生活中已实践的低碳行为数量上升一个，则他们持不确定态度比支持态度的概率对数值下降 0.248。未来愿意尝试的低碳行为数量的回归系数为 -0.228，代表如果人们在问卷中如果表示未来愿意多尝试一个低碳行为，则他们持不确定态度比持支持态度的概率对数值将下降近 0.228。年龄在这个比较中没有达显著水平，代表年龄的变化对人们持不确定态度与支持态度的概率没有显著影响，因此不进行讨论。综上，福鼎市居民如果越了解低碳经济相关知识，已有低碳行为数量越多，且未来愿意尝试的低碳行为越多，则他们在当地是否发展低碳经济这个问题上持不确定态度比持支持态度的概率越低，即他们越有可能支持低碳经济在当地的发展，而不是持不确定态度。

表 3-11　福鼎市模型参数估计

福鼎市模型	B	Std. Error	Wald's (df =1)	p	Odds Ratio
未明确态度对比支持态度					
常量	-0.810	0.542	2.230	0.135	
对低碳经济的认知水平	-0.443 **	0.159	7.743	0.005	0.642
现有低碳行为数量	-0.248 ***	0.065	14.360	<0.001	0.781
未来低碳行为数量	-0.228 *	0.107	4.571	0.033	0.796
年龄	-0.002	0.012	0.037	0.847	0.998
反对态度对比支持态度					
常量	-3.023 ***	0.690	19.213	<0.001	
对低碳经济的认知水平	0.036	0.209	0.030	0.862	1.037
现有低碳行为数量	-0.273 **	0.093	8.727	0.003	0.761
未来低碳行为数量	-0.071	0.135	0.273	0.601	0.932
年龄	0.041 **	0.013	9.337	0.002	1.042

* R2 =0.089 (Cox & Snell), 0.127 (Nagelkerke). Model (8) =53.201, p <0.001. * p <0.05, * * p <0.01, * * * p <0.001.

(2)反对态度 Vs 支持态度

在对比持反对态度和持支持态度人群时，人们对低碳经济的认知水平和未来愿意尝试的低碳行为数量不再显著，代表反对低碳经济的人与支持低碳经济的人对低碳经济的了解以及未来尝试低碳行为的数量没有显著区别。已有低碳行为数量和年龄十分显著。其中，已有低碳行为数量的回归系数为 -0.273，表示如果人们在日常生活中已实践的低碳行为数量上升一个，则他们持不确定态度比支持态度的概率对数值下降 -0.273。年龄的回归系数为0.041，表示如果人们年龄增加一岁，则他们反对低碳经济比支持低碳经济的概率对数值将上升0.041。综上，越年轻且已实践低碳行为数量越多的福鼎市居民，越不可能反对低碳经济而是支持低碳经济。

2. 柘荣县模型中自变量的显著性分析

柘荣县模型包含两个自变量：对低碳经济的认知水平和现有低碳行为的数量(见表3-12)。

表3-12　柘荣县模型参数估计

柘荣县模型	B	Std. Error	Wald's (df =1)	p	Odds Ratio
未明确态度对比支持态度					
常量	-2.223***	0.504	19.498	<0.001	
对低碳经济的认知水平	-0.973**	0.307	10.073	0.002	0.378
现有低碳行为数量	-0.250*	0.117	4.577	0.032	0.779
反对态度对比支持态度					
常量	-1.727***	0.385	20.136	<0.001	
对低碳经济的认知水平	-0.336	0.234	2.067	0.150	0.714
现有低碳行为数量	-0.179	0.093	3.699	0.054	0.836

* R2 =0.130 (Cox & Snell), 0.193 (Nagelkerke). Model (4) =30.567, p<0.001. * p<0.05, * * p<0.01, * * * p<0.001.

(1)未明确态度 Vs 支持态度

在对比未明确态度和持支持态度人群时，人们对低碳经济的认知水平和现有低碳行为数量的 Wald 检验值达十分显著水平。具体而言，柘荣县居民对低碳经济的认知水平的回归系数为 -0.973，代表如果他们的认知水平增加一个单位，则他们持不确定态度比持支持态度的概率对数值将下降0.973。目前已有低碳行为数量的回归系数为 -0.250，表示如果人们在日常生活中已实践的低碳行为数量上升一个，则他们持不确定态度比支持态度的概率对数值下降 0. 250。综上，柘荣县居民如果越了解低碳经济相关知识，已有低碳行为数量越多，则他们在当地是否发展低碳经济这个问题上持不确定态度比持支持态度的概率比越低，即他们越有可能支持低碳经济在当地的发展，而不是持不确定态度。

(2)反对态度 Vs 支持态度

在对比持反对态度和持支持态度人群时，人们对低碳经济的认知水平和现有低碳行为数量不再显著，代表反对低碳经济的人与支持低碳经济的人对低碳经济的了解以及未来尝试低碳行为的数量没有显著区别。

三、不同社会群体中小城镇居民低碳经济意识比较分析

(一)人类社会学背景描述

本研究将调研对象分为三个样本组，其中公众组人员主要为在福鼎市和柘荣县街道过往随机访问的行人，社区组主要为随机选择的福鼎市和柘荣县三至四个中心社区入户调查的居民，政府组为研究人员选择的两地十三个与低碳经济发展相关的单位的政府工作人员。

如表 3-13 所示，各样本组人类社会学背景大部分较为相似。相较于政府组和社区组，公众组的受访对象年龄结构较为年轻(70% 调查对象小于 30 岁)，收入较高的人比较多。半数以上的公众组成员已有小孩，而社区组和政府组的受访对象大多数没有小孩。另外，超过 45% 的公众和政府工作人员接受过大专或者更高教育(政府工作人员比例最高，62. 8%)，仅有 22% 的社区居民有相似的高等教育背景。社区组年龄构成较年长(大于 50 岁)，且个体户比例较其他组高。

表 3-13　各样本组的人类社会学背景总结

人类社会学背景		公众组%	社区组%	政府组%
年龄	19 ~ 30	70. 3	39. 1	39. 1
	31 ~ 40	19. 2	32. 2	42. 1
	41 ~ 50	7. 9	15. 8	15. 7
	51 ~ 60	0. 9	7. 1	3. 1
	61 或以上	1. 7	5. 7	—
性别	男性	51. 1	47. 9	51. 8
	女性	48. 9	52. 1	48. 2

（续）

人类社会学背景		公众组%	社区组%	政府组%
职业	政府部门工作人员	10.9	30.3	100.0
	城市规划建设	—	—	7.7
	司法行政	—	—	11.5
	交通运输	—	—	6.5
	公安	—	—	6.9
	医疗卫生	—	—	7.7
	财政经济	—	—	10.7
	民政	—	—	7.3
	审计监察	—	—	7.7
	教育	—	—	7.7
	工商管理	—	—	7.3
	农业	—	—	6.5
	旅游发展	—	—	4.6
	林业	—	—	7.7
	环保			3.8
	其他	—	—	0.4
	公有企业职员	10.4	6.5	—
	学生	13.4	2.2	—
	私有企业职员	15.9	10.0	—
	农民	2.7	3.5	—
	自由职业	21.0	18.6	—
	企业家	3.2	0.9	—
	个体户	10.7	21.6	—
	已退休	7.3	1.3	—
	其他	4.7	5.2	—
最高学历	小学或以下	2.6	18.1	—
	初中	11.6	33.2	3.8
	高中或中专	37.6	26.8	33.3
	大专或本科	45.6	20.8	60.9
	研究生或以上	2.6	1.1	1.9
月薪	¥1500 或以下	24.0	26.6	11.9
	¥1500 ~ ¥4500	60.0	70.3	85.4
	¥4501 ~ ¥9000	10.0	1.9	2.7
	¥9001 ~ ¥35000	4.1	0.8	—
	¥35001 ~ ¥55000	0.4	0.3	—
	¥55001 ~ ¥80000	—	—	—
	¥80001 或以上	1.5	—	—
是否有小孩	是	53.0	30.4	35.8
	否	47.0	69.6	64.2

（二）样本组居民对气候变化及低碳经济的认知

1. 对气候变化的认知和担忧程度

问卷要求调查对象为自己对气候变化的认知水平进行评分。评分范围为1分（从没听过）、2分（偶尔听说但不了解）、3分（听说过并有一定了解）到4分（经常听说并十分了解）。由于政府组受访对象均在与低碳经济发展相关的单位工作，对气候变化都比较了解，因此只对公众组和社区组进行了对气候变化认知程度的调查。结果显示，公众组和社区组大部分受访对象对气候变化有一定程度的了解（平均约为2.50分，总分4.00分），且高于对低碳经济的了解（见图3-10），约95%的受访对象听说过气候变化。其中对气候变化有一定了解的公众组成员比社区组成员比例高（公众组55.9%，社区组36.8%）；同样，对气候变化十分了解的公众组成员也比社区组成员比例高（公众组14.2%，社区组8.2%）；另外，5.2%的公众组成员和6.9%的社区组成员表示完全没听说过气候变化。根据曼－惠特尼检验也得到同样结果，公众组成员对气候变化的认知水平显著高于社区组成员。

调查结果显示：各样本组不论组别均较为担心气候变化的不利影响（众数为3，有点担心至4非常担心）。与前面的研究结果类似，每一组成员的担心程度随着范围（对全球、社区、家庭和子孙后代的影响）的缩小而增加（见图3-10）。同时，从时间范围来看，人们对后代的担忧程度明显高于对当前影响的担忧。K－W检验结果显示，三组之间的平均担忧程度显著不

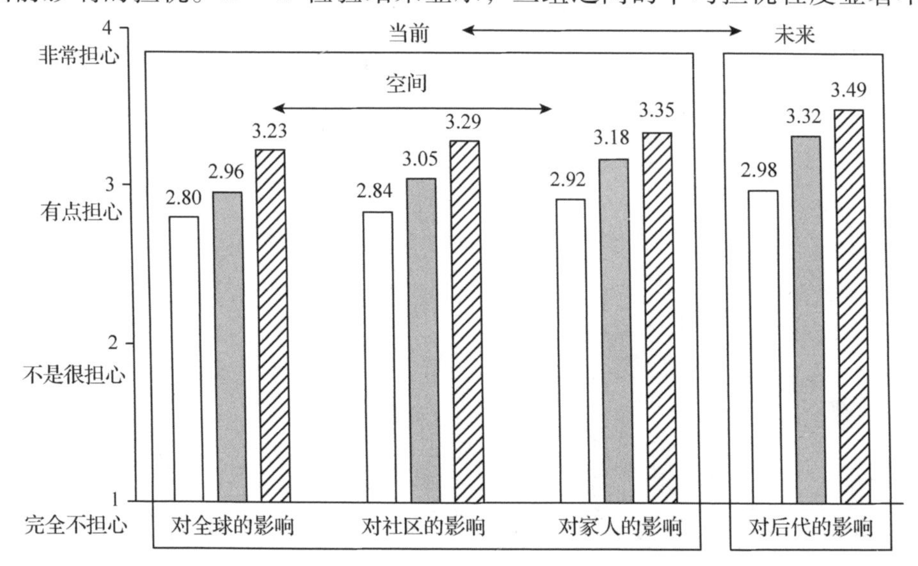

图3-10　各样本组对气候变化在不同范围的影响的担忧程度

同，其中，政府工作人员最担心气候变化在4个范围的影响（平均评分高于3.20），相反地，社区居民的担心程度为三组最低（所有平均分数低于3.00）。

2. 对低碳经济的认知程度和途径

问卷要求各样本组调查对象为自己对低碳经济的认知水平进行评分。评分范围为1分（从没听过）、2分（偶尔听说但不了解）、3分（听说过并有一定了解）到4分（经常听说并十分了解）。调查结果显示：85%以上的所有组别调查对象表示听说过低碳经济，且均有一定程度的了解。但是，K－W检验结果显示：不同样本组对低碳经济的认知水平显著不同。约41.9%的公众组成员和58.9%的社区居民组成员表示对低碳经济了解甚微（自评2分）。相反地，政府组成员对低碳经济最为了解，超过60%的政府组成员表示他们比较了解或者非常了解低碳经济（自评3～4分），高出公众组的17.6%和社区的38.6%。只有4.6%的政府组成员表示从没听说过低碳经济，而公众组成员和社区组成员相应比例为6%和10%（详见图3-11）。

各组成员了解低碳经济的途径相似。八成居民表示他们通过电视节目听说和了解低碳经济，六成居民通过网络了解低碳经济。杂志和报纸为第三大途径，且更多政府组成员通过杂志和报纸了解低碳经济。广告、专题宣传活动和公共讲座相对于其他途径较少使用，而政府组成员通过这三个途径了解低碳经济的比例比社区组和公众组高。

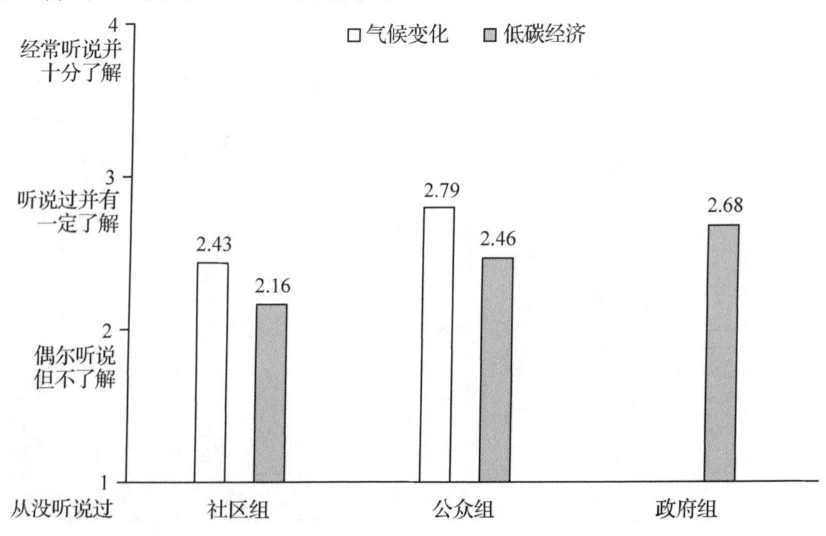

图3-11 各样本组对气候变化和低碳经济的认知水平（平均值）

3. 对低碳经济的支持程度

超过八成参与问卷调查的民众表示他们愿意支持在当地发展低碳经济。其中，政府组成员的支持率最高(96.1%)，高出公众组和社区组约14%。在反对者中，政府组成员反对比例(8.8%)和不确定比例(3.9%)最低。而公众组中反对者比例(13%)高于社区组(9%)，且公众组的不确定比例(5.0%)低于社区组(9.1%)。

大部分公众和社区居民表示支持低碳经济的主要原因为改善环境质量、减缓气候变化以及提高生活质量。85.7%的公众组和69.3%的社区组成员认为改善环境质量是他们支持低碳经济发展的主要原因，而持该观点的政府组人员的比例略低(63.3%)。绝大多数(92.8%)政府组成员表示他们支持的主要理由是低碳经济可以提高生产效率和资源利用率，而认为低碳经济发展可以提高生活质量和减缓气候变化的政府组成员比例与公众组和社区组相近，分别为81.7%和76.5%。

各样本组成员不支持低碳经济的原因比较一致。三组成员皆认为所需成本太高是他们反对在当地发展低碳经济的主要原因(政府组65.3%，公众组49%，社区组52.6%)。其他原因包括担心影响居民生活质量及限制当地经济发展速度。相较于公众组和政府组成员，更多社区组成员担心发展低碳经济会使生活质量受到影响。还有极少部分人认为"目前环保措施已足够"。

4. 对政府发展低碳经济的建议

调查显示，各组受访对象对政府应如何着手发展低碳经济的见解大部分相似，除了对能源产业的看法。59.6%的公众组和39.0%政府组成员认为发展低碳经济应从改革能源产业入手，但仅有22%的社区组成员同意他们的看法。各组对是否从其他行业入手发展低碳经济的看法较为相似，如约70%的公众组与政府组受访对象以及52%的社区组受访对象都认为应从工业入手，通过引进节能技术等手段开展低碳减排活动以发展低碳经济；也有约55%的公众组和40%的社区组与政府组受访对象认为可以通过林业入手，通过造林增汇等手段发展低碳经济，而认为从商业入手发展低碳经济的居民较少(详见图3-12)。

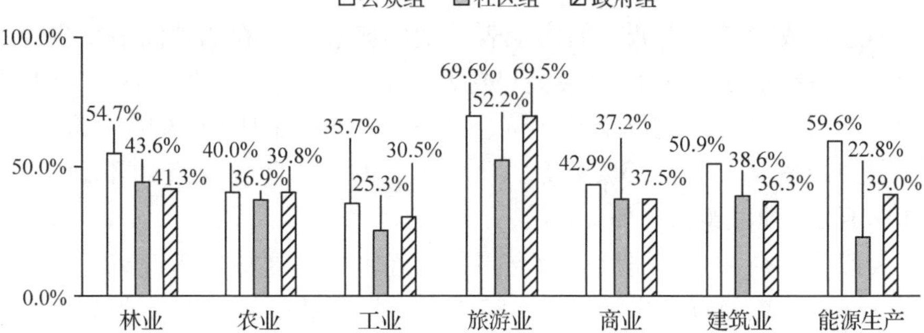

图 3-12　各样本组成员对政府发展低碳经济入手点的建议

当问及政府未来发展低碳经济的工作重点时，多数公众表示在今后的低碳发展中，政府应侧重于发展清洁能源以及低碳技术，但他们对政府是否应该将宣传教育作为未来政府的工作重点意见不一。公众组和政府组有约六成的居民支持应加大宣传教育力度，而为社区组只有 35. 4% 的居民支持(详见图 3-13)。

在对发展低碳经济最大障碍的看法方面，82% 的政府组成员认为当地居民意识水平低是政府发展低碳经济的最大障碍，另外还有超过 50% 的政府组成员认为发展的障碍还包括：当前的政策不够有效且难改变(59. 8%)，相关部门不够重视(57. 9%)，当前经济发展模式粗放(54. 4%)和缺乏技术指导(52. 1%)。同时，也有少数比例的政府组成员认为环保组织不够配合是发展低碳经济的障碍。

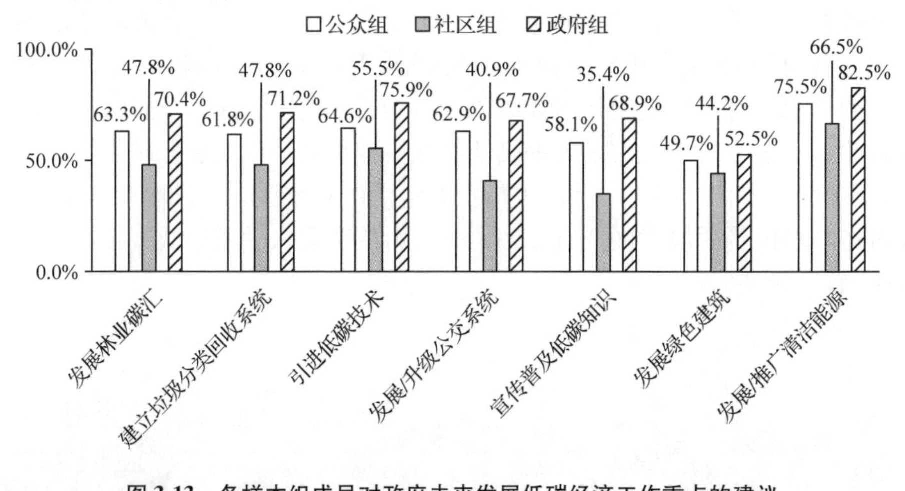

图 3-13　各样本组成员对政府未来发展低碳经济工作重点的建议

5. 居民低碳减排行为及生活方式

由于问卷设计不同，只对公众组和社区组的低碳减排行为和生活方式进行了调查，包括当前行为和未来意愿。调查显示，公众组和社区组居民在日常生活中已有涉及到多个低碳行为，其中公众组成员低碳行为平均值为3.92，社区组成员平均值为3.42。公众组未来低碳行为意愿值为1.73，社区组为1.64。由此可知，公众组低碳减排行为更多，生活方式更低碳化，未来低碳生活意愿更强(详见图3-14)。

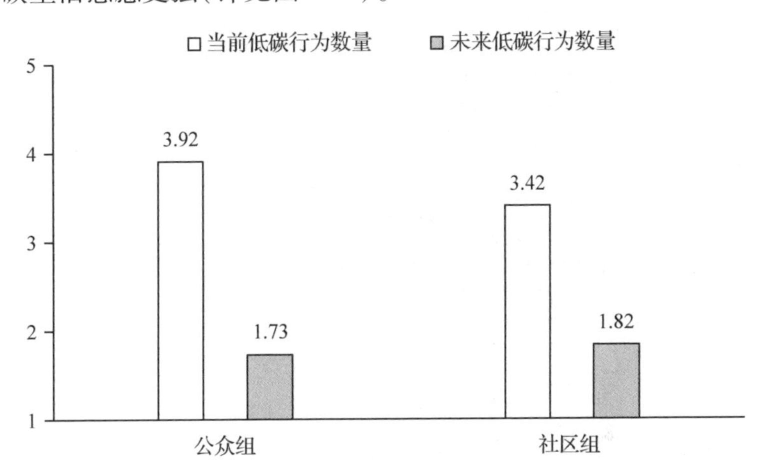

图3-14 公众组和社区组当前已有低碳行为平均数量和未来愿意尝试低碳行为的平均数量

总体而言，两组成员平时已有的低碳行为十分相似(详细行为列表和频数分布见表3-15和图3-15)。比较流行的低碳行为包括用完电器随手关(公众组71.5%，社区组53.4%)、合理消费减少浪费(公众组60.5%，社区组52.8%)、使用节能电器(公众组62.0%，社区组41.7%)等。较少人选择需要消耗更多精力、时间甚至金钱的行为，如骑自行车或走路去上学、上班及购物、不使用一次性物品、循环使用生活用水等。最少进行的低碳行为是骑自行车出行，只有26.2%的公众组成员和21.2%的社区组成员选择此种行为。另外，2.1%%的公众组成员和1.8%的社区组成员表示从未采取过任何低碳行为。

与当前已采纳的低碳行为方式相比，人们未来愿意尝试的各种低碳行为的选择倾向有很大不同。垃圾分类和回收成为未来最愿意尝试的低碳行为，37.8%的公众组居民和29.3%的社区组居民表示未来愿意对自家生活垃圾进行分类和回收。而在其他生活方式上，两个样本组受访对象的选择差异较大。具体来说，公众组仍倾向于尝试能够减少浪费的低碳行为，如使合理消费、不使用一次性物品、使用环保购物袋等，而较少人愿意尝试需要花更多精力、时间的低碳行为，如以自行车或走路出行等；而较多社区组成员表示未来愿意骑自行车或者走路去上班上学购物。仍然有 1.6% 的公众组成员表示不愿意在未来尝试更多的低碳行为，但所有参与本次问卷的社区组居民均表示愿意尝试至少一项低碳行为来降低自身碳排放(详见图 3-15)。

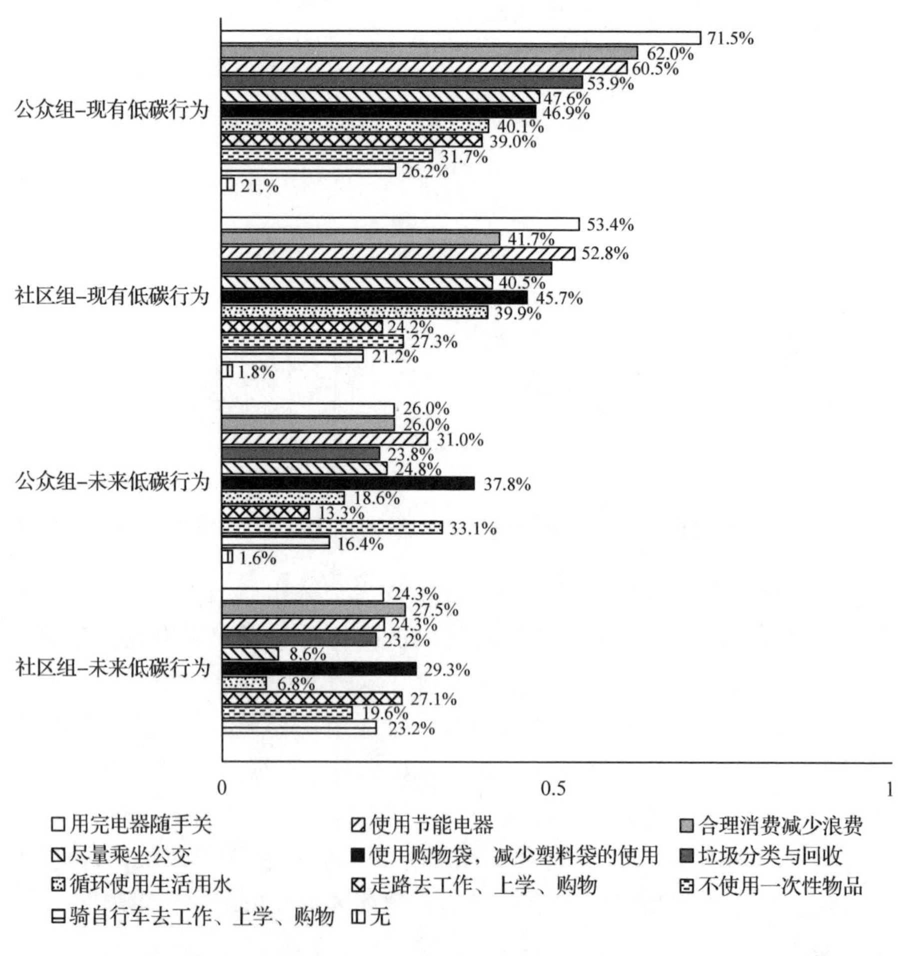

图 3-15　公众和社区居民当前已有低碳行为和未来愿意尝试低碳行为的详细分布

6. 对低碳经济发展的支付和贡献意愿

问卷调查了各样本组居民是否愿意为低碳经济的发展做出支付或贡献。问卷列举了两种方式：一是经济投入，通过缴纳碳税(尤其针对使用高碳排产品)或者自愿捐款；二是时间投入，通过参与低碳教育活动或主动向亲友宣传低碳相关知识。曼－惠特尼检验结果显示，公众组愿意捐款的金额显著高于社区组($U = 306.500$，$z = -2.763$，$p = 0.006$，$r = -0.305$)，但是投入时间方面无差异显著。详见表3-14。

经济投入方面，公众组和社区组倾向于以自愿捐款的方式支持当地低碳经济的发展。超过三分之一的公众组成员(56%)和社区组成员(68%)表示愿意捐款，比例高出愿意缴纳碳税的近一倍(公众组32%，社区组38%)。在表示愿意为发展低碳经济支付或贡献金钱的人群中，大多数公众组成员表示愿意每年支付100元(不论是通过碳税或是捐款)，而大部分社区组成员愿意每年支付碳税10元或者捐款50元。

时间投入方面，两组居民更倾向于做志愿者。44%的公众组成员和33%的社区组成员表示愿意做低碳志愿者服务，37%的公众组成员和32%的社区组成员表示愿意对家人朋友教育低碳知识。在时间分配上，大多数公众组居民愿意每个月花10小时做低碳活动志愿者，远远高于每月只花1小时和家人朋友讨论低碳相关话题；多数社区组居民愿意每个月花24小时做志愿者，但只愿意花1小时和家人朋友宣传低碳知识(详见图3-16)。

表3-14　福鼎市和柘荣县居民对发展低碳经济的支付和贡献意愿

支付/贡献意愿	公众组					社区组				
	n	平均值	众数	标准差	范围	n	平均值	众数	标准差	范围
支付金钱	117	247.02	550.891	100	1～5000	33	85.39	119.383	100	1～500
支付碳税	51	348.10	787.423	100	1～5000	17	117.76	157.567	10	1～500
自愿捐款	66	168.91	272.681	100	1～1500	16	51.00	38.381	50	2～100
投入时间	136	14.00	19.536	1	1～120	35	17.36	24.295	24	1～100
志愿者服务	72	17.88	21.043	10	1～120	14	18.36	14.302	24	2～60
和亲友宣传	64	9.65	16.806	1	1～100	21	16.69	29.484	1	1～100

7. 对政府低碳政策的支持程度

问卷调查了各个样本组对政府三项低碳政策的看法：引进碳税、补贴低碳项目和为低碳项目提供优惠贷款。如图3-17所示，所有样本组都比较支持对低碳项目进行补助以及提供低利率贷款(平均约4分－赞同)，但对碳税持中立态度(平均约3分－中立)。政府组成员对于三项低碳政策的支持度都最高，相反地，社区组成员对低碳政策支持度最低。K－W检验结果显示，公众、社区居民和政府职员对于引进碳税的意见相似，无显著差异，但

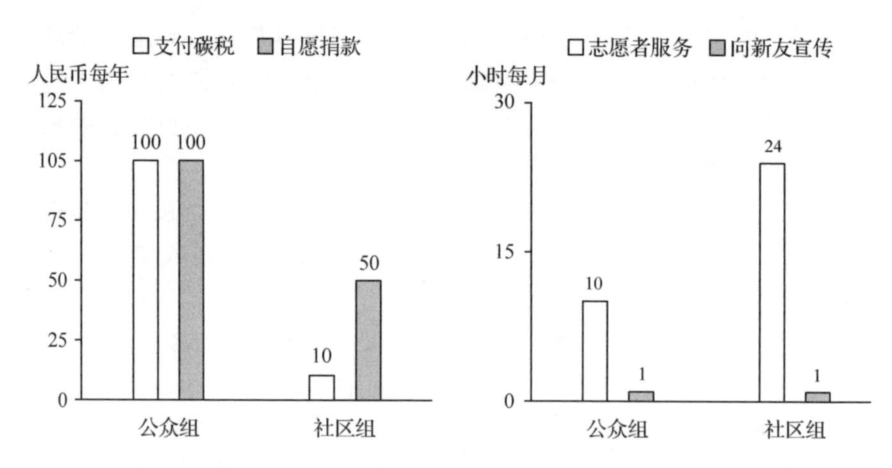

图 3-16　两地居愿为发展低碳经济素所支付的金钱数额和投入时间小时数（众数）

对于其他两项低碳政策看法差异较大。政府组成员对低碳优惠贷款的评分（评分越高表示越支持该政策）显著高于公众组和社区组的评分（政府对比公众：U = 51389.000，z = −3.405，p = 0.001，r = −0.127；政府对比社区：U = 11823.000，z = −3.899，p < 0.001，r = −0.201），但公众组和社区组成员的评分并无显著不同。政府组和公众组对于低碳补贴项目的评分显著高于社区组（社区对比政府：U = 12541，z = −3.384，p = .001，r = 0.174；公众对比社区：U = 24553.500，z = −2.244，p = .025，r = −0.093），但政府组和公众组间并无显著差别。

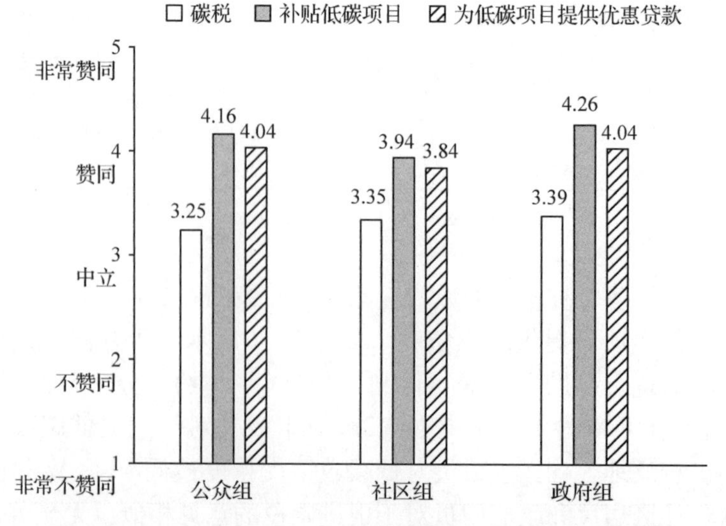

图 3-17　各样本组居民对三项低碳政策的支持程度（平均值）

表 3-15 测量各组对气候变化及低碳经济认知水平的各变量的频数分布

测量认知水平的变量	公众		社区居民		政府工作人员	
	频数	有效%	频数	有效%	频数	有效%
您听说过气候变化吗?						
从没听说过	24	5.2	25	6.9	—	—
偶尔听说但不了解	115	24.7	175	48.1	—	—
听说过并有一定了解	260	55.9	134	36.8	—	—
经常听说并十分了解	66	14.2	30	8.2	—	—
您听说过低碳经济吗?						
从没听说过	49	10.5	53	14.8	12	4.6
偶尔听说但不了解	195	41.9	211	58.9	80	30.7
听说过并有一定了解	193	41.5	77	21.5	149	57.1
经常听说并十分了解	28	6.0	17	4.7	20	7.7
您是如何知道/了解“低碳经济”的?						
电视新闻	346	79.7	284	86.6	214	84.9
专题活动宣传	117	27.0	80	24.4	67	26.6
网络	254	58.5	172	52.4	199	79.0
广告	146	33.6	74	22.6	97	38.5
报纸杂志	155	35.7	100	30.5	124	49.2
公共讲座/课堂	93	21.4	17	5.2	33	13.1
您是否支持在您所居住的街区发展“低碳经济”?						
是	377	82.0	295	82.5	249	96.1
否	23	4.9	33	9.1	10	3.9
不知道	60	12.8	34	9.4	—	—
您认为有必要发展“低碳经济”的原因是什么?						
减缓气候变化	263	61.3	206	64.6	192	76.5
提高生活质量	250	58.3	189	59.2	205	81.7
提高生产效率和资源利用率	199	46.4	115	36.1	233	92.8
改善环境质量	368	85.8	221	69.3	159	63.3
成为可持续发展先锋地区，提高知名度	158	36.8	98	30.7	129	51.4
您认为没有必要发展“低碳经济”的原因是什么?						
要求成本过高	73	49.0	80	52.6	49	65.3
影响生活质量	56	37.6	87	57.2	31	41.3
限制经济发展速度	56	37.6	47	30.9	33	44.0
目前的环境保护措施已经足够	24	16.1	35	23.0	10	13.3
在日常生活中 您是否有主动减少自身碳排放?						
垃圾分类与回收	179	46.9	149	45.7	—	—
使用节能电器	237	62.0	136	41.7	—	—

（续）

测量认知水平的变量	公众		社区居民		政府工作人员	
	频数	有效%	频数	有效%	频数	有效%
合理消费，减少浪费	231	60.5	172	52.8	—	—
用完电器随手关	273	71.5	174	53.4	—	—
循环使用生活用水	153	40.1	130	39.9	—	—
使用购物袋，减少塑料袋的使用	182	47.6	132	40.5	—	—
尽量搭乘公共交通	206	53.9	118	36.2	—	—
不使用一次性物品，如杯子、餐具等	121	31.7	89	27.3	—	—
走路去工作/上学/购物	149	39.0	79	24.2	—	—
骑自行车去工作/上学/购物	100	26.	69	21.2	—	—
无	8	2.1	6	1.8	—	—
您是否愿意通过以下方式支持低碳经济的发展？						
改变生活习惯						
垃圾分类与回收	122	37.8	82	29.3	—	—
使用节能电器	84	26.0	77	27.5	—	—
合理消费，减少浪费	100	31.0	68	24.3	—	—
用完电器随手关	84	26.0	68	24.3	—	—
循环使用生活用水	60	18.6	19	6.8	—	—
使用购物袋，减少塑料袋的使用	80	24.8	24	8.6	—	—
尽量搭乘公共交通	77	23.8	65	23.2	—	—
不使用一次性物品，如杯子、餐具等	107	33.1	55	19.6	—	—
走路去工作/上学/购物	43	13.3	76	27.1	—	—
骑自行车去工作/上学/购物	53	16.4	65	23.2	—	—
无	—	—	—	—	—	—
投入金钱或者时间						
支付碳税	53	43.4	17	51.5	—	—
自愿捐款	69	56.6	16	48.5	—	—
为政府、环保组织做志愿者	72	52.2	14	38.9	—	—
向亲友同事宣传低碳知识	66	47.8	22	61.1	—	—
您认为政府应在以下哪些行业入手开展低碳减排活动？						
林业（如造林增汇）	245	54.7	157	43.6	107	41.3
农业（如使用低碳肥料）	179	40.0	133	36.9	103	39.8
商业（如投资碳汇）	160	35.7	91	25.3	79	30.5
工业（如引进节能技术）	312	69.6	188	52.2	180	69.5
旅游业（如宣传资源保护意识）	192	42.9	134	37.2	97	37.5
建筑业（如绿色建筑）	228	50.9	139	38.6	94	36.3
能源生产（如推广可再生能源使用）	267	59.6	82	22.8	101	39.0
您认为以下哪些方式应该作为政府未来在发展低碳经济的工作重点？						
发展并鼓励清洁能源的使用	348	75.5	242	66.5	212	82.5

（续）

测量认知水平的变量	公众		社区居民		政府工作人员	
	频数	有效%	频数	有效%	频数	有效%
引进减碳技术，减少生产加工中的温室气体排放	298	64.6	202	55.5	195	75.9
增加森林及绿化带覆盖率，建立林业碳汇项目	292	63.3	174	47.8	181	70.4
发展绿色建筑(如木制建筑)	229	49.7	161	44.2	135	52.5
发展/升级公共交通体系，鼓励低碳出行方式	290	62.9	149	40.9	174	67.7
建立垃圾分类回收系统	285	61.8	174	47.8	183	71.2
宣传普及低碳经济和低碳生活知识	268	58.1	129	35.4	177	68.9
当地政府应当征收碳税(碳税为针对汽油等高排放的传统燃料使用者的税收)						
非常不赞同	39	8.4	7	5.8	24	9.4
不赞同	63	13.6	14	11.7	36	14.1
中立	179	38.6	51	42.5	72	28.1
赞同	108	23.3	26	21.7	64	25.0
非常赞同	75	16.2	22	18.3	60	23.4
当地政府应当投资或补贴低碳项目，包括替代能源开发、森林增汇等						
非常不赞同	4	.9	5	4.1	3	1.2
不赞同	5	1.1	27	22.3	4	1.5
中立	83	17.7	—	—	30	11.6
赞同	191	40.8	54	44.6	107	41.3
非常赞同	180	38.5	35	28.9	115	44.4
当地政府应当为低碳项目提供低利率贷款						
非常不赞同	5	1.1	6	5.0	3	1.2
不赞同	10	2.2	2	1.7	1	.4
中立	111	24.0	32	26.9	34	13.1
赞同	174	37.6	44	37.0	108	41.7
非常赞同	163	35.2	35	29.4	113	43.6

(三)因子分析

由于各样本组差异较大，该调查分别为每个样本组做一次因子分析。因子分析中的变量包括：对气候变化在四个不同范围影响的担忧程度、对低碳经济的认知程度以及对三项低碳政策(引进碳税、补贴低碳项目和为低碳项目提供优惠贷款)的支持程度。数据可以分为三大类，分析结果保留三个因子：对气候变化影响的担忧程度、对低碳经济的认知水平和对低碳政策的支持程度。分析使用方差最大旋转法，使得各变量仅和一个因子相关性较强，有助于分析和理解因子的意义。如表3-16所示，所有有关气候变化担忧程度的变量与因子1相关度较高，且与其他2个因子相关性较弱。同时，对低碳政策的支持程度只与因子2相关性较强，低碳经济的认知水平只与因子3相关性较强。因此，因子1可以代表当地居民对气候变化的担忧，因子2代表对低碳政策的支持程度，因子3代表对低碳经济的认知水平。由于各变量与因子间的相关系数皆为正数，因此因子1数值越大，代表人们对气候变化的不利影响越担心，因子2数值越大，代表人们越支持低碳政策，因子3数值越大，代表人们对低碳经济的了解越多。三个因子可以解释各组76%以上的方差(每个样本组的因子不同，解释的方差不同)。

表3-16　旋转后的因子结构(最大方差旋转法)

变量名称	因子1	因子2	因子3
公众组			
对低碳经济的认知水平	0. 775	0. 021	0. 113
对全球的影响的担忧程度	0. 919	0. 016	0. 058
对所居住社区影响的担忧程度	0. 922	0. 050	0. 034
对家人影响的担忧程度	0. 852	0. 062	0. 078
对后代影响的担忧程度	0. 165	0. 018	0. 959
对引进碳税的支持程度	0. 052	0. 539	-0. 190
对投资/补贴低碳项目的支持程度	-0. 005	0. 870	0. 112
对为低碳项目提供优惠贷款的支持程度	0. 049	0. 874	0. 124
社区组			
对低碳经济的认知水平	0. 718	-0. 002	0. 199
对全球的影响的担忧程度	0. 908	-0. 074	-0. 071
对所居住社区影响的担忧程度	0. 928	-0. 043	-0. 004
对家人影响的担忧程度	0. 859	-0. 031	0. 118
对后代影响的担忧程度	0. 140	0. 084	0. 967
对引进碳税的支持程度	-0. 201	0. 727	0. 213
对投资/补贴低碳项目的支持程度	0. 105	0. 876	0. 018
对为低碳项目提供优惠贷款的支持程度	-0. 038	0. 859	-0. 068
政府组			
对低碳经济的认知水平	0. 835	0. 006	0. 121
对全球的影响的担忧程度	0. 926	-0. 109	0. 019
对所居住社区影响的担忧程度	0. 947	-0. 065	0. 025
对家人影响的担忧程度	0. 908	-0. 044	0. 086
对后代影响的担忧程度	0. 130	0. 023	0. 985
对引进碳税的支持程度	-0. 040	0. 583	0. 084
对投资/补贴低碳项目的支持程度	-0. 025	0. 886	-0. 087
对为低碳项目提供优惠贷款的支持程度	-0. 069	0. 877	-0. 002
因子名称	对气候变化影响的担忧程度	对低碳政策的支持程度	对低碳经济的认知水平

（四）多项逻辑斯蒂回归模型

该研究使用各样本组的问卷数据分别建立3个多项逻辑斯蒂回归模型，分别叫做公众组模型、社区组模型和政府组模型。模型中的自变量为人类社会学背景（如年龄、性别等）和认知因子（如对低碳经济的认知水平）。因变量为对在当地发展低碳经济的支持程度，分三类回答：是（即支持低碳经济）、否（即反对低碳经济）和不知道。其中，表示支持低碳经济（即回答“是”）为基准分类。由于政府组没有调查对象回答“不知道”，因此政府组模型为二元逻辑斯蒂回归模型。因变量仍为对在当地发展低碳经济的支持程度，分两类回答：是（即支持）和否（即反对）。三个模型根据向后逐步回归法选择引入模型的自变量，引入和剔除显著限制值为 $p = 0.05$。三个模型都包含对低碳经济的认知水平这个自变量。各模型自变量参数估计详见表3-17。

1. 公众组模型中自变量的显著性分析

公众组模型中有三个自变量：对气候变化的担忧程度、对低碳政策的支持程度和对低碳经济的认知水平。

（1）未明确态度 Vs 支持态度

在对比未明确态度和持支持态度人群时，公众组对气候变化的担忧程度、对低碳政策的支持程度和对低碳经济的认知水平的 Wald 检验值达十分显著水平。具体而言，人们对气候变化的担忧程度的回归系数为 -0.293，代表如果他们的担忧程度增加一个单位，则他们持不确定态度比持支持态度的概率对数值将下降0.293。对低碳政策的支持程度的回归系数为 -0.402，如果人们对低碳政策的支持程度增加一个单位，他们持不确定态度比持支持态度的概率对数值下降0.402。对低碳经济的认知水平的回归系数为 -0.656，代表如果他们的认知水平增加一个单位，则他们持不确定态度比持支持态度的概率对数值将下降0.656。综上，公众组如果越担心气候变化的不利影响，越支持低碳政策，越了解低碳经济相关知识，则他们在当地是否发展低碳经济这个问题上持不确定态度比持支持态度的概率比越低，即他们越有可能支持低碳经济在当地的发展，而不是持不确定态度。

（2）反对态度 Vs 支持态度

在对比持反对态度和持支持态度人群时，所有因变量 Wald 检验值不再显著，代表反对低碳经济的人与支持低碳经济的人对气候变化的担忧程度、对低碳政策的支持程度以及对低碳经济的了解没有显著区别。

表 3-17　三个样本组模型参数估计

模型	B	Std. Error	Wald's (df =1)	Odds Ratio (95% CI)
公众组：R2 =.075 (Cox & Snell), .110 (Nagelkerke). Model (6) =34.564, p=.000				
未明确态度对比支持态度				
常量	-2.062***	0.169	149.550	
对气候变化的担忧程度	-0.293*	0.139	4.467	0.746 (0.569 -0.979)
对低碳政策的支持程度	-0.402**	0.145	7.726	0.669 (0.504 -0.888)
对低碳经济的认知水平	-0.656***	0.154	18.121	0.519 (0.384 -0.702)
反对态度对比支持态度				
常量	-2.801***	0.226	153.699	
对气候变化的担忧程度	-0.006	0.222	.001	0.994 (0.643 -1.534)
对低碳政策的支持程度	-0.392	0.206	3.630	0.676 (0.452 -1.011)
对低碳经济的认知水平	-0.253	0.218	1.350	0.776 (0.507 -1.190)
社区组：R2 =.091 (Cox & Snell), .141 (Nagelkerke). Model (2) =10.944, p=.004				
未明确态度对比支持态度				
常量	-2.843***	0.518	30.130	
对低碳经济的认知水平	-1.359**	0.519	6.845	0.257 (0.093 -0.711)
反对态度对比支持态度				
常量	-2.735***	0.431	40.255	
对低碳经济的认知水平	-0.608	0.471	1.668	0.544 (0.216 -1.370)
政府组：R2 =.091 (Cox & Snell), .141 (Nagelkerke). Model (2) =10.944, p=.004				
常量	4.865***	0.762	40.781	129.623
对气候变化的担忧程度	0.896**	0.344	6.771	2.450 (1.248 -4.813)
对低碳政策的支持程度	1.240***	0.344	13.003	3.456 (1.761 -6.781)
对低碳经济的认知水平	1.185**	0.415	8.170	3.271 (1.451 -7.374)

* R2 =0.089 (Cox & Snell), 0.127 (Nagelkerke). Model (8) =53.201, p<0.001. * p<0.05, * * p<0.01, * * * p<0.001.

2. 社区组模型中自变量的显著性分析

公众组模型中只有 1 个自变量，对低碳经济的认知水平。

(1)未明确态度 Vs 支持态度

在对比未明确态度和持支持态度人群时，对低碳经济的认知水平的 Wald 检验值达十分显著水平。具体而言，对低碳经济的认知水平的回归系

数为 -1.359，代表如果他们的认知水平增加一个单位，则他们持不确定态度比持支持态度的概率对数值将下降 1.359，即越了解低碳经济相关知识社区组成员越有可能支持低碳经济在当地的发展，而不是持不确定态度。

(2)反对态度 Vs 支持态度

在对比持反对态度和持支持态度人群时，社区组对低碳经济的认知水平不再显著，代表反对低碳经济的人与支持低碳经济的人对低碳经济的了解没有显著区别。

3. 政府组组模型中自变量的显著性分析

政府组模型以反对低碳经济的调查对象为基准分类，有三个自变量：对气候变化的担忧程度、对低碳政策的支持程度和对低碳经济的认知水平。

公众组对气候变化的担忧程度、对低碳政策的支持程度和对低碳经济的认知水平的 Wald 检验值达十分显著水平。具体而言，人们对气候变化的担忧程度的回归系数为 0.896，代表如果他们的担忧程度增加一个单位，则他们持支持态度比持反对态度的概率对数值将增加 0.896。对低碳政策的支持程度的回归系数为 1.240，如果人们对低碳政策的支持程度增加一个单位，他们持不确定态度比持支持态度的概率对数值增加 1.240。对低碳经济的认知水平的回归系数为 1.185，代表如果他们的认知水平增加一个单位，则他们持不确定态度比持支持态度的概率对数值将增加 1.185。综上，政府组成员如果越担心气候变化的不利影响，越支持低碳政策，越了解低碳经济相关知识，则他们在越有可能支持在当地发展低碳经济。

第三节　结论和讨论

通过本次问卷调查，了解和评估中国中小城镇居民对气候变化的担忧程度、对低碳经济的认知程度、对发展低碳经济作为当地政府减缓气候变化解决方案的看法以及不同区域、不同群体的低碳意识与低碳行为方式。调查主要结果显示：

(1)尽管大多数居民听说过气候变化，且他们对于气候变化的不利影响(特别是对自身有联系的直接影响)尤为担心。这与以往研究结果一致，人们往往很难建立自身与大空间范围影响的直接联系(如气候变化在北美的影响和‘我’的联系)，因而低估这些和自身没有直接联系的影响，如气候变化对全球的影响(Leiserowitz, 2007a; CRED, 2009; Swim et al., 2010)。研究结果还显示，大部分居民表示他们十分担心气候变化对子孙后代的不利影响，他们对后代的担忧甚至高于对自身和家人的担忧。学历越高、收入越高、年纪越轻的人对气候变化的担忧程度越高，且男性的担忧程度低于女性。这与前人研究结果相左。曾有研究认为，人们往往不能准确预测甚至可能低估未来气候变化的影响，但由于中国传统文化对后代十分重视，加上计划生育导致的"小皇帝"现象，使得人们越来越关注下一代的未来(Hesketh & Zhu，1997)，也包括气候变化对下一代的影响。

(2)尽管超过八成的居民听说过低碳经济，但大多数人对这个概念并不是非常了解，超过半数的居民表明从未听说过低碳经济或对其了解甚微，仅6%的人表示对该概念十分了解。研究结果表明，人们所认为的"低碳经济"的范畴主要局限于工业及政府采取的社会措施，对个人低碳行为在"低碳经济"中所起的作用还不是特别了解，且当地居民对气候变化对全球的不利影响、绿色建筑等知识存在误区，可以作为未来宣传教育的重点。另外，问卷结果显示电视和网络是当地居民了解低碳经济的主要途径。相关文献表明，人们对低碳经济缺乏了解的主要原因为没有足够可靠信息来源(Chen & Taylor, 2011)以及政府宣传教育力度有限(Xue et al.，2010)。其他气候变化相关研究结果也可用于解释人们对低碳经济的认知不足，如缺乏兴趣了解(低碳经济，Lorenzoni et al.，2007)，不同媒体传递不同信息导致思维误区或概念混淆(Center for Research on Environmental Decisions & EcoAmerica, 2014；Lorenzoni et al.，2007；Swim et al.，2011)，所得相关信息与自身价值观或亲身体验相左(Lorenzoni et al.，2007；Scannell & Gifford, 2011；Wolf & Moser, 2011)。因此，为了提高公众对低碳经济的认知及对低碳经济发展的支持力度，政府应该加大宣传力度，推行更多相关的宣传教育项目和活动，可加强对电视或者网络的利用，对低碳经济进行大力宣传，也可以考虑增加学校课堂、公众讲座的教育普及。

(3)当地居民仍然非常支持当地政府发展低碳经济。其主要原因在于居民们希望能够改善周边环境、减缓气候变化、提高生活质量(如低碳经济带来更多绿色产业就业机会)以及提高生产效率和资源利用率等。同时，也有大部分居民表示发展低碳经济所需经费大、耗费资源多，担心有可能对居民生活质量造成影响(如当地经济受到制约，因而就业和收入受到负面影响)，这可能会是发展低碳经济的主要障碍。本研究通过多项逻辑斯蒂回归方程研究了影响当地居民对低碳经济支持与否的因素。结果表明：认知因子(如对低碳经济的认知水平等)对人们对低碳经济支持程度影响最大：对低碳经济了解程度越高的人对当地低碳经济的支持力度越大；对气候变化担心程度越高的对低碳经济的态度越明确(即支持或者反对)，再一次肯定了提高公众意识和认知水平的重要性。目前关于环境认知和态度影响因素等的研究已很成熟(O'Connor et al. , 1999; Kollmuss & Agyeman, 2002; Zahran et al. , 2006; Lorenzoni et al. , 2007)。很多研究表明，那些不担心或者不相信气候变化正在发生的人往往缺乏对气候变化的正确认知(Sheppard, 2012; Leiserowitz, 2007b; CRED, 2009)。如果能对气候变化和低碳经济有正确且全面的了解，人们就会意识到减缓气候变化的急迫性，也更愿意支持相关环保政策措施，并且更愿意从自身做起，培养低碳意识和生活习惯。对气候变化的担忧程度是另一个影响人们态度的重要因素：居民对气候变化的担忧程度越高，则对低碳经济的态度越明确。但是，与前人研究结果不同，本研究数据显示，低碳经济的反对者和支持者在对气候变化的担忧程度上没有显著差异。这可能是因为该调查中反对者和支持者都表示十分担心气候变化的影响，所以这个变量不能有效区分人们对于低碳经济态度的不同。其他研究中较常见的影响因素还包括年龄(Dunlap et al. , 2001)、性别(Blake et al. , 1996; Dietz et al. , 2007; Zahran et al. , 2006)和收入(O'Connor et al. , 1999; Savage, 1993)等，但这些因素的影响在本研究中并不显著。

(4)大多数居民认为政府应从工业、林业和能源产业等方面着手发展低碳经济，并将其作为未来低碳工作的重点。这反映了公众对低碳经济的理解以及他们对政府未来工作的期望，同时也说明，在全球气候变暖的背景下，这几个行业未来的低碳发展潜能高于其他行业，引进减碳技术、使用清洁能源、增加森林和绿化带覆盖率及其他林业碳汇项目势在必行。此外，推广与宣传绿色建筑也是政府需要加强的工作。其他应成为未来低碳工作重点的行业与领域还包括：发展/升级公共交通体系、建立垃圾分类回收系统和提升公众对低碳经济认知水平。而从商业角度，投资碳汇也将是未来非常有前景的盈利模式。

(5)通过对不同地域的调查比较发现，福鼎市和柘荣县居民对气候变化和低碳政策的看法存在较多不同。如在对气候变化的态度方面，柘荣县居民更担心气候变化的不利影响；而在低碳经济政策方面，福鼎市居民更支持政府提供优惠贷款。首先，社会经济发展方向是导致地域差异的最主要原因之一。柘荣县是重点生态功能区，当地政府将环境保护列为工作重点。而福鼎市是重点经济发展区，更侧重于经济发展(Zhang & Liu, 2014)，因此两地政府在应对气候变化和发展低碳经济方面的侧重点和工作方式不同。例如，柘荣县为多条主要河流的发源地，这些河流为许多下游县市(包括福鼎市)提供水源。为了保护源头，柘荣县政府已拒绝了价值1千万人民币(折合160万美元)的工业投资(多为纸浆厂或者燃料厂等高污染产业)。同时，柘荣县政府对污染治理和废物排放有更严格的要求。与柘荣县相反，福鼎市政府希望通过吸引更多工业企业来加快当地经济发展(Zhang & Liu, 2014)。由于两地政府发展方向不同，因此在政府工作宣传中也各有侧重。福鼎市侧重于工业和经济发展的宣传，而柘荣县则侧重于发展生态经济和保护环境的宣传，这直接导致了当地居民对环境保护、气候变化以及低碳经济认知和态度的不同：柘荣县居民受益于良好的生态环境，更担心气候变化对环境可能带来的影响，而更愿意用自身行动减缓气候变化，而福鼎市民对经济发展更感兴趣，也更支持有关于市场和投资的政策(Huang & Pan, 2013)。

其次，两市地理位置的差异也是原因之一。福鼎市靠近经济发达的浙江省温州市(浙江省GDP为全国前四)，这对当地的经济发展具有一定的带动作用(Sohu, 2015)。另外，福鼎市靠近沿海，且交通发达，有公交、高速、港口、高铁甚至机场。而柘荣县位于海拔较高的山区，交通不便，经济发展水平落后(Public - Private Infrastructure Advisory Facility, 2015)。除此之外，两地人民生活水平不同，导致他们平时的生活习惯以及愿意尝试的低碳活动也明显不同。例如，由于生活水平高，且市区逐年扩建，很多福鼎市民已有私家车，他们多数人不愿意为了低碳减排而放弃开车，而对柘荣县居民而言，因为城区面积较小，所以学校、超市都分布集中，走路和骑自行车是最常见的交通方式，因此他们更愿意采取步行、骑自行车等方式来降低自己的碳排放。

尽管在一些方面两地之间有明显不同，但是，他们由于地界相邻，交流频繁，还是有很多相似之处。例如，两地居民都很关心气候变化的影响，且他们都相对更担心对后代的影响。这与已有的关于公众对气候变化认知的研究结果相同(CRED, 2009; Swim et al., 2009)。曼-惠特尼检验结果显示，两地居民对气候变化和低碳经济的认知水平、低碳行为的数量、支付/贡献意愿以及对低碳政策的支持程度并无显著差异。

(6)除了地域间的差异，样本组间的差异也十分显著。具体而言，公众、政府工作人员和社区居民对气候变化和低碳经济的认知有明显不同。总体而言，政府工作人员的认知水平最高，也最担心气候变化的影响，并且也最支持在当地发展低碳经济和相关低碳政策。相反地，社区居民的认知和担忧程度最低，且反对的比例也最高。尽管目前国内有关公众和政府工作人员低碳意识的差异的研究还比较少见，但政府工作人员会有更多的机会和途径接触和了解有关气候变化和低碳经济的知识和政策，因此，相对其他人群，政府工作人员通常会对气候变化和低碳经济有更深刻和全面的了解。在三个样本组中，社区居民对气候变化的认知水平、对气候变化未来影响的担忧程度以及低碳经济的认知水平相对较低。当地相关政府部门可针对各组特性，更有效地开展宣传教育工作。

第四章　碳排放测算研究

通过对福鼎市和柘荣县各相关部门、行业(农、林、工、商、建筑、旅游业等第一、第二、第三产业各行业)的资源清查，本研究项目依据两地政府提供的资源清查初始数据，并根据清查结果对福鼎和柘荣各部门行业的年排放和减排潜力进行预估和对比。同时对比两地在文化、经济、和环境方面的不同之处，为未来低碳评估系统的发展做好准备。

根据研究课题设计的界定，该章节通过对福鼎市和柘荣县第一、二、三产业的目前现状进行的调查，主要根据2009～2013年《福建统计年鉴》、《宁德统计年鉴》、两县市地方统计年鉴以及相关政府数据，结合其他文献对各行业和能源消费的碳排放量测算方法，对福鼎市和柘荣县2009～2013年地区总碳排放量、各行业碳排放量、各类能源消耗所产生的碳排放量等多项碳排放的衡量指标进行测算与估计，并以图表形式对比以上各行业的年碳排放量和碳减排能力，方便制定适合两县市的低碳指标体系的建立提供数据基础。

第一节　碳排放量测算方法及数据来源

一、研究思路

我国地域广阔，自然资源分布不均，不同区域社会、经济、历史条件存在较大差异，导致区域经济发展水平呈现较大的不均衡性(贺灿飞，梁进社，2004；蔡昉，都阳，2010；徐建华等，2005)，也因此导致了碳排放的区域差异。近几年来，有关低碳经济的研究大量涌现，但多数是从国家、省级层面展开，缺乏对县市级别的区域性和针对性研究。本研究通过查阅大量相关资料的基础上，参考《2006年IPCC国家温室气体清单指南》提供的最佳缺省方法以及其他碳排放测算方法，同时考虑到县/市级别统计年鉴数据与能源消耗数据的缺乏，综合制定了两种方法，分别从地区分行业生产总值的单位能耗，和各类能源活动消耗的碳排放量进行碳排放量测算，并对比两种方法的测算结果，分析比较福鼎市和柘荣县地区范围内碳排放现状及区域差异，研究了两地 2009～2013 年的碳排放量变化趋势，同时与中国及其他国家人均碳排放水平进行对照，提出具有针对性的减排路线和政策建议。

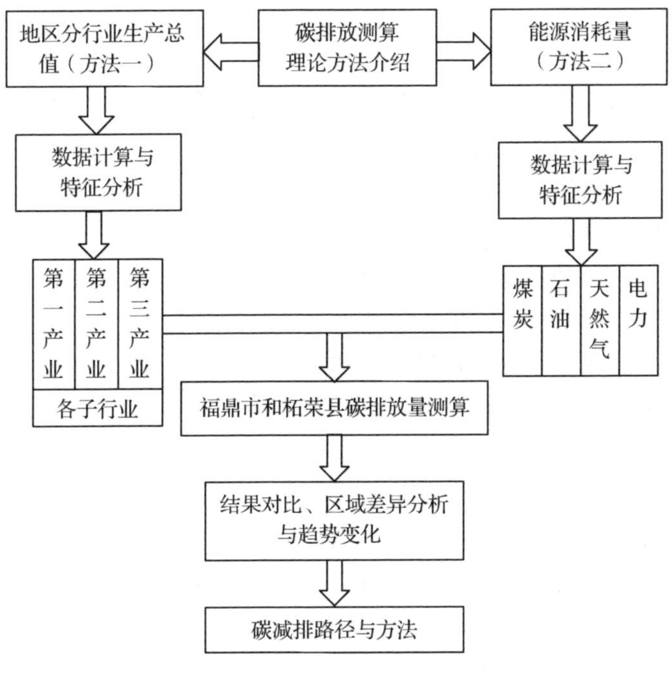

图 4-1　技术路线图

二、测算方法

如前文所述，国内对碳排放量测算的研究已经取得了很有意义的成果，多数针对能源类别进行不同程度的划分，然后分别乘以各能源活动的碳排放系数，计算碳排放量，如徐国泉等（2006）将能源划分成三类——煤炭、石油、天然气和水电/核电，乘以各自的碳排放系数，得出我国 1994～2004 年间的碳排放量；查冬兰（2007）则具体划分了九类能源，将不同能源的消费量乘以碳排放系数得出国内 28 个省（自治区）的碳排放量；杨晓亭（2012）根据山东省实际情况，在 IPCC 指南中的 15 类能源基础上，加进了其他洗煤和煤制品并利用原煤的碳排放系数，计算了 2000～2010 年山东省的碳排放量。由于本项目研究对象是福建省宁德市小城镇县域代表——福鼎市和柘荣县，在各类能源消耗数据的获取上有所限制，因此使用了两种方法，分别基于利用地区分行业生产总值的单位能耗(方法一),与折算研究区的能源消耗指标(方法二)来测算碳排放量,根据福鼎市和柘荣县实际情况,利用2009~2013年福建省、宁德市及地方年鉴的相关数据分析碳排放量的变化趋势和区域差异。

(一)方法一

由于福鼎市和柘荣县地方年鉴,以及地级行政区——宁德市年鉴均缺少针对第一、二、三产业中各行业(共21个)的单位生产总值能耗,因此采用省级行政区——福建省各行业(共21个)的能源消费量除以各行业的生产总值,得到各行业每万元所消耗的标准煤指数,即单位生产总值能耗(吨标准煤/万元)。假定该消耗指数在省内各区域不变,用各行业的单位生产总值能耗(吨标准煤/万元)分别乘以福鼎市、柘荣县的各行业生产总值得出两县市各行业的能源消费量,加总计算后获得两县市区域总碳排放量。在计算各行业能源消费所产生的碳排放量时,由于数据和人员、地点等限制,无法得知主要能源(原煤、石油、天然气等)在各行业中的消耗量,因此统一采取原煤的碳排放系数即2.66 tCO_2e/t标准煤计算出各行业的碳排放量。方法一采用如下公式计算:

$$CO_2\text{排放量} = \Sigma \times Hi \times F$$

公式中,Ei代表福建省各行业的能源消费量(t标准煤),Gi代表福建省各行业生产总值(万元),Ei/Gi即各行业每万元所消耗的标准煤指数,或单位生产总值能耗(t标准煤/万元)。Hi为福鼎市、柘荣县各行业生产总值(万元),F为所选用的原煤的碳排放系数2.66 tCO_2e/t标准煤。行业类别的划分依照统计年鉴标准,根据社会生产活动历史发展的顺序对产业结构的划分,其中,第一产业包括农业、林业、牧业、渔业和农林牧渔服务业;第二产业含工业和建筑业;第三产业为除第一、第二产业以外的其他各业(共14个子行业)。三大产业共包含21个子行业。本研究采取的生产总值数据(即增加值)而非总产值。总产值包括生产总值和原材料,燃料,动力能耗,劳务能耗(中间消耗)等,无法细分所产生的或可能重复计算其碳排放量。

(二)方法二

不同于方法一根据三产对行业进行划分,并通过计算各行业的能源消费来测算总碳排放量,本研究采用的方法二同文献综述中提及的的许多研究类似,依据主要能源种类划分为煤炭、石油、天然气和电力(包括水电、核电、风电),通过计算两县市各种能源消费所产生的的碳排放量来测算区域总碳排放量。由于福鼎市和柘荣县地方年鉴中缺少相关能源消费总量及构成、能源消耗指标，为使计算结果更加切合实际，因此采用地级行政区——宁德市的单位地区生产总值能耗(t 标准煤/万元)乘以宁德市地区生产总值(万元)得出宁德的地区生产总能耗，对比宁德年鉴中记录的能源消费总量获得一个比值系数，再用该比值系数分别乘以福鼎市和柘荣县的生产总值、宁德单位生产总值能耗及各能源碳排放系数(IPCC 排放清单)，利用宁德市各能源消耗比例，最终得出两县市的各类能源的碳排放量及地区总碳排放量。其中，由于电力消耗所产生的碳排放量较为复杂，可能存在区域的外调电力，而本研究只研究两县市区域内的碳排放量，因此统一采取国家统计局公布的电力折标系数，按 0.35 kg 标准煤/kWh 计算，再乘以 0.75 kgCO_2e/kWh 折算出 2.14 tCO_2e/t 标准煤的电力排放系数。方法二采用如下公式计算：

$$CO_2\text{排放总量} = \Sigma * Gi * Pj * Fj$$
$$= \Sigma * Gi * Fj$$
$$\text{各能源消费产生的}CO_2\text{排放量} = \Sigma * Gi * Ej * Fj$$
$$= CO_2\text{排放总量} * Ej$$

公式中，Cj 代表宁德市能源消费总量(万 t 标准煤)，Hj 为宁德市地区生产总值(万元)，Pj 为宁德单位地区生产总值能耗(t 标准煤/万元)；Gi 代表福鼎市、柘荣县地区生产总值(万元)，Fj 为 j 类能源的碳排放强度(取值见表 4-1)，Ej 为各类能源占能源消费总量的比重(%)。

表 4-1 各类能源的碳排放系数

能源类别	煤炭	石油	天然气	电力(水电、核电、风电)
碳排放系数 Fi (tCO_2/t 标准煤)	2.64	2.08	1.63	2.14

* 以上数据来自《国家发展改革委办公厅关于请组织开展推荐国家重点节能技术工作的通知》(发改办环资[2013]1311 号)、省级温室气体清单编制指南(2011)及《2006 年 IPCC 国家温室气体指南》中的 CO_2 排放系数，并结合《综合能耗计算通则》(GBT2589—2008)进行调整。

三、数据来源

本研究计算所使用的相关数据均来自 2009 ~ 2013 年福鼎市、柘荣县、宁德市及福建省统计年鉴。方法一中的福建省各行业的能源消费量和生产总值分别来自《福建统计年鉴》的 6 - 3 综合能源平衡表和 2 - 6 分行业地区生产总值。值得一提的是，综合能源平衡表中并没有完全按照标准对三产具体细分，缺乏第三产业中的十四类子行业，只包含了交通运输、仓储和邮政业，批发、零售业和住宿、餐饮业，其他行业和生活消费。因此在计算各行业每万元所消耗的标准煤指数或单位生产总值能耗（t 标准煤/万元）——Ei/Gi 时，对于缺少能源消费量数据的行业统一归为其他行业和生活消费，即除交通运输、仓储和邮政业，批发、零售业和住宿、餐饮业外，其他第三产业的子行业对应的每万元所消耗的标准煤指数相同。方法二中的宁德市用于计算各行业每万元所消耗的标准煤指数中的单位地区生产总值，各能源消费总量数据和各能源占消费总量的比重分别来自《宁德统计年鉴》的能源消费指标、能源消费总量及构成等数据。

四、碳排放衡量指标

根据福鼎市和柘荣县的数据情况，本项目测算研究的关于碳排放的衡量指标包括：碳排放总量（万 tCO_2）、人均碳排放量（tCO_2/人）、碳排放强度即单位 GDP 碳排放量（tCO_2/万元）和单位能耗碳排放量（tCO_2/t 标准煤）。碳排放总量是指某一时段内某一地区由于各种生产生活所产生的总的碳排放量，本项目研究的是福鼎市和柘荣县的地区碳排放总量。另外，还根据两种方法分别测算出两市（县）各行业的碳排放量及各类能源消费所产生的碳排放量。由于考虑到区域之间经济发展水平有所差异，碳排放的情况也各不相同，福鼎市作为县级市经济发展速度较快，规模以上工业产值高，能源消费量高，位居宁德市下属县市中第二位，仅次于福安市，导致碳排放量增加。相反，柘荣县工业化水平较低，能源消费量也因此减少。如果单以碳排放总量作为衡量两地碳排放水平的唯一指标有失公平。在此情况下，有关学者提出了人均碳排放量和碳排放强度等碳排放指标，考虑到经济发展水平的影响。人均碳排放量将碳排放总量平均到每个人所产生的碳排放量，以个体为对象，反映了公平利用资源和发展的权利。实践证明，由于人口相对较少，而工业革命累积的碳排放长期存在，导致发达国家的人均碳排放量明显高于发展中国家。此外，碳排放强度是指单位 GDP 的产出所产生的碳排放量，也是有效的衡量指标之一，加上单位能耗碳排放量指标吨测算，能更综合有效地反映出能源利用效率和地方技术水平，碳排放强度和单位能耗碳排放量越小说明其能源效率和技术发展水平越高。

第二节　福鼎市、柘荣县碳排放研究

一、两市(县)碳排放量比较分析

福鼎市和柘荣县在2009～2013年的地区碳排放总量均呈逐渐增长趋势，其中福鼎市的增幅较大，其CO_2排放量从2009的187.76万吨增加到2013年的399.66万吨，增长了112.86%，年均增长量为42.38万吨CO_2/年；由于经济发展水平和人口数量的明显差异，柘荣县的CO_2排放量从2009年的41.08万吨CO_2增长至2013年的64.86万吨CO_2，年均增长量仅为4.76万吨CO_2/年(如图4-2所示)。

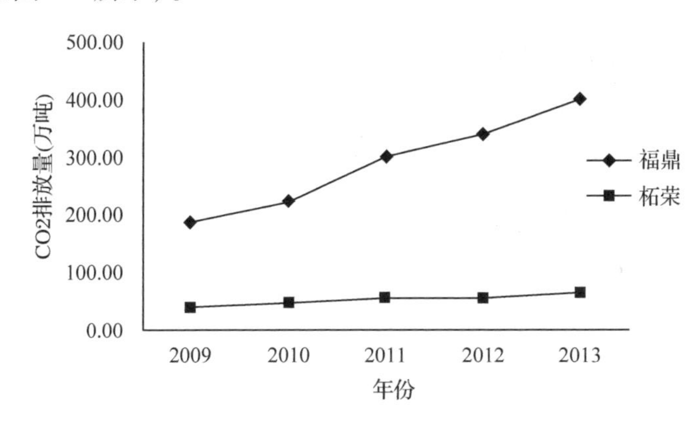

图4-2　福鼎市和柘荣县2009～2013年总CO_2排放量变化情况(方法一)

作为衡量单位碳排放量指标之一的碳排放强度，即单位GDP碳排放量，福鼎市在2009～2013年间的碳排放强度有所波动，年均碳排放强度为1.67 tCO_2/万元，而柘荣县在2009～2013年间逐渐下降，碳排放强度从2009年的1.80 tCO_2/万元下降到2012年的1.48 tCO_2/万元，但随后又呈现上升的趋势，在2013年达到1.54吨tCO_2/万元，其年均碳排放强度为1.65 tCO_2/万元(如图4-3所示)。

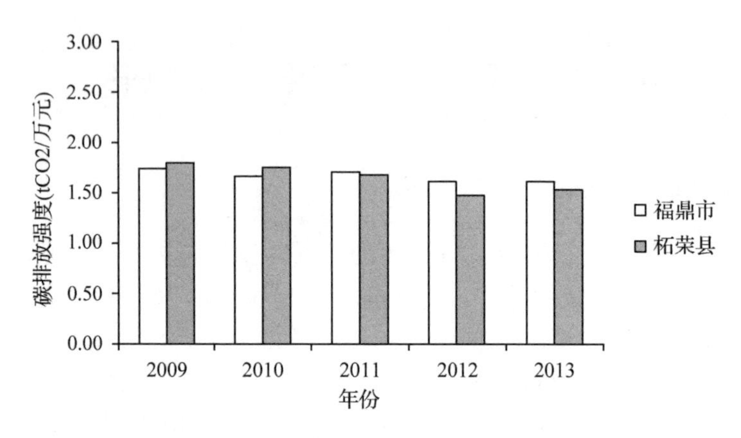

图 4-3　福鼎市和柘荣县 2009～2013 年碳排放强度变化（方法一）

二、福鼎市碳排放量变化情况

由图 4-4 可以看出，2009～2013 年间，福鼎市单位 GDP 碳排放量和单位能耗碳排放量的变化呈较平稳波动状态，年均单位碳排放量分别为 1.67 tCO_2/万元和 3.82 tCO_2/t 标准煤。相比之下，人均碳排放量则呈现逐年快速增长趋势，从 2009 年的 3.26 tCO_2/人增加到 2013 年的 6.77 tCO_2/人，年平均增长率为 20.4%，主要是由于人口增长率低于碳排放量增长率。

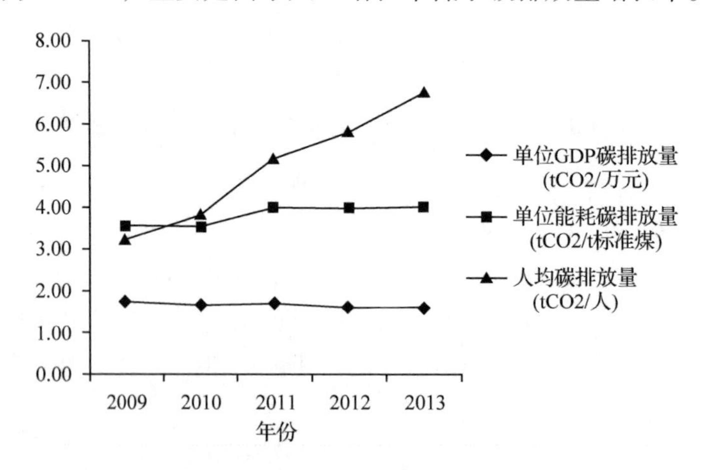

图 4-4　福鼎市 2009～2013 年碳排放指标变化

根据本章提到的研究方法一，利用地区分行业生产总值的单位能耗，计算得到福鼎市 2009 年到 2013 年各产业 CO_2 的具体排放情况，如表 4-2。

表 4-2　福鼎市 2009～2013 地区分行业碳排放量(方法一)

碳排放量(tCO_2)　年份	2009	2010	2011	2012	2013
地区排放总量	1877621. 36	2217994. 37	3020454. 66	3404255. 97	3996609. 37
碳排放强度(吨/万元)	1. 746	1. 657	1. 705	1. 616	1. 611
第一产业(农林牧渔业及服务业)	87126. 45	101206. 58	115840. 85	138237. 38	147307. 67
第二产业	1485874. 08	1740586. 80	2327617. 41	2674132. 25	3239620. 07
工业	1460474. 02	1712154. 27	2295689. 03	2635188. 28	3192730. 86
建筑业	25400. 06	28432. 53	31928. 38	38943. 97	46889. 21
第三产业	304620. 82	376200. 99	576996. 40	591886. 34	609626. 89
交通运输、仓储和邮政业	120795. 60	137433. 55	161843. 79	154084. 40	162791. 94
信息传输、计算机服务和软件业	9536. 84	16512. 01	29765. 68	28482. 92	27139. 54
批发和零售业	30465. 64	29593. 09	31963. 10	32413. 75	33653. 91
住宿和餐饮业	14584. 91	13692. 55	14606. 06	14005. 53	14886. 92
金融业	30564. 85	40545. 02	79926. 20	92070. 05	100611. 33
房地产业	24485. 69	28840. 11	52993. 43	63880. 16	58522. 78
租赁和商务服务业	19384. 75	19881. 76	36920. 77	39192. 29	40826. 04
科学研究、技术服务和地质勘查业	835. 67	1101. 26	2515. 21	2539. 90	2571. 72
水利、环境和公共设施管理业	1542. 58	2333. 19	4784. 56	5338. 46	5404. 74
居民服务和其他服务业	8611. 09	15371. 17	30284. 70	29803. 93	31073. 44
教育	14372. 30	23883. 49	43051. 97	41138. 49	39855. 36
卫生，社会保障和社会福利业	7792. 37	13515. 43	24369. 00	26629. 30	26961. 75
文化、体育和娱乐业	2972. 28	6929. 22	12692. 40	13353. 31	14034. 01
公共管理和社会组织	18676. 25	26569. 11	51279. 52	48953. 85	51293. 41

通过分析福鼎市 2009 年到 2013 年第一、二、三产业的 CO_2 排放量计算结果，可知：福鼎市第一、二、三产业的 CO_2 排放量均呈逐年增加趋势(如图 4-5 所示)。其中，第二产业(工业和建筑业)各年对区域 CO_2 总排放量的贡献均超过 75%。

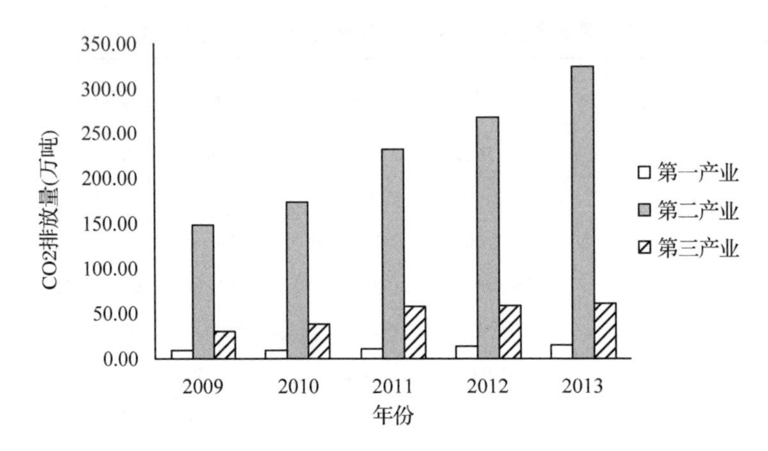

图 4-5　福鼎市 2009～2013 年第一、二、三产业 CO_2 排放量变化(方法一)

以 2013 年数据为例具体分析：福鼎市第二产业的 CO_2 排放量高达总排放量的 81%，而第一、第三产业只分别占排放总量的 4% 和 15%。在第二产业中，2013 年的工业生产活动所排放的 CO_2 又占到 95% 以上，体现出工业产业作为福鼎市 CO_2 排放来源的主要部门(如图 4-6 所示)。

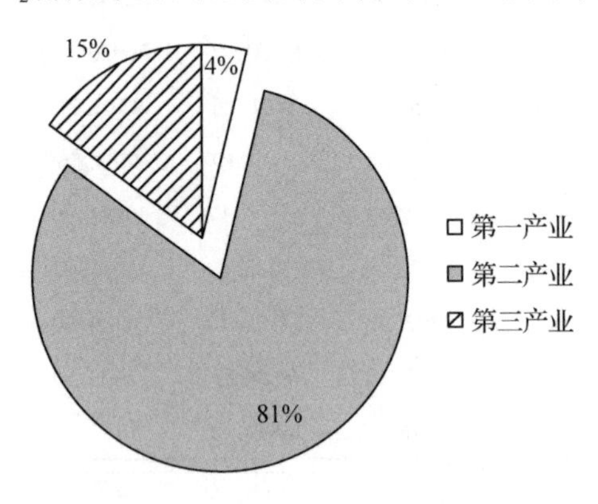

图 4-6　福鼎市 2013 年第一、二、三产业 CO_2 排放量构成(方法一)

而在第三产业中，2013 年交通运输、仓储和邮政业所产生的的 CO_2 排放量较多，达到 27%(如图 4-7 所示)。

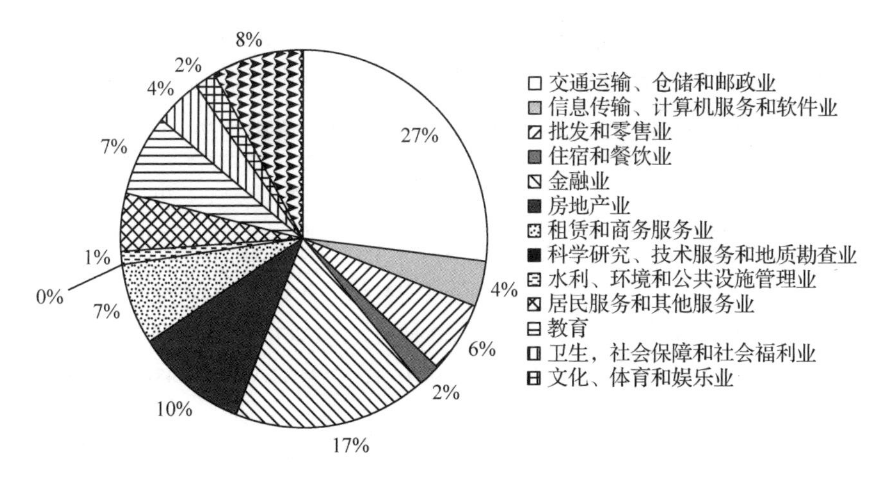

图 4-7　福鼎市 2013 年第三产业子行业 CO_2 排放量构成（方法一）

三、柘荣县碳排放量变化情况

由图 4-8 可以看出，2009～2013 年间，柘荣县单位能耗碳排放量变化较为稳定，有略微波动，年均单位碳排放量为 3.77 tCO_2/吨标准煤，而单位 GDP 碳排放量逐年有所下降，从 2009 年的 1.80 tCO_2/万元下降到 2012 年的 1.48 tCO_2/万元，而后又上升到 2013 的 1.54 tCO_2/万元。人均碳排放量呈逐年快速增长趋势，从 2009 年的 3.97 tCO_2/人增长到 2013 年的 6.04 tCO_2/人，年平均增长率为 11.3%。

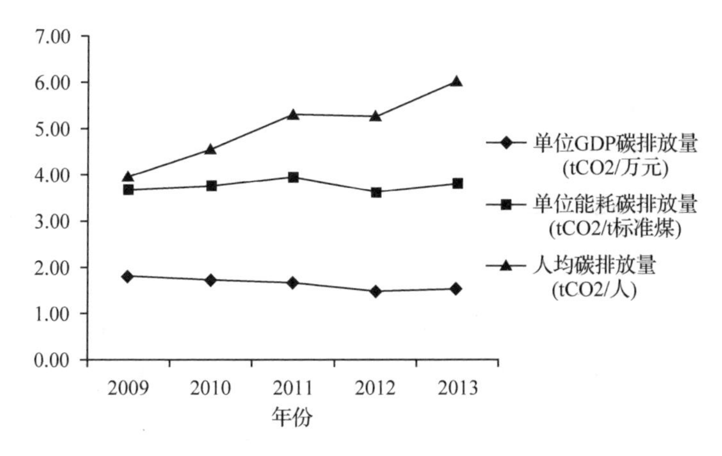

图 4-8　柘荣县 2009～2013 年碳排放指标变化

根据本章提到的研究方法一，利用地区分行业生产总值的单位能耗，计算得到柘荣县2009年到2013年各产业CO_2的具体排放情况，如表4-3。

表4-3　柘荣县2009～2013地区分行业碳排放量（方法一）

碳排放量（tCO_2）＼年份	2009	2010	2011	2012	2013
地区排放总量	410769.55	474881.15	558190.88	556472.17	648589.03
碳排放强度（吨/万元）	1.801	1.754	1.681	1.480	1.537
第一产业（农林牧渔业及服务业）	22752.57	23688.68	27267.05	33005.37	31278.92
第二产业	340886.12	388913.12	439727.96	425481.19	513090.11
工业	—	383079.91	432491.39	—	502651.86
建筑业	—	5833.21	7236.57	—	10438.25
第三产业	4130.86	62279.34	91195.87	97985.61	104220.01
交通运输、仓储和邮政业	—	23801.64	24607.10	—	33748.63
信息传输、计算机服务和软件业	—	2995.96	5502.91	—	5930.94
批发和零售业	—	5252.48	5661.85	—	5626.67
住宿和餐饮业	—	1475.21	1568.58	—	2114.22
金融业	—	6075.47	11325.53	—	12406.14
房地产业	—	3844.68	6980.06	—	9253.28
租赁和商务服务业	—	2240.22	4264.53	—	4976.09
科学研究、技术服务和地质勘查业	—	692.29	1189.82	—	1092.89
水利、环境和公共设施管理业	—	496.92	852.91	—	829.93
居民服务和其他服务业	—	1851.98	3555.29	—	4200.32
教育	—	4335.31	7567.89	—	6898.03
卫生，社会保障和社会福利业	—	2554.32	4374.81	—	3998.52
文化、体育和娱乐业	—	1142.72	2193.47	—	2560.55
公共管理和社会组织	—	5520.13	11551.15	—	10583.79

图4-9、4-10和4-11显示了柘荣县第一、第二、第三产业的CO_2排放量计算结果。与福鼎市相似，第二产业（工业和建筑业）仍占据对区域CO_2总排放量的最大贡献，2009～2013年期间均超过75%（如图4-9所示）。

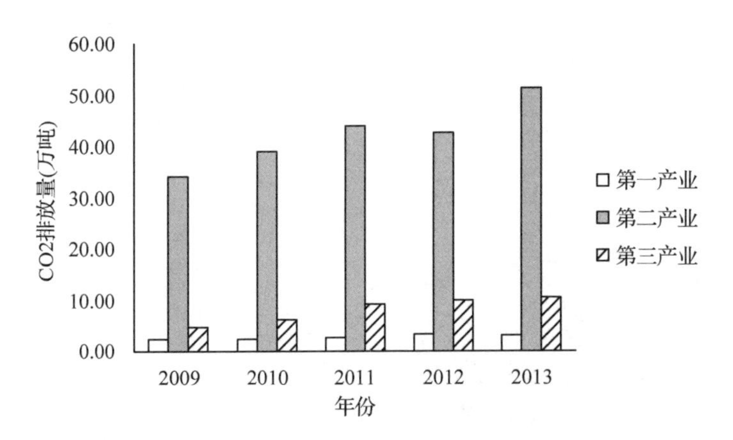

图 4-9　柘荣县 2009～2013 年第一、二、三产业 CO_2 排放量变化（方法一）

以 2013 年数据为例具体分析：2013 年柘荣县第二产业的 CO_2 排放量达到总排放量的 79%，而第一、第三产业只分别占排放总量的 5% 和 16%。第一、第三产业的 CO_2 排放量呈逐年增长趋势，而第二产业在 2011～2012 年间有所下降，而后又迅速增加至 2013 年的 513090.11 tCO_2（如图 4-10 所示）。

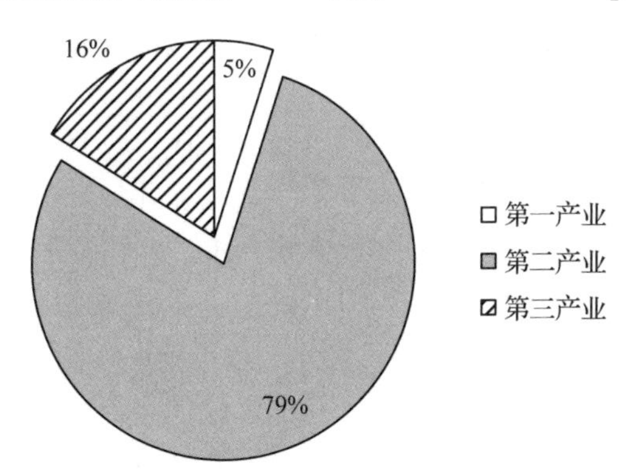

图 4-10　柘荣县 2013 年第一、二、三产业 CO_2 排放量构成（方法一）

而在柘荣县第三产业中，2013 年，交通运输、仓储和邮政业也在子行业 CO_2 排放量构成中占据了最高，达到全部子行业排放量中的 32%（见图 4-11）。

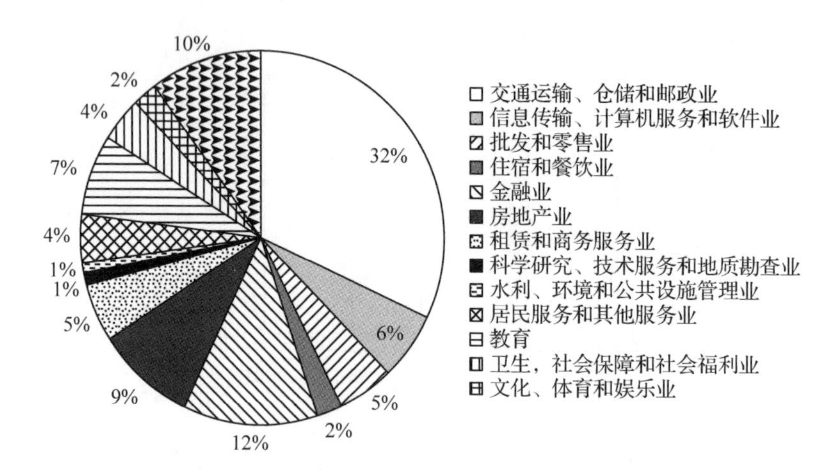

图 4-11　柘荣县 2013 年第三产业子行业 CO_2 排放量构成（方法一）

第三节　碳排放量影响因素分析

一、经济发展状况的影响

福鼎市经济实力不断跃升，2009 年全市 GDP 超过 100 亿元，在宁德市下属县市的 GDP 中仅次于福安市，排名第二。此后，在 2010 至 2011 年间 GDP 增长率尤为迅速，2011 年经济增长最快为 32.3%，而后略微下降到 2012 年的 18.9%，在 2013 年全市 GDP 超过 240 亿元，上榜福建省县域经济发展十佳县市。在经济的快速增长带动下，福鼎市的碳排放量从 2009 的 187.76 万吨增加到 2013 年的 399.66 万吨，说明其经济发展会带动碳排放量的增加。而碳排放年增长率的趋势没有明显的规律，2010 年达到 18.1%，2011 年翻倍达到 36.2%，但 2012 年又急降到 12.7%，2013 年达到 17.4%（见图 4-12）。

柘荣县尽管经济发展在宁德市下属县市中仍排名位置较后，但这是受到了人口规模、能源消费、历史情况等多种因素的影响和限制。总体而言，柘荣县的经济发展呈现逐年稳步增长的趋势，全县 GDP 从 2009 年的 22.8 亿元增长到 2013 年的 42.2 亿元，接近翻了一番。其中，2010 ~ 2011 年的经济增长较快为 22.7%。随着经济发展的稳步加快，柘荣县的碳排放量也从 2009 年的 41.1 万吨 CO_2 增加到 2013 年的 64.9 万吨 CO_2，两者呈正比关系。碳排

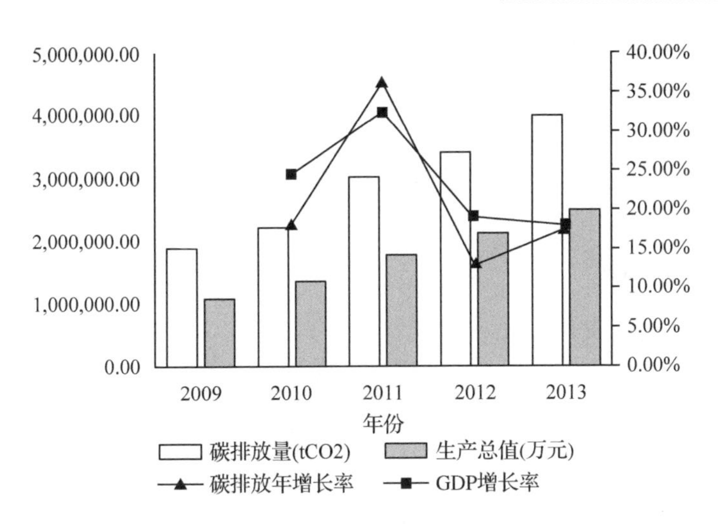

图 4-12　福鼎市 2009～2013 年碳排放量与生产总值关系

放年增长率的趋势没有明显的规律，2010 和 2011 年分别达到 15.6% 和 17.5%，但 2012 年却呈现了负增长 -0.3%，而后又于 2013 年恢复到 16.6%。这可能与地方相关的低碳经济政策和碳减排措施的实行有关（见图 4-13）。

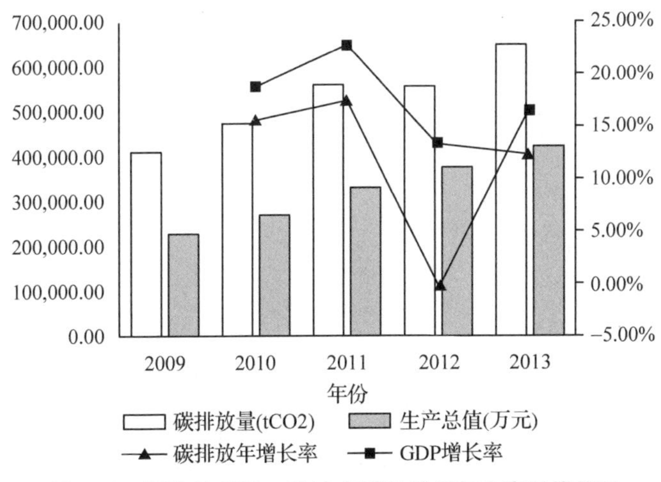

图 4-13　柘荣县 2009～2013 年碳排放量与生产总值关系

二、人口情况的影响

2013 年福鼎市总人口约为 59.04 万人，占全宁德市人口的 17.0%，排名第二。人口密度为 387 人/平方千米，人口出生率为 12.6‰，死亡率为 6.9‰，自然增长率为 5.7‰。与上年相比，人口出生率降低了 0.2‰，死亡率增加了 0.3‰，自然增长率降低了 0.5‰。从图 4-14 显示，人口增长的幅度远低于碳排放量，这与收入提高导致的消费水平不断提高，从而对高碳产品需求的增加有着密切关系。

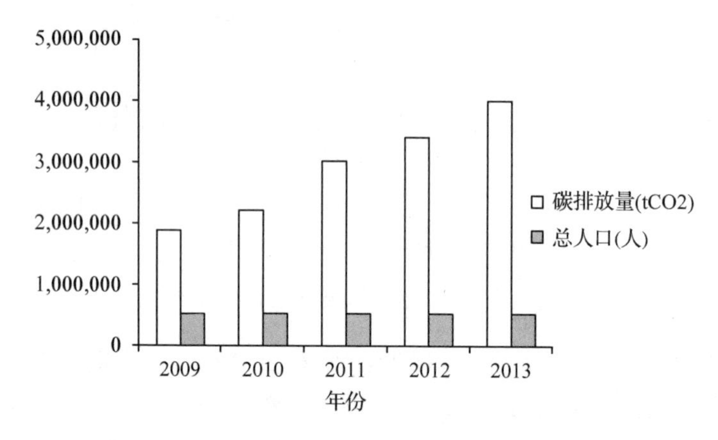

图 4-14 福鼎市 2009～2013 年碳排放量与人口关系

2013 年柘荣县总人口约为 10.74 万人，占全宁德市人口的 3.1%。人口密度为 200 人/平方千米，人口出生率为 13.3‰，死亡率为 7.6‰，自然增长率为 5.7‰。与 2012 年相比，人口出生率和死亡率分别增加了 0.9‰、0.5‰，自然增长率降低了 0.6‰。与福鼎市相似，图 4-15 显示出人口增长的幅度也远低于碳排放量，影响因素类似。

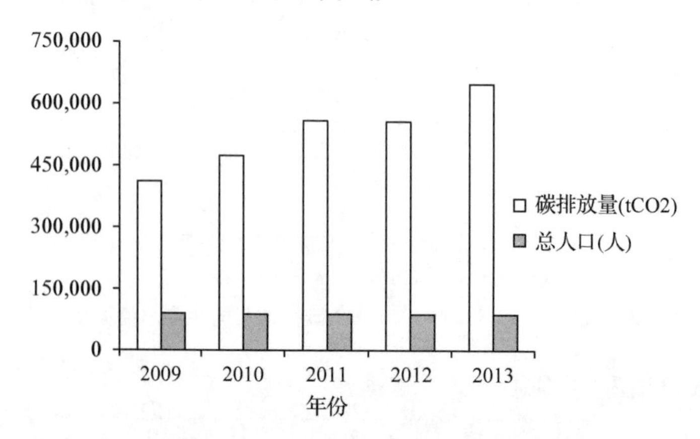

图 4-15 柘荣县 2009～2013 年碳排放量与人口关系

三、能源强度和能源消费的影响

根据研究方法二，依据主要能源种类划分为煤炭、石油、天然气和电力（包括水电、核电、风电），通过计算两县市各种能源消费所产生的的碳排放量来测算区域总碳排放量。由图 4-16 可以看出，从能源消费角度而言，2009～2013 年间，福鼎市能源消费碳排放保持高速增长态势，2013 年比 2009 年碳排放总量增加了 104.8 万吨，CO_2，增长了 90.9%，年均增长率为 17.6%。

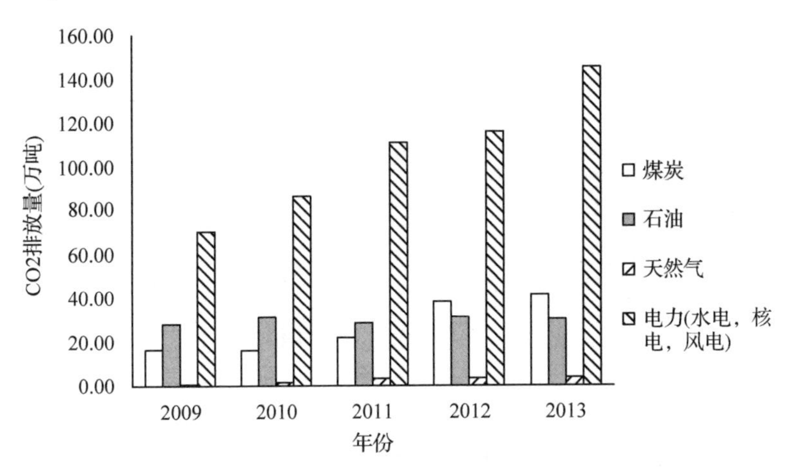

图 4-16　福鼎市 2009～2013 年各能源消费产生的 CO_2 排放量变化（方法二）

从各能源排放情况来看，电力消费所产生的碳排放量占总能源消费的碳排放量比重均达 60% 以上，而天然气消耗所产生的 CO_2 则占最小比重。煤炭、天然气和电力消耗的 CO_2 排放量呈逐年增长趋势，于 2013 年分别达到 41.35 万吨、30.25 万吨和 3.44 万吨，其中煤炭、电力消耗所产生的碳排放量上升趋势明显；而石油消耗产生的 CO_2 排放量在呈平稳波动，从 2010 年至 2011 年减少了 3 万吨，但又于 2012 年恢复到 31.23 吨，约相当于 2010 年 31.13 万吨的水平（如表 4-4 所示）。

从方法二来看，2009～2013 年间，柘荣县能源消费产生的 CO_2 排放量也在不断增加，在五年间增加了 23.78 万吨，增长了 57.9%（见图 4-17）。

表 4-4　福鼎市 2009～2013 年各能源消费碳排放量(方法二)

碳排放量(tCO_2) \ 年份	2009	2010	2011	2012	2013
煤炭	165194.36	160729.41	220160.75	382440.81	413506.68
石油	280937.61	311338.77	284656.30	312332.13	302492.49
天然气	945.99	14423.57	27653.55	31465.20	34399.88
电力(水电、核电、风电)	705818.67	865163.25	1107434.76	1156763.97	1450790.10
地区排放总量	1152896.64	1351655.01	1639905.36	1883002.10	2201189.15

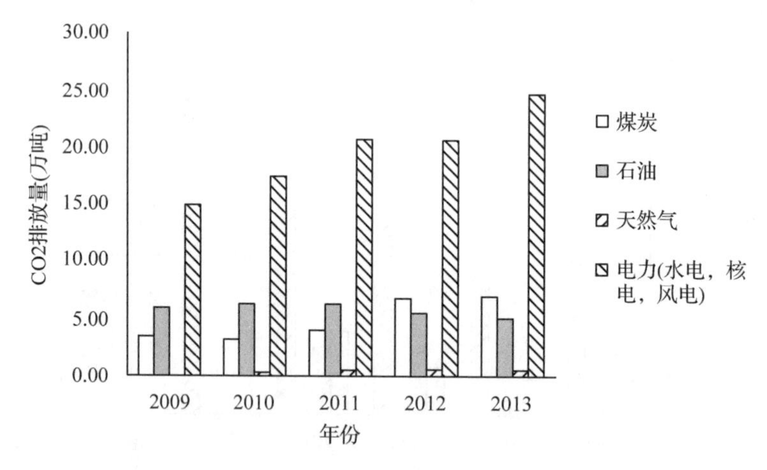

图 4-17　柘荣县 2009～2013 年各能源消费产生的碳排放量变化(方法二)

从各能源消费角度而言，电力消费所产生的碳排放量占总能源消费所产生的碳排放量的最大比例，在 2013 年达到 24.68 万吨 CO_2。其他能源消耗所产生的 CO_2 逐年呈现不同趋势，如煤炭的 CO_2 排放量从 2009 年的 3.50 万吨逐步增长到 7.03 万吨，天然气也从 2009 年的 0.02 万吨增长到 2013 年的 0.59 万吨 CO_2，而石油在五年中保持平均 CO_2 排放量 5.66 万吨/年(见表 4-5 所示)。

表 4-5　柘荣县 2009～2013 年各能源消费碳排放量(方法二)

碳排放量(tCO_2) \ 年份	2009	2010	2011	2012	2013
煤炭	35029.28	32515.89	41287.06	68245.38	70344.09
石油	59572.50	62984.47	53382.01	55734.70	51458.80
天然气	200.60	2917.92	5185.91	5614.87	5851.97
电力(水电、核电、风电)	149668.05	175024.30	207678.84	206420.94	246802.58
地区排放总量	244470.42	273442.58	307533.82	336015.88	374457.44

四、城镇化水平的影响

城市是先进生产力表达的平台，是引领现代文明的载体，也是区域的政治、经济、文化教育中心（杨晓亭，2012）。城镇化水平是衡量城镇化进展情况的重要指标。

从图4-18可以看出，随着福鼎市城镇化水平的快速提升，碳排放也逐年增长，两者的相关系数为0.983。其原因一方面是由于福鼎市城市基础建设投资不断加快，对钢材、水泥等高碳排放产品需求增加。2009年全市完成城镇建设投资323231万元，2013年城镇基础设施建设完成1667976万元，投资增长了5.2倍。另一方面是由于城市化发展使得大量农村居民迁移到城镇，在过去的五年间，福鼎市城镇人口增加了3.7万人，随之改变了人们的消费方式，从而增加了能源消费量。与此同时，城镇居民消费结构的变化，转移消费热点到住房、汽车、电子设备等方面，也一定程度上贡献了更多的碳排放。

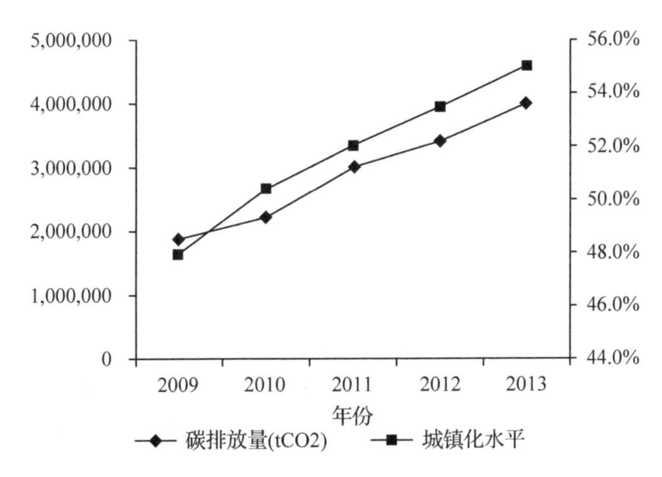

图4-18　福鼎市2009~2013年碳排放量与城镇化水平关系

相比之下，柘荣县的城镇化水平与碳排放量的相关系数较低，为0.766。2009~2010年城镇化水平飞速提升提高了23.3%，但在2010~2013年趋于稳定，年增长率约为1%。2013年城镇化水平达到58.0%，比福鼎市高3%。柘荣县碳排放增长趋势及原因也与福鼎市类似。2009~2013年间城镇人口增加了2.1万人，全县完成城市基础设施建设投资也逐步增加，在2013年城镇项目投资完成34.77亿元，比上年增长68.8%，均带动了碳排放量的明显增长(见图4-19)。

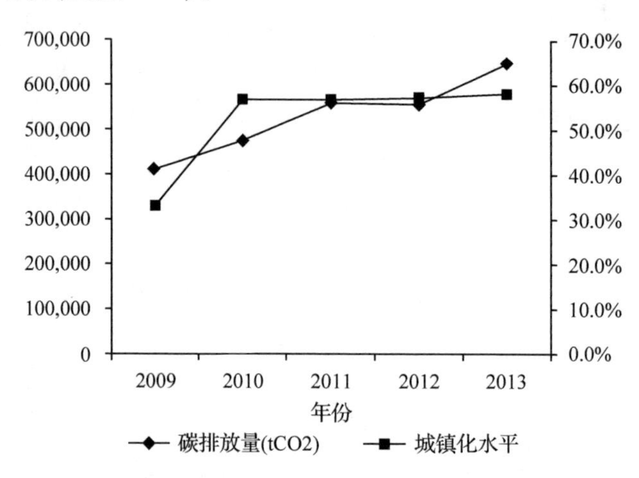

图4-19 柘荣县2009-2013年碳排放量与城镇化水平关系

第四节 结论与讨论

一、主要结论

本章基于福鼎市和柘荣县分行业生产总值和能源消费数据，以及福建省和宁德市的相关数据，运用IPCC于2006年发布的《2006年IPCC国家温室气体清单指南》提供的参考方法，综合结合相关研究，制定出两种测算方法，对福鼎市和柘荣县2009~2013年的碳排放量进行了计算，对两县市碳排放现状做了定性和定量分析。通过横向对比福鼎市和柘荣县区域总碳排放量和碳排放强度，纵向分析单位GDP碳排放量、单位能耗碳排放量以及人均碳排放量等多个衡量碳排放的指标，总结分行业和分能源消费所测算出的碳排放量结果，通过研究如人口情况、经济发展状况等对碳排放量影响的因素，得出的主要结论有:

(1)2009~2013年间，福鼎市的碳排放量保持逐步增长态势，2013年碳排放量达到399.66万吨CO_2，比2009年增长了211.9万吨CO_2，年均增长21.1%；由于经济发展水平和人口数量的明显差异，柘荣县的碳排放量从2009年的41.08万吨CO_2增长至2013年的64.86万吨CO_2，年均增长为12.3%。

(2)对两县市而言，第一、第二和第三产业中，第二产业对碳排放量的贡献最大超过75%，而其中工业生产活动产生的碳排放占主导地位，排放量占到90%以上；在第三产业中，两县市的交通运输、仓储和邮政业均是在第三产业子行业中贡献最多的碳排放量。

(3)碳排放量变化受到多种因素的影响，包括经济发展状况、人口情况、能源消费、城镇化水平、技术水平等。福鼎市经济发展较快、人口基数大，相较于柘荣县所产生的碳排放量和强度也更大。但由于柘荣县总人口基数小，因此其人均GDP排名在宁德各县市地区中与福鼎市不相上下。福鼎市2013年地区生产总值为248.1亿元，人均GDP达到42029元，排名宁德各县市地区第三位；柘荣市2013年地区生产总值为42.2亿元，人均GDP则达到39290元。按联合国衡量国家财富水平的标准，人均GDP达8000美元就到了中上等发达国家标准。可以看出，福鼎市离这一标准已经不远。

二、与国内外城市的人均碳排放水平比较

据全球碳计划(Global Carbon Project)近期公布的2013年度全球碳排放量数据显示，2013年全球人类活动碳排放量达到360亿吨，平均每人排放5 tCO_2，创下历史新纪录。其中，碳排放总量最大的国家为中国，占29%；其次是美国，占15%；欧洲占10%，而印度占7.1%。在人均碳排放量方面，中国人均排放7.2吨，而欧洲人均排放6.8吨，意味着中国的人均碳排放量首次超过欧洲(环球网，2014)。

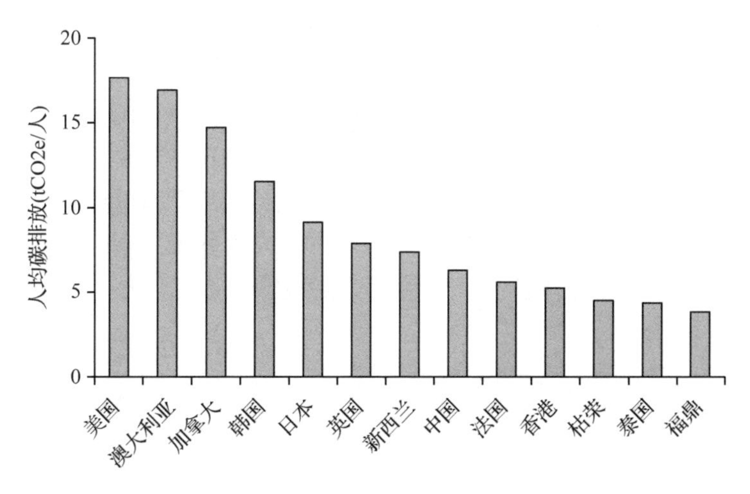

图4-20 2010年部分地区人均CO_2排放水平比较

本研究将福鼎市和柘荣县的人均碳排放水平与世界银行提供的各国人均碳排放量结果的汇总数据（World Bank，2010）进行比较，详情如图 4-20 所示：2010 年美国城市人均碳排放最高达到 17.6 t CO_2/人，其次是澳大利亚为 16.9 tCO_2/人。中国 2010 年的人均碳排放量为 6.2 tCO_2/人，相对于加拿大、英国、日本等国家的排放较低，而福鼎市和柘荣县分别为 3.8 tCO_2/人和 4.5 tCO_2/人，均低于我国平均水平，同时也低于世界平均水平，可以认为属于低碳城市的范畴。

三、不足之处与展望

由于福鼎市和柘荣县的地方统计年鉴不如宁德市、福建省统计年鉴数据齐全，缺乏综合能源平衡表及单位生产总值能耗等直接数据，使得本研究采用的测算碳排放量的两种方法均在一定程度上间接利用宁德市和福建省的相关指标进行折算。因此，可能存在忽略了两县市本身的地方发展水平和人口情况差异等影响。同时，方法二中对于能源类型的划分不够细致，使得测算过程中精确度不够。在 CO_2 排放核算方法以及排放系数上主要选取《2006 指南》的方法和默认值，与福鼎市和柘荣县本地情况仍有差异，导致计算结果有所偏差。目前仍缺乏针对我国或者福建省的区域排放因子，希望以后的研究工作能够让排放系数更加本地化、实际化。

在条件允许的情况下，在进行碳排放量测算前，应进行更多对当地发展情况的深入调查将有助于获取政府数据和计划规划措施，为努力发展低碳经济提供可靠、实际的建议和对策。与此同时，采用更完善的计算方法，系统深入地评估城市能源利用直接与间接碳排放，揭示能源利用碳排放的内在过程，对更加全面的碳减排计划有着积极意义。在丰富数据的基础上，如能构建一个或多个统计分析模型，例如 IPAT 模型、STIRPAT 模型、Kara 模型和 LMDI 分解法，将更准确地得出众多对碳排放影响因素的重要程度和相互关系及正负效应。此外，根据所测算结果和影响因素分析，运用不同模型对未来 5－10 年碳排放量进行预测，还能够达到更加长远的发展意义并成为政策制定的依据。

第五章　区域碳汇测算研究

植被对全球碳循环及碳平衡起到至关重要的作用。通过植被生物量来探讨植被生态系统的碳汇功能是碳汇研究的重要内容(魏晶等, 2004)。森林生物量约占全球陆地植被生物量90%，不仅是森林固碳能力的重要标志，也是评估森林碳收支的重要参数，因此，森林生态系统总生物量和生产力的研究，是判断森林生态系究竟是大气 CO_2 的源还是汇的重要途径(刘炜洋等, 2010)。森林碳汇(Carbon Sequsertration in forestry)是指森林生态系统吸收大气中的 CO_2 并将其固定在植被和土壤中，从而减少大气中 CO_2 浓度的过程、活动或机制(李怒云, 2007)。森林碳汇监测主要是通过定量分析特定时间段内森林碳储量的变化来实现的，常见方法包括样地清查法、通量观测法、模型模拟法及遥感估测法等(曹吉鑫, 2009)。其中，遥感估测法是利用遥感数据和森林生物量实测数据，通过统计分析建立经验模型来估算森林生物量，然后根据森林生物量估算结果进行森林碳汇的计量与监测的一种方法。本章内容主要是通过遥感技术方法来研究2000~2015年福鼎市和柘荣县的碳汇变化。

第一节　研究区森林资源现状

一、森林资源概况

福鼎市森林资源十分丰富，至2014年底，森林面积达77133.33公顷。树种资源丰富，福鼎市拥有木本植物74科212属491种，其中裸子植物9科18属29种，被子植物65科194属462种，单子叶植物4科13属30种(其中竹类植物7属19种，福建省情资料库, 2006)。共有乔灌木235种，主要用材林树种包括松、杉、柏，主要经济林树种包括黄栀子、毛竹、油茶、油桐等(福鼎市统计局, 2014; 宁德市政府网, 2015)。

柘荣县是一个森林大县，是全省森林覆盖率较高的县。至2014年底，全县林地面积为44625.60公顷(柘荣县林业局, 2015; 柘荣县人民政府,

2015)。主要森林类型有针叶林(以马尾松、柳杉、杉木为主)、针阔叶混交林(以马尾松和米槠、马尾松和青冈、马尾松和木荷等为主)、阔叶林(以常绿甜槠、米槠等壳斗科为优势树种)、毛竹林。境内野生植物262种,其中乔木76种,灌木37种,竹20种,花卉80种,草藤49种。珍贵植物有银杏、罗汉松、三尖杉、铁树、楠木等(福建省情资料库,2008)。

二、森林经营状况

(一)森林覆盖率变化

福鼎市重视林业发展,大力进行植树造林,其森林覆盖率不断增长,由2009年的59.5%增长到2014年的60.5%,年均增长0.34%。福鼎市森林覆盖率虽低于福建省的平均水平,但仍高于全国平均值近2倍(福鼎市统计局,2014;宁德市政府网,2015)。

柘荣县森林覆盖率较福鼎市高,且全县森林覆盖率逐年递增,由2009年的64.3%增长到2014年的67.3%,增长幅度接近年均1%,其森林覆盖率略高于福建省平均水平(柘荣县林业局,2015;柘荣县人民政府,2015)(如图5-1)。

(二)森林蓄积量统计

福鼎市森林蓄积量增长较快,由2003年的156.40万m^3增长到2014年的235.87万m^3,年均增长4.62%。人均蓄积在3.50-4.00m^3之间(福鼎市统计局,2014;宁德市政府网,2015)。

柘荣县森林蓄积量增长迅猛,由2003年的42.3万m^3增长到2014年的142.07万m^3,年均增长21.44%。人均蓄积在5.5-12m^3之间(柘荣县林业局,2015;柘荣县人民政府,2015,见表5-1)。

第二节 研究方法

在森林生物量的研究中,常用的遥感数据源主要包括光学遥感、热红外遥感、微波遥感和高光谱遥感等。本章项目研究主要运用多光谱光学遥感数据源。

一、遥感数据的收集和预处理

本研究选用效果较好的四景,分别是2000年、2005年,2010年和2015

年的 Landsat 影像。研究区域图像的选择方法主要采用人工判别，主要挑选那些最少的云层覆盖和数据清晰度高、反差大的遥感图像。本研究数据由美国地质调查局(USGS)提供，并下载为地表反射率图像。在可见光至红外光波谱段，地类的反射光谱曲线具有显著的特征，但是不同类型的覆盖物之间反射光谱特性曲线存在着一定的差异，因此，除了所有的原始光谱波段(如可见光波段和短波近红外)，我们也采纳了 4 个派生指数，即归一化差异植被指数(NDVI)，增强植被指数(EVI)，归一化水分指数(NDMI)，和土壤调节植被指数(SAVI)。将总共 10 个波段合成为一年图像，并当作分类的输入变量。

二、土地类型分类

土地利用是人类根据自身需要和土地的特性，对土地资源进行的多种形式的利用。土地利用现状是土地资源的自然属性和经济特性的深刻反映。土地利用划分具有如下特点：是在自然、经济和技术条件的综合影响下，经过人类的劳动所形成的产物，在一定的空间分布上服从社会经济条件，因此，它们在地域分布上不一定连成片。另外，土地利用的种类、数量、分布是随着社会经济技术条件的进步而变化的。土地利用分类一般按土地利用现状的土地覆盖特征、土地利用方式、土地用途、土地经营特点、土地利用效果等为具体标志进行分类。

按照 2007 年 8 月 5 日国家标准审查委员会颁布执行的《土地利用分类》方法，全国土地利用类型包括一级类十二个，二级类五十七个。其中，一级

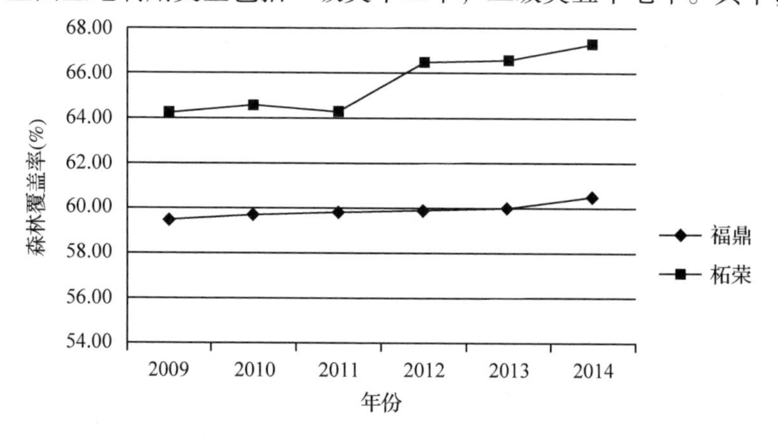

图 5-1 福鼎/柘荣森林覆盖率变化图

类依据土地利用用途和利用方式，考虑到农、林、水、交通等有关部门需求，设定“耕地”“园地”“林地”“草地”“水域”“交通运输用地”；依据土地利用方式和经营特点，根据有关部门管理需求，设定“商服用地”“工矿仓储用地”“住宅用地”“公共管理与公共服务用地”；为了保证地类的完整性，对上述一级类中未包含的地类，设定“其它土地”。

表 5-1　福鼎市、柘荣县 2003～2014 年森林蓄积量统计表　（单位：万 m^3）

	2003 年	2004 年	2005 年	2006 年	2007 年	2008 年	2009 年	2010 年	2011 年	2012 年	2013 年	2014 年
福鼎：蓄积量	156.40	173.40	173.80	175.41	188.65	198.76	206.55	206.10	210.79	220.74	231.90	235.87
蓄积增长量	17.00	0.40	1.61	13.24	10.12	7.79	−0.45	4.69	9.95	11.16	3.97	
年增长率		10.87	0.23	0.93	7.55	5.36	(0.22)	2.28	4.72	5.06	1.71	
人均蓄积							3.59	3.55	3.62	3.78	3.93	
柘荣：蓄积量	42.30	44.90	46.80	50.01	51.54	56.33	60.11	62.57	63.08	128.20	130.26	142.07
蓄积增长量	2.60	1.90	3.21	1.53	4.79	3.78	2.46	0.50	65.13	2.05	11.81	
年增长率		6.15	4.23	6.86	3.05	9.30	4.10	0.80	103.27	1.60	9.07	
人均蓄积	4.47						5.81	5.99	6.02	12.10	12.12	

本研究中，考虑到覆盖物对光谱的反射属性，设定了耕地（Agricultural Land）、林地（Forestry Land）、不渗透地（Impervious Land）、水体（Water）、草地（Grass land）和未利用地（Unused Land）6 种土地利用类型。其中，将交通运输用地、商服用地、工矿仓储用地、住宅用地、公共管理与公共服务用地（除公园与绿地用地外）归为一类不渗透地，公共管理与公共服务用地中的公园与绿地用地归并到相应的林地或草地类型中。数据采用分层随机抽样，然后用于最新的高分辨率谷歌地球的图像检测点（Training Points）的选择。分类过程中使用随机森林包 R（Random Forest）完成。

三、碳汇测算方法

首先，利用遥感观测到红波和近红外波段及其派生的一些指数进行土地利用类型分类。分出耕地、林地、不渗透地（Impervious Land）、水体、草地和未利用地六种土地利用类型。

其次，运用文献法确定不同地类的含碳系数，结合不同土地利用类型的分类结果计算出不同地类的碳储量，最终得出该区域的碳汇总量。

不同土地利用会产生不同的碳排放和碳吸收，设定为不同的碳汇指数。当碳排放大于碳吸收时，数值为负数，表现为碳源；反之为碳汇。根据

表5-2可知，农地、牧草地、建设用地、水域和湿地的碳排放强度大于碳吸收强度，成为碳源，其中建设用地的碳汇指数为 $-55.603\ tC \cdot ha^{-1} \cdot yr^{-1}$，是主要碳源；林地的碳吸收远大于排放，在土地利用方式中表现为碳汇，未利用地也表现为碳汇。

表5-2 不同土地利用类型碳汇核算参数 单位：$tC \cdot ha^{-1} \cdot yr^{-1}$

土地类型	碳排放强度	碳吸收强度	碳吸收/排放
农地	-0.502	0.130	-0.372
林地	-0.033	0.520	0.487
牧草地	-0.241	0.050	-0.191
建设用地	-55.810	0.204	-55.606
水域和湿地	-0.667	0.257	-0.410
未利用地	0.000	0.005	0.005

（来源：赖力，黄贤金，2011）

在森林碳汇测算中，因福建林业碳汇相关碳汇参数的不足，根据就近原则，拟采用相邻省份江西的相关研究成果作为参照，测算2000年和2005年数据时采用江西2004年的参数，测算2010年和2015年数据时采用江西2009年的参数。其中杉木分别为112.03tCO_2/ha和126.31tCO_2/ha，马尾松分别为48.94tCO_2/ha和60.68tCO_2/ha，阔叶林采用硬阔类和软阔类的平均值即87.15tCO_2/ha和98.84tCO_2/ha，竹林为9.56tCO_2/ha，经济林为17.14tCO_2/ha，其他类采用混交林的75.29 tCO_2/ha和104.02 tCO_2/ha。

第三节 福鼎市/柘荣县碳汇动态评估

一、土地类型动态分析

通过2000年、2005年、2010年和2015年四期遥感图像解译生成的土地利用图（见图5-2、5-3）进行分别统计，得出福鼎市和柘荣县不同时期土地利用动态变化情况。

福鼎市在2000-2015年期间的土地利用发生了一定的变化。在六大土地利用类型中，林地的比重最大，四期分别占比为51.41%、57.84%、47.59%和47.19%；其次是农地，其比重分别为23.63%、20.26%、32.08%和24.35%；接下来是防渗地，其比重分别为14.6%、10.55%、

11.07%和18.64%；牧草地的比重分别为8.26%、9.76%、7.3%和8.19%；水域面积比重最小，且逐年下降，其比重由2000年的2.1%下降到2015年的1.62%。林地中，马尾松的比重最大，四期分别占比为19.17%、20.88%、17.89%和19.04%；其它林地的比重分别为13.65%、16.25%、13%和12.28%；阔叶林比重分别为7.74%、8.67%、6.53%和7.87%；杉木比重分别为2.1%、2.2%、2%和1.41%；经济林比重分别为5.57%、6.29%、5.24%、4.39%；竹林比重分别为3.18%、3.56%、2.93%和2.19%。

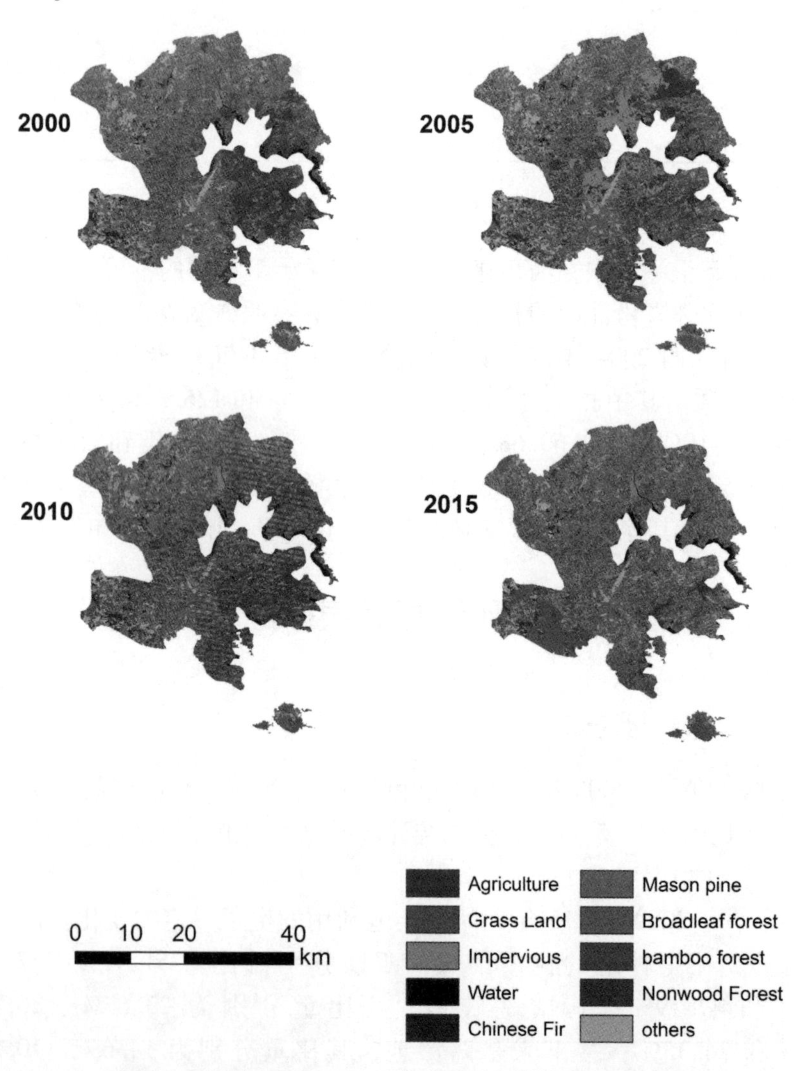

图5-2 福鼎市2000～2015年土地利用变化遥感分析图

从福鼎市各类土地利用变化情况来看，农地在2005年比2000年减少了4513.68ha，2010年比2005年增加了15852.96ha，2015年比2010年减少了10369.17ha，2000～2015年期间平均每年增加64.67ha，年动态度0.20%。林地在2005年比2000年增加了8623.98ha，2010年比2005年减少了13754.79 ha，2015年比2010年减少了543.24 ha，2000～2015年期间平均每年减少378.27 ha，年动态度－0.55%。防渗地呈现出前减后增的变化趋势，2005年比2000年减少了5425.92ha，2010年比2005年增加了702.36ha，2015年比2010年增加了10143.9ha，2000～2015年期间平均每年增加361.36 ha，年动态度1.85%。牧草地面积平均每年减少6.11ha，年减少幅度为0.06%。水域面积平均每年减少43ha，年降幅达1.52%（见表5-3）。

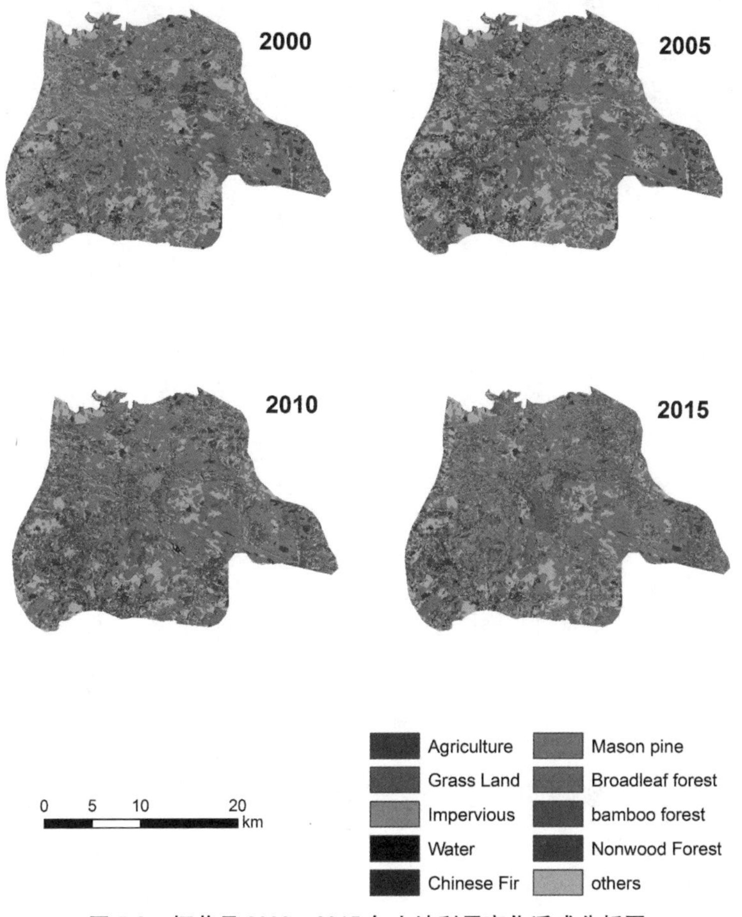

图5-3　柘荣县2000～2015年土地利用变化遥感分析图

表 5-3　福鼎市 2000～2015 年各种土地利用类型变化统计表　　（单位：ha）

项目	2000		2005		2010		2015		变化面积			年变化面积（ha）	动态度（%）
	面积（ha）	比重（%）	面积（ha）	比重（%）	面积（ha）	比重（%）	面积（ha）	比重（%）	2005～2000	2010～2005	2015～2010		
总计	134099. 1	100	134099. 1	100	134099. 1	100	134099. 1	100	0	0	0	0	0
农地	31684. 5	23. 63	27170. 82	20. 26	43023. 78	32. 08	32654. 61	24. 35	－4513. 68	15852. 96	－10369. 17	64. 67	0. 20
林地	68944. 14	51. 41	77568. 12	57. 84	63813. 33	47. 59	63270. 09	47. 19	8623. 98	－13754. 79	－543. 24	－378. 27	－0. 55
杉木	2815. 2	2. 1	2951. 01	2. 2	2675. 34	2	1889. 91	1. 41	135. 81	－275. 67	－785. 43	－61. 69	－2. 19
马尾松	25712. 19	19. 17	27996. 93	20. 88	23990. 94	17. 89	25522. 92	19. 04	2284. 74	－4005. 99	1531. 98	－12. 62	－0. 05
阔叶林	10385. 28	7. 74	11621. 34	8. 67	8758. 26	6. 53	10557. 81	7. 87	1236. 06	－2863. 08	1799. 55	11. 50	0. 11
竹林	4267. 89	3. 18	4769. 91	3. 56	3932. 01	2. 93	2941. 29	2. 19	502. 02	－837. 9	－990. 72	－88. 44	－2. 07
经济林	7464. 96	5. 57	8435. 43	6. 29	7029. 09	5. 24	5890. 68	4. 39	970. 47	－1406. 34	－1138. 41	－104. 95	－1. 41
其它	18298. 62	13. 65	21793. 5	16. 25	17427. 69	13	16467. 48	12. 28	3494. 88	－4365. 81	－960. 21	－122. 08	－0. 67
牧草地	11076. 57	8. 26	13088. 07	9. 76	9793. 71	7. 3	10984. 86	8. 19	2011. 5	－3294. 36	1191. 15	－6. 11	－0. 06
防渗地	19573. 02	14. 6	14147. 1	10. 55	14849. 46	11. 07	24993. 36	18. 64	－5425. 92	702. 36	10143. 9	361. 36	1. 85
水域	2820. 87	2. 1	2124. 99	1. 58	2618. 82	1. 95	2175. 93	1. 62	－695. 88	493. 83	－442. 89	－43. 00	－1. 52

表 5-4 柘荣县 2000～2015 年各种土地利用类型变化统计表

（单位：ha）

项目	2000		2005		2010		2015		变化面积			年变化	动态度（%）
	面积（ha）	比重（%）	面积（ha）	比重（%）	面积（ha）	比重（%）	面积（ha）	比重（%）	2005～2000	2010～2005	2015～2010	面积（ha）	
总计	53637.75	100	53637.75	100	53637.75	100	53637.75	100	0	0	0	0	0
农地	3050.91	5.69	4731.12	8.82	8361.45	15.59	9346.95	17.43	1680.21	3630.33	985.5	419.74	13.76
林地	39283.83	73.24	44539.47	83.04	37366.92	69.67	31218.21	58.2	5255.64	-7172.55	-6148.71	-537.71	-1.37
杉木	1648.8	3.07	1818.09	3.39	1603.44	2.99	1488.69	2.78	169.29	-214.65	-114.75	-10.67	-0.65
马尾松	17965.89	33.49	19380.96	36.13	17489.97	32.61	14499.72	27.03	1415.07	-1890.99	-2990.25	-231.08	-1.29
阔叶林	5598.63	10.44	5867.46	10.94	5227.56	9.75	4660.56	8.69	268.83	-639.9	-567	-62.54	-1.12
竹林	1587.6	2.96	1790.37	3.34	1435.59	2.68	1154.88	2.15	202.77	-354.78	-280.71	-28.85	-1.82
经济林	2276.01	4.24	3168.99	5.91	2312.55	4.31	1649.25	3.07	892.98	-856.44	-663.3	-41.78	-1.84
其它	10206.9	19.03	12513.6	23.33	9297.81	17.33	7765.11	14.48	2306.7	-3215.79	-1532.7	-162.79	-1.59
牧草地	4209.48	7.85	3105.09	5.79	3875.58	7.23	4398.30	8.2	-1104.39	770.49	522.72	12.59	0.30
防渗地	7071.39	13.18	1250.46	2.33	3950.1	7.36	8662.50	16.15	-5820.93	2699.64	4712.4	106.07	1.50
水域	22.14	0.04	11.61	0.02	83.7	0.16	9.09	0.02	-10.53	72.09	-74.61	-0.87	-3.93

柘荣县在2000～2015年期间的土地利用发生了一定的变化。在6大土地利用类型中，林地的比重最大，四期分别占比为73.24%、83.04%、69.67%和58.2%；其次是农地，其比重分别为5.69%、8.82%、15.59%和17.43%；接下来是防渗地，其比重分别为13.18%、2.33%、7.36%和16.15%；牧草地的比重分别为7.85%、5.79%、7.23%和8.2%；水域面积比重最小，其比重由2000年的0.04%下降到2015年的0.02%。林地中，马尾松的比重最大，四期分别占比为33.49%、36.13%、32.61%和27.03%；其它林地的比重分别为19.03%、23.33%、17.33%和14.48%；阔叶林比重分别为10.44%、10.94%、9.75%和8.69%；杉木比重分别为3.07%、3.39%、2.99%和2.78%；经济林比重分别为4.24%、5.91%、4.31%、3.07%；竹林比重分别为2.96%、3.34%、2.68%和2.15%。

从柘荣县各类土地利用变化情况来看，农地在2005年比2000年增加了1680.21公顷，2010年比2005年增加了3630.33公顷，2015年比2010年增加了985.5公顷，2000～2015年期间平均每年增加419.74公顷，年动态度13.76%。林地在2005年比2000年增加了5255.64公顷，2010年比2005年减少了7172.55公顷，2015年比2010年减少了6148.71公顷，2000～2015年期间平均每年减少537.71公顷，年动态度－1.37%。防渗地呈现出前减后增的变化趋势，2005年比2000年减少了5820.93公顷，2010年比2005年增加了2699.64公顷，2015年比2010年增加了4712.4公顷，2000～2015年期间平均每年增加106.07公顷，年动态度1.50%。牧草地面积平均每年增加12.59公顷，年减少幅度为0.30%。水域面积平均每年减少0.87公顷，年降幅达3.93%。（如表5-4所示）。

二、碳汇动态分析

根据上述福鼎市和柘荣县不同时期土地利用动态变化的分析结果，分别计算得出相应的碳吸收/碳排放值。结果显示：

福鼎市在2000年、2005年、2010年和2015年期间的碳汇指数呈现负数，分别为－1069860.37 $tC \cdot yr^{-1}$、－762366.58 $tC \cdot yr^{-1}$、－813591.14 $tC \cdot yr^{-1}$和－1374106.00 $tC \cdot yr^{-1}$，即总体上是碳排放区。其中2005年比2000年增加307493.79tC碳排放，2010年比2005年减少51224.56 tC碳排放，2015年比2010年减少560514.85 tC碳排放，15年间平均每年增加碳排放20283.04 tC。

具体来看，在福鼎市，有林地是典型的碳汇。其碳汇能力2000年达到33575.80tC·yr^{-1}，2005年达到37775.67 tC·yr^{-1}，2010年为31077.09 tC·yr^{-1}，2015年达到30812.53 tC·yr^{-1}，对区域碳减排的贡献分别为3.14%、4.96%、3.82%和2.24%。防渗地是最大的碳排放源，其碳排放强度2000年达到1088377.35 tC·yr^{-1}，2005年达到786663.64 tC·yr^{-1}，2010年为825719.07tC·yr^{-1}，2015年达到1389780.78 tC·yr^{-1}，对区域碳排放的贡献分别为101.73%、103.19%、101.49%和101.14%；接下来是农地，其碳排放强度2000年为11786.63tC·yr^{-1}，2005年达到10107.55tC·yr^{-1}，2010年为16004.85tC·yr^{-1}，2015年达到12147.51 tC·yr^{-1}，对区域碳排放的贡献分别为1.10%、1.33%、1.97%和0.88%；牧草地的碳排放强度2000年为2115.62tC·yr^{-1}，2005年达到2499.82tC·yr^{-1}，2010年为1870.60tC·yr^{-1}，2015年达到2098.11 tC·yr^{-1}，对区域碳排放的贡献分别为0.20%、0.33%、0.23%和0.15%；水域碳排放强度2000年为1156.56tC·yr^{-1}，2005年达到871.25tC·yr^{-1}，2010年为1073.72tC·yr^{-1}，2015年达到892.13 tC·yr^{-1}，对区域碳排放的贡献分别为0.11%、0.11%、0.13%和0.06%。进一步分析可知，农地2005年比2000年减少了1679.09 tC碳排放，2010年比2005年增加了5897.30 tC碳排放，而2015年比2010年减少了3857.33 tC碳排放，2000~2015年期间平均每年增加24.06 tC碳排放，年增加0.20%。林地2005年比2000年减少了4199.88 tC碳汇，2010年比2005年增加了6698.58tC碳排放，而在2015年比2010年增加了264.56tC碳汇，2000~2015年期间平均每年新增加184.22 tC碳汇，年增加0.55%。防渗地在2005年比2000年减少碳排放301713.71 tC，2010年比2005年减少了39055.43tC碳排放，而2015比2010年增加碳排放564061.70 tC，2000~2015年期间平均每年增加20093.56 tC碳排放，年动态度1.85%。牧草地平均每年减少碳排放1.17tC，年减少幅度为0.06%。水域碳排放平均每年增加17.63 tC，年增幅达1.52%（见表5-5）。

表 5-5 福鼎市 2000 ~ 2015 年碳吸收/碳排放动态分析表

项目	2000		2005		2010		2015		变化量（tC）			年变化量（tC）	动态度（%）
	碳汇（tC）	比重（%）	碳汇（tC）	比重（%）	碳汇（tC）	比重（%）	碳汇（tC）	比重（%）	2005 ~ 2000	2010 ~ 2005	2015 ~ 2010		
总计	-1069860. 37	100. 00	-762366. 58	100. 00	-813591. 14	100. 00	-1374106. 00	100. 00	307493. 79	-51224. 56	-560514. 85	-20283. 04	1. 19
农地	-11786. 63	1. 10	-10107. 55	1. 33	-16004. 85	1. 97	-12147. 51	0. 88	1679. 09	-5897. 30	3857. 33	-24. 06	0. 20
林地	33575. 80	-3. 14	37775. 67	-4. 96	31077. 09	-3. 82	30812. 53	-2. 24	4199. 88	-6698. 58	-264. 56	-184. 22	-0. 55
牧草地	-2115. 62	0. 20	-2499. 82	0. 33	-1870. 60	0. 23	-2098. 11	0. 15	-384. 20	629. 22	-227. 51	1. 17	-0. 06
防渗地	-1088377. 35	101. 73	-786663. 64	103. 19	-825719. 07	101. 49	-1389780. 78	101. 14	301713. 71	-39055. 43	-564061. 70	-20093. 56	1. 85
水域	-1156. 56	0. 11	-871. 25	0. 11	-1073. 72	0. 13	-892. 13	0. 06	285. 31	-202. 47	181. 58	17. 63	-1. 52
未利用地	0. 00	0. 00	0. 00	0. 00	0. 00	0. 00	0. 00	0. 00	0. 00	0. 00	0. 00	0. 00	0. 00

表 5-6 柘荣县 2000 ~ 2015 年碳吸收/碳排放动态分析表

项目	2000		2005		2010		2015		变化量（tC）			年变化量（tC）	动态度（%）
	碳汇（tC）	比重（%）	碳汇（tC）	比重（%）	碳汇（tC）	比重（%）	碳汇（tC）	比重（%）	2005 ~ 2000	2010 ~ 2005	2015 ~ 2010		
总计	-376028. 51	100. 00	-50200. 17	100. 00	-205336. 58	100. 00	-470804. 57	100. 00	325828. 35	-155136. 42	-265467. 99	-6318. 40	1. 68
农地	-1134. 94	0. 30	-1759. 98	3. 51	-3110. 46	1. 51	-3477. 07	0. 74	-625. 04	-1350. 48	-366. 61	-156. 14	13. 76
林地	19131. 23	-5. 09	21690. 72	-43. 21	18197. 69	-8. 86	15203. 27	-3. 23	2559. 50	-3493. 03	-2994. 42	-261. 86	-1. 37
牧草地	-804. 01	0. 21	-593. 07	1. 18	-740. 24	0. 36	-840. 08	0. 18	210. 94	-147. 16	-99. 84	-2. 40	0. 30
防渗地	-393211. 71	104. 57	-69533. 08	138. 51	-219649. 26	106. 97	-481686. 98	102. 31	323678. 63	-150116. 18	-262037. 71	-5898. 35	1. 50
水域	-9. 08	0. 00	-4. 76	0. 01	-34. 32	0. 02	-3. 73	0. 00	4. 32	-29. 56	30. 59	0. 36	-3. 93
未利用地	0. 00	0. 00	0. 00	0. 00	0. 00	0. 00	0. 00	0. 00	0. 00	0. 00	0. 00	0. 00	0. 00

与福鼎市一样，柘荣县在2000年、2005年、2010年和2015年期间的碳汇指数也呈现负数，分别为 $-376028.51\ tC\cdot yr^{-1}$、$-50200.17\ tC\cdot yr^{-1}$、$-205336.58\ tC\cdot yr^{-1}$ 和 $-470804.57\ tC\cdot yr^{-1}$，也为碳排放区。其中2005年比2000年减少325828.35 tC碳排放，2010年比2005年增加155136.42tC碳排放，2015年比2010年增加265467.99tC碳排放，15年间平均每年增加碳排放6318.40 tC。

具体来看，柘荣县的林地也是典型的碳汇，其碳汇能力2000年达到 $19131.23tC\cdot yr^{-1}$，2005年达到 $21690.72\ tC\cdot yr^{-1}$，2010年为 $18197.69tC\cdot yr^{-1}$，2015年达到 $15203.27tC\cdot yr^{-1}$，对区域碳减排的贡献分别为5.09%、43.21%、8.86%和3.23%。防渗地是最大的碳排放源，其碳排放强度2000年达到 $393211.71\ tC\cdot yr^{-1}$，2005年达到 $69533.08tC\cdot yr^{-1}$，2010年为 $219649.26tC\cdot yr^{-1}$，2015年达到 $481686.98\ tC\cdot yr^{-1}$，对区域碳排放的贡献分别为104.57%、138.51%、106.97%和102.31%；接下来是农地，其碳排放强度2000年为 $1134.94tC\cdot yr^{-1}$，2005年达到 $1759.98tC\cdot yr^{-1}$，2010年为 $3110.46tC\cdot yr^{-1}$，2015年达到 $3477.07\ tC\cdot yr^{-1}$，对区域碳排放的贡献分别为0.30%、3.51%、1.51%和0.74%；牧草地的碳排放强度2000年为 $804.01tC\cdot yr^{-1}$，2005年达到 $593.07tC\cdot yr^{-1}$，2010年为 $740.24tC\cdot yr^{-1}$，2015年达到 $840.08\ tC\cdot yr^{-1}$，对区域碳排放的贡献分别为0.21%、1.18%、0.36%和0.18%；水域碳排放强度2000年为 $9.08tC\cdot yr^{-1}$，2005年为 $4.76tC\cdot yr^{-1}$，2010年为 $34.32tC\cdot yr^{-1}$，2015年为 $3.73\ tC\cdot yr^{-1}$，对区域碳排放的贡献极少。进一步分析可知，农地2005年比2000年增加了625.04 tC碳排放，2010年比2005年增加了1350.48tC碳排放，而2015年比2010年增加了366.61 tC碳排放，2000~2015年期间平均每年增加156.14 tC碳排放，年增加13.76%。林地2005年比2000年增加了2559.50 tC碳汇，2010年比2005年减少了3493.03tC碳排放，而在2015年比2010年减少了2994.42tC碳汇，2000~2015年期间平均每年减少261.86tC碳汇，年减少1.37%。防渗地在2005年比2000年减少碳排放323678.63 tC，2010年比2005年增加150116.18tC碳排放，而2015比2010年增加碳排放262037.71 tC，2000~2015年期间平均每年增加5898.35 tC碳排放，年动态度1.50%。牧草地平均每年减少碳排放2.40tC，年减少幅度为0.30%。水域碳排放平均每年增加0.36 tC，年增幅达3.93%（见表5-6）。

三、碳密度变化情况

由图5-4可以看出，2000～2015年间，福鼎市和柘荣县两地单位面积的碳密度变化为负数，即产生了碳排放量。福鼎市碳密度的变化呈较平稳波动状态，2000～2015年均单位碳排放量分别为7.98tC/ha/yr、5.69tC/ha/yr、6.07tC/ha/yr和10.25tC/ha/yr。相比之下，柘荣县的碳密度略低于福鼎，2000～2015年均单位碳排放量分别为7.01tC/ha/yr、0.94tC/ha/yr、3.83tC/ha/yr和8.78tC/ha/yr。

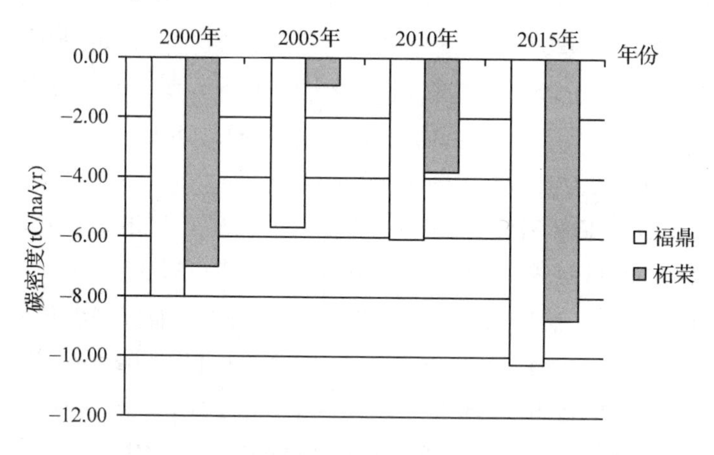

图5-4　福鼎/柘荣2000～2015年碳密度变化

第四节　森林对碳减排的贡献

森林具有吸收大气中的CO_2从而减少该大气CO_2浓度的碳汇功能。森林也是是陆地生态系统中最大的碳库，在降低温室气体浓度、减缓全球气候变暖中，具有十分重要的独特的作用。

一、福鼎市森林碳汇

福鼎市在2000年、2005年、2010年和2015年期间的林业碳汇量呈增长趋势，分别为4025255.01tCO_2、4544572.56tCO_2、4630383.21tCO_2和4673145.62tCO_2。其中2005年比2000年增加519317.55tCO_2碳汇，2010年比2005年增加85810.65tCO_2碳汇，2015年比2010年增加42762.41tCO_2碳

汇，15 年间平均每年增加碳汇 43192. 71tCO_2，年增加 1. 07%。

具体来看，在福鼎市，马尾松的碳汇量最大，其碳汇能力 2000 年达到 1258260. 56tCO_2，2005 年达到 1370067. 39tCO_2，2010 年为 1455880. 39tCO_2，2015 年达到 1548847. 97tCO_2，占森林总碳汇量的比例分别为 31. 26%、30. 15%、31. 44% 和 33. 14%。其中，2005 年比 2000 年增加了 111806. 82tCO_2，2010 年比 2005 年增加了 85813. 00tCO_2，而 2015 年比 2010 年增加了 92967. 58tCO_2，2000 ~ 2015 年期间平均每年增加 19372. 49tCO_2，年增加碳汇 1. 54%。

其次是阔叶林，其碳汇能力 2000 年为 905119. 13tCO_2，2005 年为 1012846. 75tCO_2，2010 年为 865663. 83tCO_2，2015 年达到 1043530. 82tCO_2，占森林总碳汇量的比例分别为 22. 49%、22. 29%、18. 70% 和 22. 33%。其中，2005 年比 2000 年增加了 107727. 62tCO_2，2010 年比 2005 年减少了 147182. 92tCO_2，而 2015 年比 2010 年增加了 177866. 99tCO_2，2000 ~ 2015 年期间平均每年增加 9227. 45tCO_2，年增加碳汇 1. 02%。

杉木的碳汇能力 2000 年为 315394. 19tCO_2，2005 年为 330609. 34tCO_2，2010 年为 337916. 87tCO_2，2015 年达到 238710. 77tCO_2，占森林总碳汇量的比例分别为 7. 84%、7. 27%、7. 30% 和 5. 11%。其中，2005 年比 2000 年增加了 15215. 15tCO_2，2010 年比 2005 年增加了 7307. 53tCO_2，而 2015 年比 2010 年减少了 99206. 10tCO_2，2000 ~ 2015 年期间平均每年减少 5112. 23tCO_2，年减少碳汇 1. 62%。

竹林的碳汇能力 2000 年为 40801. 03tCO_2，2005 年为 45600. 34tCO_2，2010 年为 37590. 02tCO_2，2015 年达到 28118. 73tCO_2，占森林总碳汇量的比例分别为 1. 01%、1. 00%、0. 81% 和 0. 60%。其中，2005 年比 2000 年增加了 4799. 31tCO_2，2010 年比 2005 年减少了 8010. 32tCO_2，而 2015 年比 2010 年减少了 9471. 28tCO_2，2000 ~ 2015 年期间平均每年减少 845. 49tCO_2，年减少碳汇 2. 07%。

经济林的碳汇能力 2000 年为 127949. 41tCO_2，2005 年为 144583. 27tCO_2，2010 年为 120478. 60tCO_2，2015 年达到 100966. 26tCO_2，占森林总碳汇量的比例分别为 3. 18%、3. 18%、2. 60% 和 2. 16%。其中，2005 年比 2000 年增加了 16633. 86tCO_2，2010 年比 2005 年减少了 24104. 67tCO_2，而 2015 年比 2010 年减少了 19512. 35tCO_2，2000 ~ 2015 年期间平均每年减少 1798. 88tCO_2，年减少碳汇 1. 41%。

其他林地的碳汇能力 2000 年为 1377730. 69tCO_2，2005 年为 1640865. 47tCO_2，2010 年为 1812853. 51tCO_2，2015 年达到 1712971. 08tCO_2，占森林总碳汇量的比例分别为 34. 23%、36. 11%、39. 15% 和 36. 66%。其中，2005 年比 2000 年增加了 263134. 78tCO_2，2010 年比 2005 年增加了 171988. 04tCO_2，而 2015 年比 2010 年减少了 99882. 43tCO_2，2000 ~ 2015 年期间平均每年增加 22349. 36tCO_2，年增加碳汇 1. 62%（见表 5-7）。

二、柘荣县森林碳汇

柘荣县的森林碳汇量也是呈现增长趋势，在 2000 年、2005 年、2010 年和 2015 年期间分别为 2374528. 71tCO_2、2677091. 77 tCO_2、2801122. 46 tCO_2 和 2375638. 19tCO_2。其中 2005 年比 2000 年增加 302563. 05tCO_2 碳汇，2010 年比 2005 年增加 124030. 70 tCO_2 碳汇，2015 年比 2010 年减少 425484. 27tCO_2 碳汇，15 年间平均每年增加碳汇 73. 96tCO_2，年增加 0. 01%。

具体来看，在柘荣，也是马尾松的碳汇量最大，其碳汇能力 2000 年达到 879184. 97tCO_2，2005 年达到 948433. 32 tCO_2，2010 年为 1061371. 68 tCO_2，2015 年达到 879909. 58tCO_2，占森林总碳汇量的比例分别为 37. 03%、35. 43%、37. 89% 和 37. 04%。其中，2005 年比 2000 年增加了 69248. 35 tCO_2，2010 年比 2005 年增加了 112938. 36tCO_2，而 2015 年比 2010 年减少了 181462. 10tCO_2，2000 ~ 2015 年期间平均每年增加 48. 31tCO_2，年增加碳汇 0. 01%。

其次是阔叶林，其碳汇能力 2000 年为 487943. 23tCO_2，2005 年为 511372. 85 tCO_2，2010 年为 516690. 48tCO_2，2015 年达到 460648. 37tCO_2，占森林总碳汇量的比例分别为 20. 55%、19. 10%、18. 45% 和 19. 39%。其中，2005 年比 2000 年增加了 23429. 62 tCO_2，2010 年比 2005 年增加了 5317. 63 tCO_2，而 2015 年比 2010 年减少了 56042. 11tCO_2，2000 ~ 2015 年期间平均每年增加减少 1819. 66tCO_2，年减少碳汇 0. 37%。

杉木的碳汇能力 2000 年为 184719. 36tCO_2，2005 年为 203685. 36 tCO_2，2010 年为 202527. 31tCO_2，2015 年达到 188033. 47tCO_2，占森林总碳汇量的比例分别为 7. 78%、7. 61%、7. 23% 和 7. 92%。其中，2005 年比 2000 年增加了 18966. 00 tCO_2，2010 年比 2005 年减少了 1158. 05 tCO_2，而 2015 年比 2010 年减少了 14493. 84tCO_2，2000 ~ 2015 年期间平均每年增加 220. 94tCO_2，年增加碳汇 0. 12%。

竹林的碳汇能力 2000 年为 15177.46tCO_2，2005 年为 17115.94 tCO_2，2010 年为 13724.24tCO_2，2015 年达到 11040.65tCO_2，占森林总碳汇量的比例分别为 0.64%、0.64%、0.49%和 0.46%。其中，2005 年比 2000 年增加了 1938.48 tCO_2，2010 年比 2005 年减少了 3391.70tCO_2，而 2015 年比 2010 年减少了 2683.59tCO_2，2000~2015 年期间平均每年减少 275.79tCO_2，年减少碳汇 1.82%。

经济林的碳汇能力 2000 年为 39010.81tCO_2，2005 年为 54316.49 tCO_2，2010 年为 39637.11tCO_2，2015 年达到 28268.15tCO_2，占森林总碳汇量的比例分别为 1.64%、2.03%、1.42%和 1.19%。其中，2005 年比 2000 年增加了 15305.68tCO_2，2010 年比 2005 年减少了 14679.38tCO_2，而 2015 年比 2010 年减少了 11368.96tCO_2，2000~2015 年期间平均每年减少 716.18tCO_2，年减少碳汇 1.84%。

其他林地的碳汇能力 2000 年为 768492.89tCO_2，2005 年为 942167.81 tCO_2，2010 年为 967171.64tCO_2，2015 年达到 807737.97tCO_2，占森林总碳汇量的比例分别为 32.36%、35.19%、34.53%和 34.00%。其中，2005 年比 2000 年增加了 173674.92tCO_2，2010 年比 2005 年增加了 25003.83tCO_2，而 2015 年比 2010 年减少了 159433.67tCO_2，2000~2015 年期间平均每年增加 2616.34tCO_2，年增加碳汇 0.34%（见表 5-8）。

第五节　结论与讨论

一、主要结论

本章主要是通过遥感技术方法来研究 2000~2015 年福鼎市和柘荣县的碳汇变化情况，得出的主要结论有：

（1）两地在 2000~2015 年期间的土地利用均发生了一定的变化并影响到碳汇/碳排放量的变化，其中林地的比重最大并逐步上升，农地和防渗地比重变化不大，其它土地利用类型均有减少；

（2）两地在 2000 年、2005 年和 2015 年期间的碳汇指数都呈现负数，即总体上是碳排放区，且碳排放量呈现逐步缓慢上升趋势，但两地的单位面积碳排放均较低；

（3）两地的林业碳汇能力较好，随着未成林造林地转为有林地与森林生

表 5-7 福鼎市 2000 ~ 2015 年碳汇动态分析表

项目	2000		2005		2010		2015		变化量(tC)			年变化量(tC)	动态度(%)
	碳汇(tC)	比重(%)	碳汇(tC)	比重(%)	碳汇(tC)	比重(%)	碳汇(tC)	比重(%)	2005 ~ 2000	2010 ~ 2005	2015 ~ 2010		
小计	4025255.01	100.00	4544572.56	100.00	4630383.21	100.00	4673145.62	100.00	519317.55	85810.65	42762.41	43192.71	1.07
杉木	315394.19	7.84	330609.34	7.27	337916.87	7.30	238710.77	5.11	15215.15	7307.53	-99206.10	-5112.23	-1.62
马尾松	1258260.56	31.26	1370067.39	30.15	1455880.39	31.44	1548847.97	33.14	111806.82	85813.00	92967.58	19372.49	1.54
阔叶林	905119.13	22.49	1012846.75	22.29	865663.83	18.70	1043530.82	22.33	107727.62	-147182.92	177866.99	9227.45	1.02
竹林	40801.03	1.01	45600.34	1.00	37590.02	0.81	28118.73	0.60	4799.31	-8010.32	-9471.28	-845.49	-2.07
经济林	127949.41	3.18	144583.27	3.18	120478.60	2.60	100966.26	2.16	16633.86	-24104.67	-19512.35	-1798.88	-1.41
其它	1377730.69	34.23	1640865.47	36.11	1812853.51	39.15	1712971.08	36.66	263134.78	171988.04	-99882.43	22349.36	1.62

表 5-8 柘荣县 2000 ~ 2015 年碳汇动态分析表

项目	2000		2005		2010		2015		变化量(tC)			年变化量(tC)	动态度(%)
	碳汇(tC)	比重(%)	碳汇(tC)	比重(%)	碳汇(tC)	比重(%)	碳汇(tC)	比重(%)	2005 ~ 2000	2010 ~ 2005	2015 ~ 2010		
小计	2374528.71	100.00	2677091.77	100.00	2801122.46	100.00	2375638.19	100.00	302563.05	124030.70	-425484.27	73.96	0.00
杉木	184719.36	7.78	203685.36	7.61	202527.31	7.23	188033.47	7.92	18966.00	-1158.05	-14493.84	220.94	0.12
马尾松	879184.97	37.03	948433.32	35.43	1061371.68	37.89	879909.58	37.04	69248.35	112938.36	-181462.10	48.31	0.01
阔叶林	487943.23	20.55	511372.85	19.10	516690.48	18.45	460648.37	19.39	23429.62	5317.63	-56042.11	-1819.66	-0.37
竹林	15177.46	0.64	17115.94	0.64	13724.24	0.49	11040.65	0.46	1938.48	-3391.70	-2683.59	-275.79	-1.82
经济林	39010.81	1.64	54316.49	2.03	39637.11	1.42	28268.15	1.19	15305.68	-14679.38	-11368.96	-716.18	-1.84
其它	768492.89	32.36	942167.81	35.19	967171.64	34.53	807737.97	34.00	173674.92	25003.83	-159433.67	2616.34	0.34

产力的提高，将对区域碳减排有一定贡献。柘荣县林业的碳减排贡献要高于福鼎市。

两地在2000年、2005年和2015年期间新造林面积增加，因此碳汇指数都呈现负数，即总体上是碳排放区，且碳排放量呈现逐步缓慢上升趋势，将对碳排放均较低。

二、研究展望

通过遥感技术方法来研究区域的地理状况是现代众多科学研究的支撑技术，但在实际研究中还是会存在需要改进完善之处。在本研究中，因为受到云层等因素的干扰，影响遥感图像数据的精确度，从而造成研究结果可能产生一定误差，因此今后需要花费更多时间和精力去甄选更优质量的图幅进行分析研究。总体而言，用遥感技术方法来研究区域的碳汇/碳排放变化是一个高效、直观的技术手段。

第六章　低碳发展评价研究

低碳经济评价研究仍处于探索阶段。根据相关概念的表述，本研究认为区域低碳发展评价是指对区域发展的低碳化水平以及各种维持其低碳化发展的可持续能力的识别和判断研究。它是城市低碳发展研究的基础和核心。它既要求社会科学与自然科学的综合应用，又由于其动态过程特征，相应的评价研究综合而复杂。

第一节　低碳评价

一、低碳评价目的和意义

（一）目的

通过低碳发展评价，分析区域低碳发展水平状况及影响因素、预测和预警未来区域低碳发展过程中可能发生的变化或遇到的问题，从而为开发节能技术、提高新能源使用率、优化现有经济结构、加强环境保护力度、转变生活方式等措施提供决策依据，实现在保持经济增长和提高人民生活水平的同时，降低碳排放的目的。

（二）意义

（1）充分利用区域低碳发展评价的分析、预测和预警功能，从源头上减少或控制高排放，避免未来不必要的损失。

（2）能比较直观地认识区域低碳发展现状，提高民众的低碳意识。

（3）对发展低碳经济，深化区域可持续发展具有重要意义。

（4）通过低碳发展评价，制定减少人类活动可能造成的温室气体的对策和措施，可以为各级政府制定环境保护和经济发展综合决策提供技术支持。

二、低碳评价对象和内容

1. 低碳评价对象是指在一定时期某个区域内人类活动产生的温室气体对气候变化形成的影响过程、效应及其应对潜力。人类活动对气候变化的影响分为直接影响和间接影响(隐性的、累积性的和后发性的)。低碳发展主要是针对人类活动而言，因此从某种意义上说，低碳评价对象也是指人类赖以生存的生态系统及社会经济系统。

2. 低碳评价主要包括以下四方面的内容：

(1)调查分析研究区的低碳发展条件，低碳发展要素构成及其功能，发展要素的影响范围和影响程度等。

(2)运用生态经济学等相关理论与方法，研究识别影响低碳水平的因子及关键因子，建立低碳评价的指标因子，确定评价标准，从而建立起低碳发展评价体系。

(3)在已建立的评价体系的基础上，对研究区的低碳发展现状评价和预测评价。

(4)根据低碳评价的结论，研究制定低碳发展对策和措施。

三、低碳评价指标体系构建原则

为了能够准确反映低碳发展在经济、社会、环境三个不同层面的成效，构建低碳经济指标体系必须基于以下三个原则(李晓燕和邓玲，2010)：

(1)科学性和可比性：评估指标体系的建立必须建立在对低碳经济的正确理解上，指标的选择能够全面、准确地反映低碳发展程度。同时，该指标体系的构建需要考虑到地域可比性，方便在更广范围推广。

(2)系统性和层面性：准确的评估低碳发展水平要求所使用的指标体系涵盖整个社会系统重低碳所涉及的各重要方面。同时，完善指标体系的构建也须兼顾层面性，以便细化分析。

(3)针对性和可操作性：低碳指标体系需要有针对性，例如，针对于某个城市或者某个行业。同时，该指标系统是可操作的，这意味着其评测所需要的数据和材料是可用的。

(4)简单性和明确性：低碳指标系统的关键指标必须简单明了，以确保当地部门和社区居民的正确而直观地理解和实施。

四、低碳评价方法

根据低碳评价工作的目的，方法选择和侧重点有所不同。目前，在低碳城市评价文献中，对于城市的方案评价多运用构成因子综合评价法、模糊综合评判法、线性加权法、层次分析法(AHP)/网络层次分析法(ANP)、调查表分析评价法、主成分分析法、BP 神经网络法、粗糙集理论等方法。构成要素评价法主要反映的是低碳的现状，是静态的；模糊评价方法、主成分分析评价法（PCA）和神经元网络平价法方法主要借助空间结构分析及功能与稳定性分析来进行，相对复杂一些，并且数据收集有一定的难度。故本研究拟采用低碳发展综合评价法来进行评价研究。

本研究的低碳发展评价方法主要为构成因子综合评价法，运用“压力—状态—响应”（Pressure State Response，下简称 PSR）模型，结合系统论，构建一个 PSR 指标体系，赋予各个指标相应权重。评价步骤如下：

首先，建立一个层次结构模型即 PSR 模型；

其次，构建一个 PSR 指标体系；

第三，赋予各个指标相应权重；

第四，根据评价标准构建评价体系；

第五，运用已构建的评价体系进行单因子评价，再综合评价；

最后，对评价结果进行检验。

五、低碳评价标准

低碳评价标准要具有以下性质：

（1）目的性，能反映低碳发展水平的优劣，特别是能够衡量生态环境功能的变化，所选的评价标准既能反映低碳评价的预测内容，又能反映低碳发展目标的实现程度；

（2）层次性，所选的评价标准应能充分反映低碳发展水平所涉及的层次差异；

（3）可操作性，度量指标所需数据容易获取及表述；

（4）充分性，所选的评价标准能充分反映低碳发展水平的范围和程度；

（5）可持续性，评价标准要符合可持续发展思想的本质。

目前，低碳评价还没有专项标准，可考虑从以下几方面选择：首先是国家、行业、国际标准，如各国家或国际组织颁布执行的排放标准、环境质量标准、各行业发布的环境评价规范和规定、各地方政府颁布的发展目标等等。其次是背景值或本底值，可以用所评价区域生态环境的背景值或本底值作为评价标准，如区域植被覆盖率、生物多样性等。再次是类比标准，以相关区域低碳发展水平作为类比标准，这类标准需要根据评价内容和要求科学地选择。最后是科学研究中已判定的生态效应，通过当地或相似条件下科学研究已判定的低碳发展指标，如绿化率等，亦可作为低碳发展评价中的参考标准。

六、低碳评价体系

指标体系的建立要体现低碳水平现状和区域生态环境的系统完整性，又要体现区域经济社会及生态系统的可持续性和对低碳发展要求的前瞻性。

（一）低碳评价指标选择

低碳综合评价指标的选择主要基于以下考虑：资料收集的可行性；时间和空间上的敏感性；综合性和主成分性；预测性和科学性；应用性和针对性。

通过对评价体系进行初步分析，基于前述方法框架，按照层次分析方法，根据评价对象各组成部分之间的相互关系构筑多层次评价指标体系，总体上将区域低碳发展评价指标归纳为下列层次结构体系：

1. 目标层

本研究以区域低碳发展综合指数（O）作为总目标层，以综合表征区域低碳发展水平态势。

2. 准则层

指制约区域低碳发展水平的主要因素，也可以理解为分目标层。本研究以低碳发展压力（A1）、低碳发展状态（A2）和低碳发展响应（A3）作为准则层的评判依据。其中低碳发展压力又包含社会经济压力（B11）和自然条件压力（B12）；低碳发展状态又包含人文发展状态（B21）和生态环境状态（B22）；低碳发展响应包含经济能力响应（B31）、文化教育响应（B32）和组织制度响应（B33）。

3. 指标层

指标层是由可直接度量的指标构成，是区域低碳发展综合指标体系最基本的层面，根据准则层各项目的特征和意义分解为指标层的具体指标，区域低碳发展综合指数就是由各个指标的值通过一定的模型算法而得到。本研究选取如下若干指标作为指标层评价指标：

（1）低碳发展压力（A1）指标

C111 人口密度，是指区域内单位面积的人口数量，表征人口压力。人口密度越大，对低碳发展的威胁就越大；人口密度 = 总人口数/区域面积（人/km^2）；

C112 产业结构，是指区域内一二三产业比率，本研究以第二产业占GDP比重表示排放压力。该比率越大，对低碳发展的威胁就越大；第二产业比重 = 第二产业/GDP × 100%。

C113 工业分布密度，是指区域内单位面积的工业产值，表征碳排放压力。产值数目越大，可能产生的碳排放就越多，对低碳发展威胁越大；工业分布密度 = 工业产值/区域面积(万元/km^2)。

C114 城市化率，指城市化程度，表征排放压力的大小。区域内城市化率越高，碳排放的压力越大；城市化率 = 非农业人口/总人口 × 100%。

C115 人均能耗，是指区域内每人消耗的能量，表征资源压力和污染压力。人均能耗越多，对低碳发展威胁就越大；人均能耗 = 总能耗/总人口。

C116 万元能耗：指区域内每万元消耗的能量，表征资源压力和污染压力。万元能耗越多，对低碳发展威胁就越大；万元能耗 = 总能耗/GDP。

C117 单位土地产出率：指区域单位土地的产值，代表土地利用效率和土地集约化程度，表征低碳发展的资源基础建设。单位土地产出率 = GDP/区域面积(万元/km^2) × 100%。

C121 森林覆盖率，指一个国家或地区森林面积占土地面积的百分比，是反映一个国家或地区森林面积占有情况或森林资源丰富程度，代表森林碳汇潜力。森林覆盖率越大，对低碳发展压力缓解程度越高；森林覆盖率 = 森林面积/土地总面积 × 100%。

C122 森林蓄积增长率：表征森林质量，代表森林碳汇储蓄潜力，以逐年森林蓄积量增加量表示。森林蓄积增长率越大，对低碳发展压力缓解程度越高；森林蓄积增长率 =(该年度森林总蓄积量 - 上年度森林总蓄积量)/ 上年度森林总蓄积量。

C123 生物多样性重要指数：指区域的植物、动物等生物的种类，包括生物入侵状况，表征低碳发展组织和活力。该指数越高，低碳发展压力越小；该指数用受保护动植物级别表征；

C124 城镇绿化率：指城镇绿化覆盖率，代表区域生物的平均量，表征低碳发展活力。城市绿化率越高，低碳发展压力越小；城市绿地率 =(城市各类绿地总面积/城市总面积) × 100%。

C125 人均公共绿地：指人均占有城市公共绿地面积，代表区域生物的平均量，表征低碳发展活力。人均公共绿地面积越大，低碳发展压力越小；人均公共绿地面积 = 城市公共绿地面积 / 城市非农业人口。

（2）低碳发展状态（A2）指标

C211 人均碳排放指数：表征碳源即碳排放状况，是低碳发展的反表征。人均碳排放指数越高，低碳发展水平越低；人均碳排放指数 = 考核城市人均碳排放量/全国人均碳排放量。

C212 万元碳排放强度：指每万元国民生产总值所产生的碳排放量，表征碳源即碳排放状况，是低碳发展的反表征。万元碳排放强度越高，低碳发展水平越低；万元碳排放强度 = 区域碳排放量/区域总 GDP（t CO_2/万元）。

C213 固废负荷：单位国土面积上工业固废和生活垃圾的排放量，为环境污染压力或生态系统洁净环境功能的反表征。固废负荷越大，低碳发展水平越低。计算公式：固废负荷 =（工业固废 + 生活垃圾的排放量）/区域总面积（t /km^2）。

C214 总悬浮颗粒：即 TSP，又称总悬浮颗粒物，指用标准大容量颗粒采集器在滤膜上收集到的颗粒物的总质量，表征大气质量，是环境污染压力或生态系统洁净环境功能的反表征。总悬浮颗粒越多，低碳发展水平越不理想；该数据直接采用当地环保部门统计数据表示（mg/m^3）。

C215 二氧化硫排放：表征大气质量，是环境污染压力或生态系统洁净环境功能的反表征。二氧化硫排放密度越高，低碳发展水平越不理想；该数据直接采用当地环保部门统计数据表示（mg/m^3）。

C216 环境事故率：指一年中非法排放等环境事件的频度，为环境破坏的表征和破坏低碳发展功能的反表征。环境事故率越高，低碳发展状况越不理想；该数据直接采用当地环保部门统计数据表示（次/yr）。

C221 人均森林碳汇指数：表征碳汇即碳吸收状况，是低碳发展的表征。人均森林碳汇指数越高，低碳发展状况越好；人均森林碳汇指数 = 区域人均森林碳汇量/全国人均森林碳汇量。

C222 人均碳汇/碳源比：表征碳中和状况，是低碳发展的表征。该比率越高，低碳发展状况越好；人均碳汇/碳源比 = 区域人均碳汇量/区域人均碳排放量。

C223 污水处理和再利用率：对环境污染的响应，表征对污染排放采取的实际行动力度。污水处理和再利用率越高，低碳发展状况越好；污水处理和再利用率 = 污水处理和再利用量 ÷ 污水排放总量 × 100%。

C224 固废和生活垃圾处理率：对环境污染的响应，表征对低碳发展采取的实际行动力度。固废和生活垃圾处理率越高，低碳发展状况越好；固废

和生活垃圾处理率 = 固废和生活垃圾处理量 ÷ 固废和生活垃圾排放总量 ×100%。

C225 工业节能减排：采用节能减排技术和产品，以近 5 年单位规模以上工业的能耗变化或工业能源下降率表示。工业节能减排情况越理想，低碳发展状况越好；工业能源下降率 =（基础年单位规模以上工业的能耗 - 上年度单位规模以上工业的能耗）/基础年单位规模以上工业的能耗。

C226 清洁能源使用率：表征积极利用可再生资源和能源的程度，也指提高非化石能源占一次能源消费比重。清洁能源使用率越高，低碳发展状况越好；清洁能源使用率 = 清洁能源使用量/总能源使用量。

C227 农村生活能源优化：表征乡村非化石能源占一次能源消费比重。农村生活能源优化程度越高，低碳发展状况越好。本研究以秸秆替代利用率表示；秸秆替代利用率 = 秸秆还田量/秸秆总量。

（3）低碳发展响应（A3）指标

C311 人均 GDP：指区域内的经济能力，是区域低碳发展的经济保障，是响应能力建设的基础。人均 GDP 越高，低碳发展的响应能力越强；人均 GDP = GDP 总量/区域总常住人口。

C312 第三产业比值：代表产业结构指数，表征低碳产业响应能力建设的经济基础。该比率越高，低碳发展的响应能力越强；第三产业比重 = 第三产业/GDP ×100%。

C313 R&D 占 GDP 比：表征响应能力建设的科技创新基础。该比率越高，低碳发展的科技响应能力越强；R&D 占 GDP 比 = R&D 投入/GDP 总量。

C314 环境投入占 GDP 比：指污染治理投入和生态建设投入占 GDP 比重，对环境污染和环境退化、破坏的响应。表征低碳发展的重视程度和采取的实际行动力度。该比率越高，低碳发展的支持力度越大；环境投入占 GDP 比 = 环境治理和生态建设投入/GDP 总量。

C321 低碳认知程度：指民众和政府对低碳发展的重视程度，是响应能力建设的前提条件。低碳认知越高，低碳发展响应能力建设的越顺利越好。低碳认知程度以当年实际调查结果表示。

C322 受教育人员比重：指区域内受教育人口与总人口的比重，本研究以当年入学率表示。表征响应能力建设的人口素质基础，受教育人员比重越大，低碳发展响应能力越高；某一级入学率 = 某一级教育在校生数/区域相应学龄人口总数 ×100%。

C323 公共教育支出占 GDP 比：表征响应能力建设的教育基础。该比率越高，低碳发展响应和支持力度越大；公共教育支出占 GDP 比 = 公共相关教育支出/GDP 总量

C324 低碳理念宣传：指建立有效途径积极传播低碳和碳汇理念、信息和知识，加强碳汇城市文化建设。宣传力度越大，低碳发展响应和支持力度越大；该指标考核方法与要素主要为查阅相关宣传文件与实施记录。

C331 组织管理：指国家有关法律、法规、制度及地方颁布的各项规定、制度得到有效的贯彻执行，完成上级政府下达的节能减排任务，表征响应能力建设的健康基础。组织管理程度越高，低碳发展能力越高；该指标考核方法与要素主要为查询是否设置相关部门，并查阅相关文件与会议、活动记录等。

C332 制度建设：指有相应部门负责有关制度、措施和方案的制定和落实，并建立资源节约、提高资源利用效率的自我完善机制。制度建设越完善，低碳发展响应能力越高；该指标考核方法与要素主要为查阅相关制度文件与管理记录等。

C333 激励机制：指建立碳汇城市建设奖励制度，对做出技术、管理创新的个人、集体给予奖励和资金等方面的支持，对在碳汇城市建设中取得突出成绩的个人和集体予以表彰奖励。激励机制越完善，低碳发展响应和支持力度越大；该指标考核方法与要素主要为查阅奖励制度相关文件与奖励实施记录。

C334 固碳增汇举措：指积极开展固碳增汇的森林经营活动，主要包括：造林、森林抚育、森林保护(森林防火、病虫害、避免和减轻气象、地质灾害等)、防止林地流失和森林破坏等。固碳增汇举措越多，低碳发展响应和支持力度越大；该指标考核方法与要素主要为查阅造林、森林抚育验收台账，检查森林病虫害、火灾发生率、防治率以及林地占用、流失率等。

需要说明的是，在具体案例研究的指标选择时，可根据区域低碳发展条件，结合数据特点及可获取性等情况，在上述指标体系框架中，进行指标因子的选取，从而形成具有本地特色的区域低碳发展评价指标体系。

(二)低碳发展评价指标体系

1. 低碳发展指标体系的“压力—状态—响应”框架

(1)“压力—状态—响应”(PSR)概念框架

根据经济合作与发展组织(OECD)提出并逐渐发展的可持续发展指标体系

的“压力—状态—响应”(PSR)模型，本研究应用如下概念框架(见图 6-1)。

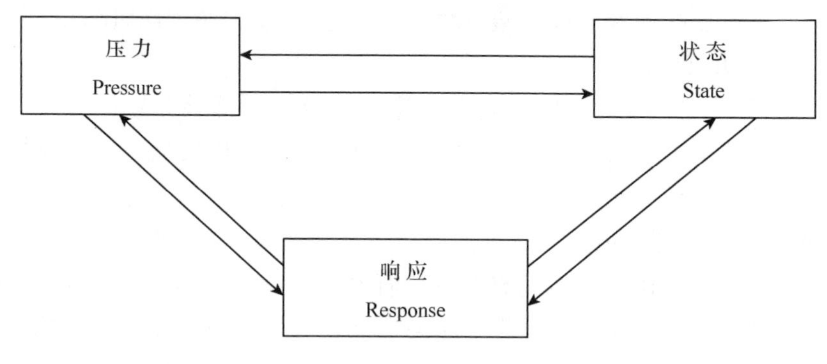

图 6-1　PSR 模型概念框架

(2)在 PSR 模型中，各模块可作如下理解：

“压力”指标(Pressure)：指人类活动对环境的直接压力因子，例如废物排放，废物处理，人口消费，等等；

“状态”指标(State)：指碳排放或碳中和当前的水平或趋势，例如碳排放及污染物浓度，碳汇指数等；

“响应”指标(Response)：指政策措施中的可量化部分，它在社会处理环境问题过程中不断发展。例如，经济能力，低碳认知水平，组织制度，等等。

(3)该框架模型具有如下特点：

综合性：同时面对人类活动和自然环境。

灵活性：可以适用于大范围的环境现象。

因果关系：它强调了经济运作及其对生态环境的影响之间的联系。

这一框架模型具有非常清晰的因果关系，即人类活动对环境施加了一定的压力；因为这个原因，环境状态发生了一定的变化；而人类社会应当对环境的变化作出响应，以恢复环境质量或防止环境退化。以上这三个环节正是决策和制定对策措施的全过程。

2. 低碳发展评价指标体系(见图6-2)

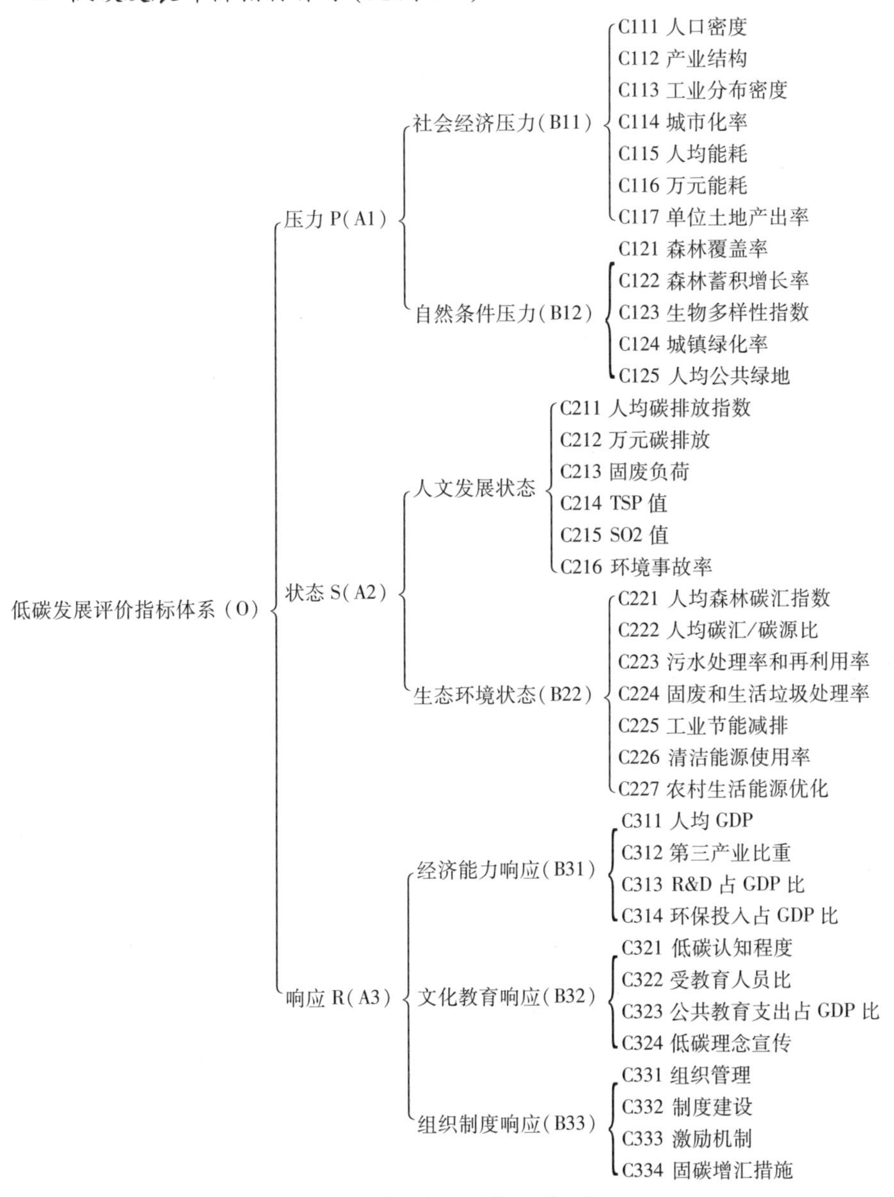

图 6-2 低碳发展评价指标体系图

(三)低碳发展评价指标分级

本研究选用了 37 个指标，分级的方法分为两种。一种是：直接根据相关标准和分等成果分级，有的标准分为三级的指标被调整为五级，如年均

TSP、年均 SO_2 等排放状态指标。第二种方法是根据社会学、生态学等相关学科原理并结合相关资料和数据的统计分析，计算所选指标数值的变化范围，再参考世界平均值、全国平均值和其它国家的一些指标值对项目区低碳发展的不同影响程度进行分级。例如，压力指标层中的第一个指标是人口密度，世界平均人口密度2014年为每平方千米47人，2013年底中国平均人口密度为每平方千米143人，福建省平均人口密度为每平方千米302人。王恩涌(2000)把人口的密度分为4个等级：第一级 人口密集区 >100人/平方千米；第二级 人口中等区 25～100人/平方千米；第三级 人口稀少区 1～25人/平方千米；第四级 人口极稀区 <1人/平方千米。根据上述资料，人口稀少区 1～25人/平方千米对低碳发展的压力最小，则该指标得分为80－100分之间，定为Ⅰ等；世界平均值为中等Ⅲ等，福建省均值为Ⅴ等；介于其中的指标值按一定的变化范围分为了Ⅱ等、Ⅳ等；其他指标的分级类似。参考采用上述指标分级方法，我们把各个指标分成了5个等级(见表6-1)。

表6-1 低碳发展评价指标分级表

评价指标	Ⅰ等	Ⅱ等	Ⅲ等	Ⅳ等	Ⅴ等	依据
	(≥80分)	(60～79分)	(40～59分)	(20～39分)	(<20分)	
C111 人口密度（人/km^2）	<25	25～99	100～199	200～299	≥300	①②③
C112 产业结构(工业比重%)	<30	30～39	40～49	50～59	≥60	①②
C113 工业分部密度（万元/km^2）	<100	100～599	600～1499	1500～2499	≥2500	①②
C114 城市化率(%)	≥80	79～60	59～35	34～15	<15	③
C115 人均能耗(标吨/人·年)	<0.5	0.5～0.9	1～1.25	1.26～1.5	≥1.6	①③
C116 万元能耗（标吨/万元·年）	<0.5	0.5～0.869	0.870～1.034	1.035～1.276	≥1.277	①③
C117 单位土地产出率(万元/km^2)	≥1000	999～500	499～100	99～10	<10	①③
C121 森林覆盖率(%)	≥60	59～45	44～30	29～10	<10	④
C122 年森林蓄积增长率(%)	≥5	4.9～3	2.9～1.5	1.4～0.5	<0.5	①③④
C123 生物多样性重要指数	世界级	国家一级	国家二级	其它级保护物种	无保护物种	④
C124 城镇绿化率(%)	≥50	49～40	39～25	24～10	<10	④
C125 人均公共绿地(m^3/人)	≥15	11.0～15	6.5～10.9	6.4～5	<5.0	④
C211 人均碳排放指数(tCO_2/人·年)	<0.5	0.5～0.99	1～1.24	1.25～1.49	≥1.5	③④
C212 万元碳排放强度(tCO_2/万余·年)	<1.0	1.0～1.49	1.5～1.99	2.0～2.49	≥2.5	①③
C213 固废负荷（吨/km^2）	<10	10～29	30～49	50～79	≥80	①②

（续）

评价指标	Ⅰ等	Ⅱ等	Ⅲ等	Ⅳ等	Ⅴ等	依据
	（≥80分）	（60～79分）	（40～59分）	（20～39分）	（<20分）	
C214 年均TSP（mg/m^3）	<0.08	0.08～0.09	0.1～0.19	0.2～0.29	≥0.3	④
C215 年均SO_2（mg/m^3）	<0.02	0.02～0.039	0.04～0.069	0.07～0.09	≥0.1	④
C216 环境事故率（%）	0	1～9	10～29	30～59	≥60	④
C221 人均森林碳汇指数	≥2.0	1.99～1.5	1.49～1	0.99～0.5	<0.5	④
C222 人均碳汇/碳源比	≥0.5	0.49～0.25	0.24～0.15	0.14～0.04	<0.05	④
C223 污水处理率和再利用率%	≥90	89～75	74～60	59～45	<45	①②
C224 固废和生活垃圾处理率%	≥90	89～75	74～60	59～45	<45	①②
C225 工业节能减排（工业能源下降率）	<0.5	0.5～0.99	1～1.45	1.5～1.99	≥2.0	①②
C226 清洁能源使用率（%）	≥90	89～75	74～60	59～45	<45	①②
C227 生活能源优化率（%）	≥90	89～75	74～60	59～45	<45	①②
C311 经济能力/人均GDP（万元/人）	≥5	4.9～3	2.9～1.5	1.4～0.5	<0.5	①③
C312 经济能力/第三产业比重（%）	≥70	69～50	49～35	34～20	<20	①③
C313 R&D占GDP比（%）	≥2.5	2.4～1.5	1.4～1	0.9～0.5	<0.5	①③
C314 环保投入占GDP比	≥3	2.9～2	1.9～1	0.9～0.5	<0.5	①②③
C321 低碳认知程度	≥80	79～60	59～40	39～20	<20	④
C322 受教育人员比（%）	≥95	94～90	89～80	79～60	<60	①②③
C323 公共教育支出占GDP比（%）	≥5.5	5.4～4	3.9～2.5	2.4～1	<1	①②③
C324 低碳理念宣传	非常好	好	中等	差	非常差	
C331 组织管理	非常好	好	中等	差	非常差	
C332 制度建设	非常好	好	中等	差	非常差	
C333 激励机制	非常好	好	中等	差	非常差	
C334 固碳增汇举措	非常好	好	中等	差	非常差	

①中国统计年鉴2014

②福建统计年鉴2014

③网络资料（世界均值、部分国家值）

④其他（相关标准、书籍、问卷等）

（四）　低碳发展评价指标权重

本研究采用德尔斐法确定区域低碳发展评价体系指标的权系数。首先把指标体系分解为4个层次，建立起阶梯层次结构模型包括目标层(O)、准则层(A)、(B)和指标层(C)。然后由相关专家和决策者对所列指标进行了3轮的征询来确定每个指标的权重。第一轮即指标评估，专家对表格中的每个指标作出评价，评价以分值(百分制)表示，不要求专家阐述评估理由，不要提供详细论据，第一轮征询表收回后，立即进行统计处理，求出专家总体意见的概率分布，并制订第二轮征询表；第二轮即轮间信息反馈与再征询，将前一轮的评估结果进行统计处理，得出专家总体的评估结果的分布，求出其均值与标准差，将这些信息反馈给专家，并对专家进行再征询。专家在重新评估时，可以根据总体意见的倾向(以均值表示)和分散程度(以标准差表示)来修改自己前一次的评估意见。采用类似的方法对第二轮结果进行处理和开始第三轮征询，对第三轮的结果进行处理到协调程度较高的结果，从而确定指标权重。权重的赋予视指标因子对区域低碳发展重要性贡献的大小而定。结果如表6-2所示。

表6-2　指标权重分配表

目标层(O)	准则层(A)	权重	准则层(B)	权重	指标层C	权重
O	A1	0.30	B11	0.58	C111	0.12
					C112	0.15
					C113	0.16
					C114	0.12
					C115	0.17
					C116	0.17
					C117	0.11
			B12	0.42	C121	0.25
					C122	0.25
					C123	0.20
					C124	0.15
					C125	0.15
	A2	0.35	B21	0.52	C211	0.25
					C212	0.25
					C213	0.11
					C214	0.12
					C215	0.12
					C216	0.15

（续）

目标层(O)	准则层（A）	权重	准则层(B)	权重	指标层 C	权重
O	A2	0. 35	B22	0. 48	C221	0. 18
					C222	0. 2
					C223	0. 1
					C224	0. 1
					C225	0. 15
					C226	0. 12
					C227	0. 15
	A3	0. 35	B31	0. 35	C311	0. 3
					C312	0. 175
					C313	0. 175
					C314	0. 35
			B32	0. 30	C321	0. 35
					C322	0. 15
					C323	0. 2
					C324	0. 3
			B33	0. 35	C331	0. 2
					C332	0. 3
					C333	0. 2
					C334	0. 3

(五)低碳发展评价体系

1. 区域是一个复杂巨系统。低碳发展是一个系统工程，所以区域低碳发展评价不能局限于单个因子的独立评价，而应该进行整体的系统评价，即单个指标评价是基于整个系统层面进行的。而为使低碳发展水平评价更直观、简单，评价时不需考虑单个指标的其他功能。

基于整个区域系统低碳发展水平一定的情况下，各个指标评价结果对整体压力评价的贡献度不一样。在社会经济压力评价中，如人口密度、工业分布密度、人均能耗等，单个指标值越大，对整个低碳发展水平的压力就越大，低碳发展水平就越低；单个指标值越小，压力就越小，低碳发展水平就越高。而在自然条件压力评价中，如森林覆盖率、森林蓄积增长率、生物多样性指数等，单个指标值越小，表明自然条件越差，对整个低碳发展水平的压力就越大；反之，压力更小，则低碳发展水平更高。

状态评价中，与人文发展状态评价有关的指标如人均碳排放指数、TSP

值、SO_2 值等，单个指标值越大，表明区域低碳发展水平越差；单个指标值越小，表明区域低碳发展水平越好。但在生态环境状态评价中，如人均森林碳汇指数、人均碳汇/碳源比、工业节能减排等，指标值越大，表明区域低碳发展水平越好；反之则发展水平越低。

响应指标评价中，不论是经济能力响应、文化教育响应还是组织制度响应评价，单个指标值越大，表明应对影响低碳发展水平的压力和状态的能力更强，采取应对措施的力度更大，因而对区域低碳化发展就更有保障；反之，则发展保障较低。

2. 根据上述确定的各项指标与权重，采用低碳水平综合评价指数（Low Carbon Status Composite Index，以下简称 LCSCI）对整个区域进行评价。综合评价指数定义如下：

$$LCSCI = \sum_{i=1}^{N} (A_i \times W_i),$$

式中，A_i 为准则层（A）单项指标评分值；W_i 为准则层（A）评价指标 i 的权重；N 为准则层（A）评价指标数。区域低碳综合评价指数可按分值分等说明；

$$A_i = \sum_{j=1}^{M} (B_j \times W_j),$$

式中，B_j 为准则层（B）单项指标评分值；W_j 为准则层（B）评价指标 j 的权重；M 为准则层（B）评价指标数；

$$B_j = \sum_{q=1}^{P} (C_q \times W_q),$$

式中，C_q 为指标层单项指标评分值；W_q 为指标层评价指标 q 的权重；P 为指标层评价指标数。

3. 指标综合分值结果分等如表 6-3：

表 6-3　低碳发展水平综合指标分等表

综合分等	LCSCI 分值	分等评语
Ⅰ级	81～100 分	几乎无压力，低碳发展所需的生态环境基本未受干扰破坏或所受的干扰微小。是一种理想状态。
Ⅱ级	61～80 分	压力较小，状态较好，低碳发展水平较高。需采取措施。
Ⅲ级	41～60 分	有一定的压力，状态一般，低碳发展水平为中等。需采取措施。
Ⅳ级	21～40 分	人类活动对环境压力大，自然环境自身条件差，生态环境受到较大破坏且恢复能力差，低碳发展水平较低。须采取措施。

（续）

综合分等	LCSCI 分值	分等评语
V级	0～20 分	人类活动对环境压力非常大，自然环境自身条件非常差，生态环境受到极大破坏且恢复能力极差，低碳发展水平很差。

第二节　福鼎市和柘荣县低碳发展评价

一、数据来源及其处理

首先，搜集整理指标所需要的资料数据并把它量化为现状值。数据来源分为三部分：一是福鼎市和柘荣县等研究区域的 2009～2013 年度统计年鉴；二是各区域相关局室的文件或资料，如林业部门、环保部门的调查或监测指标结果等数据；三是两地相关部门及人员访谈及问卷调查结果与报告等，如组织管理、制度建设等方面的数据。

其次，参照上面已创建的评价指标分级体系，对每个指标进行打分。例如福鼎市的人口密度 2013 年为每平方公里 387 人，对照评价指标分级表，符合第五等每平方公里 >300 人的标准，为 20～0 分，均等后得分值 12.5 分；柘荣县的人口密度 2009 年为每平方公里 192 人，对照评价指标分级表，符合第三等每平方公里 100～190 人的标准，为 40～59 分，均等后得分值 41.1 分。各项指标以此类推，得出各指标现状值及其得分情况，福鼎市和柘荣县逐年结果如表 6-4、6-5、6-6 和 6-7 所示：

表 6-4　福鼎市指标现状值表

评价指标	2009	2010	2011	2012	2013	来源
C111 人口密度（人/km^2）	377	381	381	383	387	①A
C112 产业结构(三产比值)	52.2	54.8	56.4	56.7	60.0	①A
C113 工业分部密度（万元/km^2）	981.23	1512.38	2396.81	3238.14	4220.27	①A
C114 城市化率(%)	48.0%	50.4%	52.0%	53.5%	55.0%	①C
C115 人均能耗(标吨/人)	1.23	1.43	1.95	2.19	2.54	①D
C116 万元能耗（标吨/万元）	0.656	0.623	0.641	0.608	0.606	①A
C117 单位土地产出率(万元/km^2)	704.84	877.10	1160.59	1380.38	1626.06	①A
C121 森林覆盖率(%)	59.5	59.7	59.8	59.9	60	①A
C122 森林蓄积增长率(%)	-0.23	-10.49	11.55	12.62	2.21	②

（续）

评价指标	2009	2010	2011	2012	2013	来源
C123 生物多样性重要指数	国家一级	国家一级	国家一级	国家一级	国家一级	④a
C124 城镇绿化覆盖率(%)	38.14④b	40.70①C	43.39④b	43.39①A	43.39①C	①④
C125 人均公共绿地面积(m^2)	9.68	10.1	10.41	10.42	10.63	①C
C211 人均碳排放指数(tCO_2/人)	0.56	0.62	0.79	0.83	0.94	①A ③
C212 万元碳排放强度(tCO_2/万元)	1.75	1.66	1.71	1.62	1.61	①A ③
C213 固废负荷（吨/km^2）	45.29	39.54	36.46	41.05	47.55	①A ②
C214 年均 TSP(mg/m^3)	0.046	0.042	0.045	0.032	0.037	②
C215 年均 SO2(mg/m^3)	0.017	0.016	0.013	0.014	0.011	②
C216 环境事故率(%)	0	0	0	0	0	①A
C221 人均森林碳汇指数	0.64	-0.04	-1.77	1.74	2.11	②
C222 人均碳汇/碳源比	0.07	-0.01	-0.13	0.11	0.12	②③
C223 污水处理率和再利用率(%)	60.3	80.0	89.0	82.2	83.75	②
C224 固废和生活垃圾处理率(%)	100.0	100.0	90.0	90.0	90.6	②
C225 工业节能减排	-0.01	0.01	0.42	0.84	0.62	①D
C226 清洁能源使用率(%)	95.12	98.06	96.68	89.25	96.98	②
C227 生活能源优化(%)	97.00	98.00	98.00	97.60	98.00	②
C311 经济能力/人均 GDP(万元/人)	1.87	2.30	3.04	3.60	4.20	①A
C312 经济能力/第三产业比重(%)	30.10	28.50	26.40	28.80	26.30	①A
C313 R&D 占 GDP 比(%)	0.1	0.04	0.04	0.04	0.04	①A
C314 环保投入占 GDP 比	0.17	0.18	0.15	0.15	0.24	①A
C321 低碳认知程度(%)	91.80	91.80	91.80	91.80	91.80	③
C322 受教育人员比(%)	99.97	99.99	99.98	99.98	99.79	②
C323 公共教育支出占 GDP 比(%)	2.13	2.47	2.71	2.78	2.26	①A
C324 低碳理念宣传	非常好	非常好	非常好	非常好	非常好	②
C331 组织管理	非常好	非常好	非常好	非常好	非常好	②
C332 制度建设	非常好	非常好	非常好	非常好	非常好	②
C333 激励机制	好	好	好	好	好	②
C334 固碳增汇举措	非常好	非常好	非常好	非常好	非常好	②

表 6-5　柘荣县指标现状值表

评价指标	2009	2010	2011	2012	2013	来源
C111 人口密度（人/km^2）	192	194	195	197	200	①B
C112 产业结构(三产比值)	51. 3	55. 9	57. 5	55. 1	57. 6	①B
C113 工业分部密度（万元/km^2）	643. 63	868. 24	1213. 09	1543. 3	1817. 84	①B
C114 城市化率(%)	33. 3	56. 6	56. 6	57. 0	58. 0	④c
C115 人均能耗(标吨/人)	1. 61	1. 71	2. 00	2. 01	2. 27	①D
C116 万元能耗（标吨/万元）	0. 729	0. 659	0. 632	0. 568	0. 578	①B
C117 单位土地产出率(万元/km^2)	423. 78	503. 11	617. 11	698. 42	784. 3	①B
C121 森林覆盖率(%)	64. 3	64. 6	64. 3	66. 5	66. 6	①B
C122 森林蓄积增长率(%)	4. 43	1. 76	15. 61	85. 22	6. 23	②
C123 生物多样性重要指数	国家一级	国家一级	国家一级	国家一级	国家一级	④d，e
C124 城镇绿化覆盖率(%)	41. 40①B	40. 3	40. 30	40. 66	40. 46	①②
C125 人均公共绿地面积(m^2)	10. 4④c	10. 73④e	8. 55④g	12. 3②	12. 67④f	④ ②
C211 人均碳排放指数(tCO_2/人)	0. 68	0. 73	0. 81	0. 75	0. 84	①B ③
C212 万元碳排放强度(tCO_2/万元)	1. 80	1. 75	1. 68	1. 48	1. 54	①B ③
C213 固废负荷（吨/km^2）	0. 74	1. 18	1. 30	1. 77	1. 62	①B ②
C214 年均 TSP(mg/m^3)	0. 035	0. 034	0. 027	0. 035	0. 039	②
C215 年均 SO2(mg/m^3)	0. 018	0. 019	0. 021	0. 026	0. 023	②
C216 环境事故率(%)	0	0	0	0	0	①B
C221 人均森林碳汇指数	1. 68	1. 2	0. 5	4. 49	28. 09	①B ②
C222 人均碳汇/碳源比	0. 15	0. 1	0. 04	0. 3	1. 68	②③
C223 污水处理率和再利用率(%)	53. 20	65. 45	70. 46	74. 49	80. 09	②
C224 固废和生活垃圾处理率(%)	77. 5④c	94. 8④j	96. 0④g	95. 6④i	95. 6④h	④
C225 工业节能减排	1. 82	1. 10	1. 04	0. 50	1. 15	①D
C226 清洁能源使用率(%)	94. 84	95. 05	88. 17	88. 73	90. 66	②
C227 生活能源优化(%)	98. 00	98. 00	97. 00	98. 00	97. 00	②
C311 人均 GDP(万元/人)	2. 20	2. 59	3. 17	3. 55	3. 93	①B
C312 第三产业比重(%)	30. 70	27. 60	25. 90	27. 60	25. 30	①B
C313 R&D 占 GDP 比(%)	0. 27	0. 34	0. 07	0. 19	0. 29	①B
C314 环保投入占 GDP 比(%)	1. 88	0. 84	0. 43	0. 86	0. 46	①B
C321 低碳认知程度(%)	85. 00	85. 00	85. 00	85. 00	85. 00	③
C322 受教育人员比(%)	99. 97	100. 00	100. 00	100. 00	99. 90	②

（续）

评价指标	2009	2010	2011	2012	2013	来源
C323 公共教育支出占 GDP 比(%)	3.14	2.74	3.18	3.62	2.50	①B
C324 低碳理念宣传	非常好	非常好	非常好	非常好	非常好	②
C331 组织管理	好	好	好	好	好	②
C332 制度建设	非常好	非常好	非常好	非常好	非常好	②
C333 激励机制	好	好	好	好	好	②
C334 固碳增汇举措	非常好	非常好	非常好	非常好	非常好	②

备注(数据来源)：

①统计年鉴：A 福鼎市统计年鉴；B 柘荣县统计年鉴；C 福建省年鉴；D 宁德市统计年鉴。

②地方政府提供资料。

③报告计算结果。

④期刊论文：

a 张典铨.（2013）. 福鼎市滨海生态旅游开发构想. 林业勘察设计（2），35－39.

b. 宁德市住房和城乡建设网.（2012 年 10 月 26 日）. 园林绿化工作总结及今后五年工作计划. 源自：http：//www.ndjsj.gov.cn/Content/yllh_ ghxx/18787.html

c. 柘荣县政府.（2015）. 柘荣县政府网. 源自：http：//www.fjzr.gov.cn/

d. 吴霖.（2013 年 4 月 25 日）. 柘荣人居环境与长寿. 源自柘荣网：http：//www.ndzrw.cn/sygl/cszrtj/201304/387630.html

e. 陈运锦.（2013）. 柘荣县乡土树种在城乡绿化中的应用探讨. 防护林科技，（10），88－90.

f. 福建日报.（2014 年 5 月 16 日）.“五特好柘荣”，打造富美县域的别样路径(组图). 源自人民网：http：//fj.people.com.cn/changting/n/2014/0516/c355599－21217856.html

g. 柘荣县文明委.（2011 年 3 月 15 日）. 构建环境优美的文明县城. 源自宁德文明网：http：//www.ndwm.cn/news/gzbk/wmcj/wmcs/201103/1841.html

h. 黄琼芬.（2014 年 11 月 18 日）. 生态柘荣，这般来打造. 源自福建日报：http：//fjrb.fjsen.com/fjrb/html/2014－11/18/content_ 785397.htm？div＝－1

i. 林钦妹和缪翠瑛.（2013 年 1 月 17 日）. 宁德柘荣城镇生活垃圾处理率达 95.6%. 源自闽东日报(东南网宁德新闻)：http：//nd.fjsen.com/2013－01/17/content_ 10386120.htm

j. 吴宁宁.（2014 年 4 月 21 日）. 柘荣：投 4 千万建生活污水处理厂. 源自宁德网：http：//www.ndwww.cn/ news/xsnews/zrnews/zrsh/201404/458773.html

表 6-6 福鼎市指标得分表

评价指标	2009	2010	2011	2012	2013
C111 人口密度（人/km^2）	14.5	13.8	13.7	13.4	12.6
C112 产业结构(三产比值)	33.6	28.4	25.2	24.6	20
C113 工业分部密度（万元/km^2）	50.5	38.7	21.1	15.2	10.6
C114 城市化率(%)	48	50.4	52	53.5	55
C115 人均能耗(标吨/人)	59.4	55.4	16	11.2	9.2
C116 万元能耗（标吨/万元）	70.5	72.3	71.4	73.1	73.3
C117 单位土地产出率(万元/km^2)	70.2	75.1	86.4	93.2	99
C121 森林覆盖率(%)	79.8	79.9	79.9	80	80
C122 森林蓄积增长率(%)	0	0	100	100	52.1
C123 生物多样性重要指数	72	72	72	72	72
C124 城镇绿化覆盖率(%)	56.3	61.4	66.8	66.8	66.8
C125 人均公共绿地面积(m^2)	54.1	56	57.4	57.1	58.2
C211 人均碳排放指数(tCO_2/人)	76.6	74.2	67.4	65.8	61.4
C212 万元碳排放强度(tCO_2/万元)	50	53.6	51.6	55.2	55.6
C213 固废负荷（吨/km^2）	47.4	58.9	65.1	55.9	42.9
C214 年均 TSP(mg/m^3)	88.5	89.5	88.8	92	90.8
C215 年均 SO2(mg/m^3)	83	84	86	85	88
C216 环境事故率(%)	100	100	100	100	100
C221 人均森林碳汇指数	25.6	0	0	78.8	80.1
C222 人均碳汇/碳源比	26	0	0	34	38
C223 污水处理率和再利用率(%)	40.4	66.7	78.7	69.5	71.7
C224 固废和生活垃圾处理率(%)	100	100	80	80	80.8
C225 工业节能减排	100	98.6	82.1	79	74
C226 清洁能源使用率(%)	90.2	96.1	93.4	78.5	94
C227 生活能源优化(%)	94	96	96	95.2	96
C311 人均 GDP(万元/人)	44.93	50.67	60.4	66	72.03
C312 第三产业比重(%)	33.5	31.3	28.5	31.7	28.4
C313 R&D 占 GDP 比(%)	12	10.8	10.8	10.8	10.8
C314 环保投入占 GDP 比(%)	13.4	13.6	13	13	14.8
C321 低碳认知程度(%)	91.8	91.8	91.8	91.8	91.8
C322 受教育人员比(%)	99.9	100	99.9	99.9	99.2
C323 公共教育支出占 GDP 比(%)	36.4	40.9	44.1	45.1	38.1
C324 低碳理念宣传	85	85	85	85	85
C331 组织管理	90	90	90	90	90
C332 制度建设	90	90	90	90	90
C333 激励机制	70	70	70	70	70
C334 固碳增汇举措	90	90	90	90	90

表 6-7　柘荣县指标得分表

评价指标	2009	2010	2011	2012	2013
C111 人口密度（人/km^2）	41.4	41	40.8	40.4	39.9
C112 产业结构(三产比值)	35.4	26.2	23	27.8	22.8
C113 工业分部密度（万元/km^2）	58	53	45.4	38.1	32.6
C114 城市化率(%)	33.3	56.6	56.6	57	58
C115 人均能耗(标吨/人)	19.8	18.8	15	14.8	9.6
C116 万元能耗（标吨/万元）	66.6	70.4	71.8	75.3	74.8
C117 单位土地产出率(万元/km^2)	56.2	60.1	64.7	67.9	71.4
C121 森林覆盖率(%)	82.2	82.3	82.2	83.3	83.3
C122 森林蓄积增长率(%)	74.3	47.6	100	100	92.3
C123 生物多样性重要指数	79	79	79	79	79
C124 城镇绿化覆盖率(%)	62.8	60.6	60.6	61.3	60.9
C125 人均公共绿地面积(m^2)	57.3	58.8	49.1	66.5	68.4
C211 人均碳排放指数(tCO_2/人)	71.8	69.8	66.6	69	65.4
C212 万元碳排放强度(tCO_2/万元)	48	50	52.8	60.8	58.4
C213 固废负荷（吨/km^2）	98.5	97.6	97.4	96.5	96.8
C214 年均 TSP(mg/m^3)	91.3	91.5	93.3	91.3	90.3
C215 年均 SO2(mg/m^3)	82	81	78	73	76
C216 环境事故率(%)	100	100	100	100	100
C221 人均森林碳汇指数	67.2	48	39	81.8	100
C222 人均碳汇/碳源比	40	30	20	64	100
C223 污水处理率和再利用率(%)	30.9	47.3	53.9	59.3	66.8
C224 固废和生活垃圾处理率(%)	63.3	89.6	92	91.2	91.2
C225 工业节能减排	26	54.8	57.3	79	53.2
C226 清洁能源使用率(%)	89.7	90.1	77.6	78.3	81.3
C227 生活能源优化(%)	96	96	94	96	94
C311 人均 GDP(万元/人)	49.33	54.53	61.7	65.5	69.29
C312 第三产业比重(%)	34.3	30.1	27.9	30.1	27.1
C313 R&D 占 GDP 比(%)	10.8	13.6	2.8	7.6	11.6
C314 环保投入占 GDP 比(%)	57.6	33.6	17.2	34.4	18.4
C321 低碳认知程度(%)	85	85	85	85	85
C322 受教育人员比(%)	99.9	100	100	100	99.6
C323 公共教育支出占 GDP 比(%)	49.9	44.5	50.4	56.3	41.3
C324 低碳理念宣传	85	85	85	85	85
C331 组织管理	70	70	70	70	70
C332 制度建设	90	90	90	90	90
C333 激励机制	70	70	70	70	70
C334 固碳增汇举措	90	90	90	90	90

二、研究结果及分析

根据上述确定的各项指标与权重得出各项加权分值，采用低碳发展综合评价指数（LCSCI）对整个区域进行评价，得出福鼎市和柘荣县2009～2013低碳发展综合评价水平（见表6-8）。

1. 研究结果显示，福鼎市的低碳发展水平综合值从2009年的61.12分逐步发展为2013年的63.21分；柘荣县从2009年的64.32分逐步发展为2013年的68.09分。两个区域的低碳发展水平都在61～80分间，属第Ⅱ级。说明两个地方所承受的低碳发展压力较小，碳排放方面的生态环境较少受干扰破坏或所受的干扰破坏能较好恢复，低碳发展水平较高，但仍需采取一定的防护和治理措施。而具体比较福鼎市和柘荣县两个区域的评价得分可知：从2009年到2013年，柘荣县的低碳发展水平历年来均明显高于福鼎市；两地低碳发展水平均在2012年达到顶峰，发展总趋势是在逐年升高，但柘荣县的低碳发展水平增长幅度明显高于福鼎市（见图6-3）。

表6-8　综合评价结果表

目标层（O）	2009	2010	2011	2012	2013
福鼎市	61.12	60.38	61.66	64.77	63.21
柘荣县	64.32	63.25	63.1	68.49	68.09

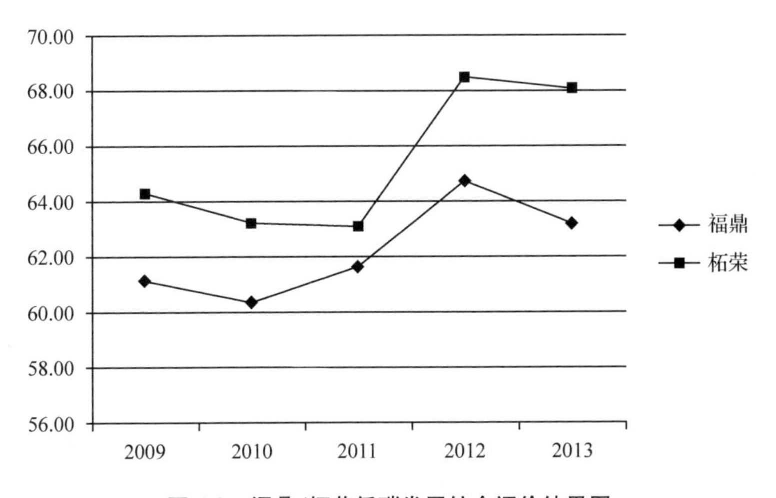

图6-3　福鼎/柘荣低碳发展综合评价结果图

2. 根据“压力－状态－响应”框架，低碳发展水平综合评价的结果是压力(A1)、状态(B1)和响应(C1)三因素共同作用和影响的结果，其中，压力(A1)的权重为30%，状态(B1)和响应(C1)的权重各为35%。在权重比例确定并比较接近的情况下，单一因素评分的高低将直接影响评价总结果分值高低。结合准则层指标评估分值可见，福鼎市和柘荣县两个区域指标评价均呈现出状态层面得分最高、响应层面得分其次、压力层面得分最低的状况，从而体现为对低碳发展水平总评价结果影响最大的是状态层面指标，其次为响应层面指标和压力层面指标。其中：福鼎市的状态分值从2009年的68.28分上升到2013年的72.16分，响应分值从2009年的63.21分上升到2013年的65.92分，压力分值从2009年的50.34分发展到2013年的49.61分，最终影响综合评价总分从2009年的61.12分发展上升为2013年的63.21分；柘荣县的状态分值从2009年的67.94分上升到2013年的80.91分，响应分值从2009年的67.76分降低到2013年的64.13分，压力分值从2009年的56.06分发展到2013年的57.73分，最终影响综合评价总分从2009年的64.32分逐步发展上升为2013年的68.09分。由此可见，柘荣县三方面的分值都比福鼎市的相应分值高，因此低碳发展综合评价的结果就高；尽管两个区域的低碳发展压力较大，但由于低碳发展状态较好且得到了较好的响应支持，最终影响两个区域低碳发展综合评价结果较为理想。由此可知，两区域在今后低碳发展建设过程中，可注重进一步降低低碳发展的压力，继续保持良好的发展状态，并逐步提高各层级的响应支持。

3. 进一步分析准则层各指标评价情况。

(1)压力方面，福鼎市的压力分值从2009年的50.34分发展到2013年的49.61分，柘荣县从2009年的56.06分发展 到2013年的57.73分。说明两地低碳发展的压力属于较中等水平，柘荣县低碳发展的压力相对而言没有福鼎市大，对应评价分值略高。压力(A1)分值由社会经济压力(B11)和自然条件压力(B12)两个因素共同影响决定，社会经济压力(B11)权重为58%，自然条件压力(B12)权重为42%。结合相关指标评估分值可见，福鼎市和柘荣县两个区域均呈现出自然条件压力分值较高、社会经济压力分值较低的情况，尽管社会经济压力指标权重较高，但对低碳发展压力总评价结果影响最大却是权重较低的自然条件压力指标，且压力分值的波动与自然条件压力指标的波动呈现出一致的趋势。其中福鼎市的社会经济压力(B11)分值从2009年的49.92分逐步降低到2013年的37.62分，说明社会经济发展对低碳发展造成的压力在逐步增加，影响低碳发展水平逐年降低，而自然条件压力(B12)分值却从2009年的50.91分上升到2013年的66.18分，说明自然条件的优化与发展对低碳发展造成的压力在逐渐减少，影响低碳发展水平逐年增加，并且该分值从2009年的50.91分上升到2011年达到顶峰78.01分，2012年维持为77.99分，然后迅速降低为2013年的66.18分，相应影响福鼎市的压力(A1)分值从2009年的50.34分发展2011年达到顶峰55.49分，2012年维持为55.13分，然后迅速降低到2013年的49.61分；柘荣县的社会经济压力(B11)分值从2009年的43.84分发展到2013年的42.26分，说明社会经济发展对低碳发展造成的压力较大，影响低碳发展水平提升，而自然条件压力(B12)分值却从2009年的72.94分发展到2013年的79.10分，说明柘荣县自然条件的优越发展促进了低碳发展水平的提升，并且该分值从2009年的72.94分发展到2012年的80.80分达到顶峰，然后回落至2013年的79.10分，相应影响柘荣县的压力(A1)分值从2009年的56.06分发展到2012年达到顶峰59.66分，接着回落到2013年的57.73分。柘荣县两因素的分值都比福鼎的相应分值高，因此压力(A1)评价结果就略高。尽管两个区域社会经济压力对低碳发展造成的不利影响在逐渐增加，但由于两地近年来均非常注重造林、蓄林以提升森林碳汇，推进“四绿工程”(绿色城市、绿色村镇、绿色通道、绿色屏障)”提升城镇绿化率，自然经济条件的优势较为明显，在一定程度上缓解了社会经济发展的压力。由此可知，两区域在今后低碳经济发展建设过程中，可进一步发挥自然条件的优越性，并缓解经济发展所带来的一些不利影响。

(2)发展状态方面，福鼎市从2009年的68.28分上升到2013年的72.16分，柘荣县从2009年的67.94分上升到2013年的80.91分，均属较好水平，说明两地低碳发展现状非常好。状态(A2)分值由人文发展状态(B22)和生态环境状态(B23)两个因素共同影响决定，人文发展状态(B22)权重为52%，生态环境状态(B23)权重为48%。分析结果显示，两区域权重较高的人文发展状态指标分值较高并呈现较稳定波动状况，而权重相对较低的生态环境状态指标分值更高且在后期呈现较明显上升趋势，对状态(A2)评价结果影响较大。其中福鼎市的人文发展状态(B22)从2009年的72.44分到2013年的70.43分，柘荣县从2009年的76.58分到2013年的76.55分；生态环境状态(B23)方面，福鼎市从2009年的63.77分到2013年的74.05分，柘荣县从2009年的58.58分快速上升到2013年的85.64分。由于柘荣县两因素的分值都比福鼎市的相应分值高，因此状态（A2）评价结果比福鼎市高。这说明两地通过严控污染高能耗企业、注重节能减排、发展清洁能源、抓好污水处理和生活垃圾回收等工作，创造了良好人文发展和生态环境建设状态，对提升低碳发展水平起到了非常好的影响作用。

（3）响应分值方面，福鼎市从2009年的63.21分上升到2013年的65.92分；柘荣县从2009年的67.76分发展到2013年的64.13分，属中等偏上水平，说明两地低碳发展响应能力建设尚可。响应（A3）分值由经济能力（B31）、文化教育（B32）和组织制度（B33）三个因素共同影响决定，经济能力（B31）和组织制度（B33）权重各为35%，文化教育（B32）权重为30%。分析结果显示，两地的经济响应能力较弱但文化教育和组织建设能力较强，因此综合响应分值相对较好。其中福鼎市的经济能力（B31）从2009年的26.13分上升到2013年的33.65分；柘荣县从2009年的42.85分下降到2013年的34分，说明两区域对于低碳发展的经济响应能力较差且不相上下；文化教育（B32）响应方面，福鼎市从2009年的79.9分发展到2013年的80.13分，柘荣县从2009年的80.22分发展到2013年的78.45分，说明两地对于低碳发展的文化教育响应能力建设较好，福鼎市优于柘荣县；组织制度响应方面，因为调查只在最后一年进行的，为了统计的完整性，前四年的数据均以最后一年相同，结果显示福鼎市的分值为86分，柘荣县的分值为82分，福鼎市略高于柘荣县，两地对于低碳发展的组织制度响应能力建设都非常好。由此可知，两区域今后可更加注重对于低碳发展的经济响应能力建设，从而对提升低碳发展水平做出更大贡献。

表6-9　准则层A（加权分值）评价结果表

区域	准则层（A）	2009	2010	2011	2012	2013	准则层（B）	2009	2010	2011	2012	2013
福鼎	A1	50.34	49.52	55.49	55.13	49.61	B11	49.92	47.74	39.19	38.58	37.62
							B12	50.91	51.99	78.01	77.99	66.18
	A2	68.28	66.16	63.72	72.08	72.16	B21	72.44	74.25	72.89	72.64	70.43
							B22	63.77	57.39	53.79	71.48	74.05
	A3	63.21	63.91	64.87	65.72	65.92	B31	26.13	27.33	29.55	31.79	33.65
							B32	79.90	80.81	81.44	81.64	80.13
							B33	86.00	86.00	86.00	86.00	86.00

（续）

区域	准则层（A）	2009	2010	2011	2012	2013	准则层（B）	2009	2010	2011	2012	2013
柘荣	A1	56.06	54.11	58.09	59.66	57.73	B11	43.84	45.37	43.82	44.36	42.26
							B12	72.94	66.19	77.81	80.80	79.10
	A2	67.94	69.37	67.24	77.99	80.91	B21	76.58	76.39	76.12	77.78	76.55
							B22	58.58	61.76	57.62	78.22	85.64
	A3	67.76	64.96	63.26	66.55	64.13	B31	42.85	35.77	29.90	38.29	34.00
							B32	80.22	79.15	80.33	81.51	78.45
							B33	82.00	82.00	82.00	82.00	82.00

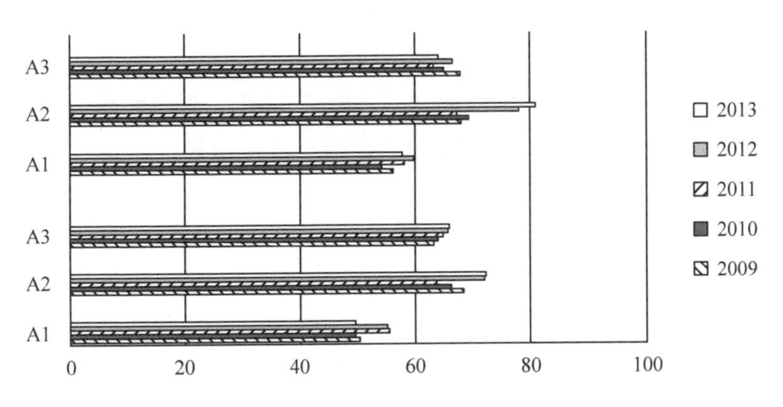

图 6-4 福鼎/柘荣准则层 A 评价结果对比图

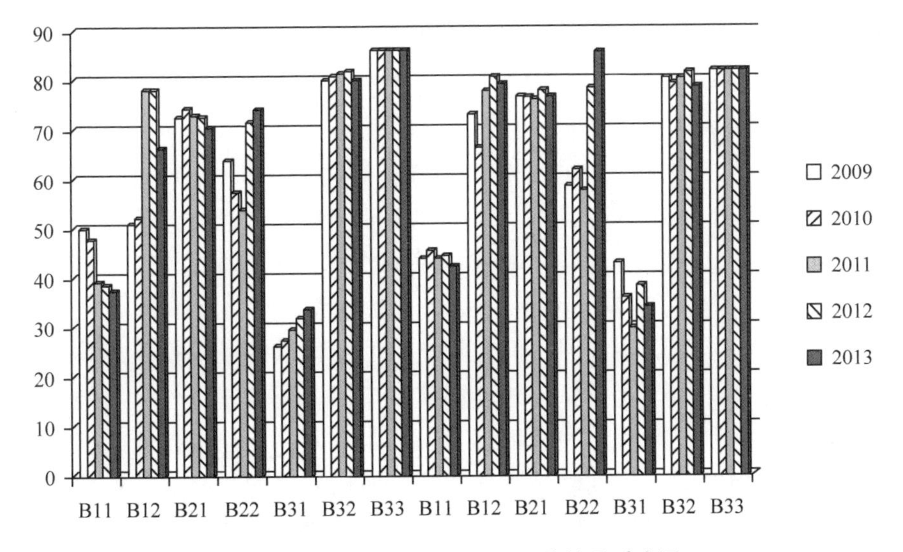

图 6-5 福鼎/柘荣准则层 B 评价结果对比图

4. 进一步分析各具体指标评价情况。

(1)涉及压力(A1)方面的12个指标中，两地评价结果较优的为森林覆盖率、森林蓄积增长率、生物多样性重要指数、单位土地产出率和万元能耗等；次优的为城镇绿化覆盖率、城市化率、人均公共绿地面积等；不太理想的为人口密度、产业结构、工业分布密度和人均能耗等。尤其是人均能耗分值，两地均呈快速下降趋势，福鼎市从2009年的59.4分下降为2013年的9.2分，柘荣县从2009年的19.8分下降为2013年的9.6分，说明人均能耗越来越大，资源压力和污染压力越来越紧张，严重影响低碳经济的发展。同时，两地的人口密度压力都一直维持在较高的水平，福鼎市的人口密度从2009年的14.5分缓慢下降到2013年的12.6分，对低碳发展的压力过大，而柘荣县从2009年的41.4分缓慢下降到2014年的39.9分，情况也不理想，需要采取措施遏制住下降趋势，如加强推行人口可持续发展政策。此外，由于两地的产业结构中工业比率较高，工业分布密度也较高，产生的碳排放比较多，对低碳发展形成的压力非常大。

(2)涉及状态(A2)方面的13个指标中，福鼎市除了固废负荷的状态较差外，其他人文发展状态较好，但人均碳排放指数在呈现逐年下降趋势；柘荣县除了万元碳排放强度的状态一般外，其他人文状态发展较好，而且其万元碳排放强度指数还呈现逐年变好趋势。同时，福鼎市除了人均碳汇/碳源比的状态较差外，其他生态发展状态较好，且其人均森林碳汇指数由2009年的25.6分上升到2013年的80.1分；柘荣县的人均碳汇/碳源比、污水处理率和再利用率及工业节能减排的发展状态在2009～2011年得分虽然较低，但近两年增长极快，显示其整体生态发展状态向较好趋势发展。

(3)涉及响应(A3)方面的12个指标中，福鼎市人均GDP由2009年的44.93分快速上升到2013年的72.03分，柘荣县人均GDP由2009年的49.33分快速上升到2013年的69.29分，说明两地人均社会产值较好且逐年增长。但是，两区域与经济能力响应相关的指标其他指标如第三产业比重、R&D投入和环保投入比表现都相对较差，说明尽管两地人均社会产值在增加，有经济实力响应低碳发展，但实际支持低碳建设的经济投入或响应却不高，值得注意和加强改善。除公共教育支出指标表现较差以外，两地与文化教育响应和组织制度响应有关的指标表现都非常好，福鼎市在低碳认知程度和组织管理方面的响应程度略高于柘荣县，而柘荣县的受教育人员比、公共教育支出占GDP的响应程度略高于福鼎市；此外，两地在低碳理念宣传、制度建设和固碳增汇举措方面的建设与响应都同样积极。

第三节 结论与讨论

通过本章研究得出的主要结论有：

(1)运用PSR模型方法构建低碳发展综合评价体系(LCSCI)对区域低碳发展水平进行评价能很好地体现区域低碳发展的综合水平，能较准确的反映区域低碳发展的社会经济与自然条件、人文与生态状态、经济能力、文化教育与组织响应能力及其潜力，结合数据进行趋势对比，也能较科学的预测与预警该区域未来可能对低碳发展产生有利和不利影响的重要因子，从而为低碳经济管理决策和行动提供支持依据。通过评价分析福鼎市和柘荣县两个区域的低碳发展水平可知，由于工业产业比重较大及人口密度较大，对地方低碳发展造成了一定程度的社会经济压力，但由于两地自然地理条件比较优越，森林覆盖率较大，森林碳汇丰富，又积极注重造林、城镇绿化、清洁能源使用等相关环境建设，生态发展状态良好，低碳经济优势明显，文化教育与组织建设也有较高程度的保障，社会对于低碳建设的反馈能力和响应程度较好，从而在一定程度上弥补了社会经济压力对低碳发展造成的不良影响，最终体现出较高的低碳发展现状水平。

(2)低碳发展水平与区域经济发展水平没有很强的关联度。经济发展水平相对低的城市，其低碳发展水平不一定比经济相对发达的城市低，而森林碳汇资源丰富且重视碳排放生态环境建设的城市，由于较少受到碳排放的干扰破坏或所受的干扰破坏能较好恢复，可以弥补在低碳发展过程中经济发达程度的不足。总体来看，福鼎市和柘荣县的低碳发展水平都较高，尽管福鼎市的人均GDP比柘荣县高，但柘荣县的森林覆盖率和森林蓄积增长率比福鼎市高，能够维持一个较优的人均森林碳汇指数和人均碳汇/碳源比，因此柘荣县的低碳发展水平明显高于福鼎市。同时，由于两地近年来都体现出了对绿色生态发展的重视，低碳发展水平大体上均在逐年升高，但柘荣县的低碳发展水平增长幅度明显高于福鼎市。

(3)不同大小、不同特点的区域低碳发展水平影响因子各有侧重与不同，这与该区域的地理、人文、经济和生态环境特色有一定的关联度。如福鼎市的地理面积和人口密度明显大于柘荣县，经济能力和发达程度较高，人均GDP和单位土地产出较大，在工业减排和清洁能源使用方面水平虽然较有经验和水平，但能耗指数高，工业固废和生活垃圾的排放量高，低碳科技环保教育等投入方面不足，相对降低了整体低碳发展水平。柘荣县的自然条件非常优越，森林覆盖率高，且森林蓄积增长率明显优于福鼎市，人口密度和工业分布密度小，工业固废和生活垃圾的排放量相对较低，人均碳汇/碳源比、清洁能源优化等方面表现突出，尽管人均能耗依然较高、科技环保投入等方面相对较弱，但整体低碳发展水平依然维持着较好的态势。

(4)本研究还存在一些有待加强的地方。由于低碳评价体系中指标的选择及其定值、指标的分等定级等决定了研究的最终结果，如何更加科学、严谨、准确的进行相应工作一直是较大的挑战。囿于认知的局限性、现有数据的统计不足或统计缺乏，有一些参数指标未能添加在本评价体系中；在已确定的各要素具体指标和数据取用过程中，存在使用替代指标计算要素指标的情况，如用物种重要程度代替生物多样性重要指数；或基于数据完整性考量，在历史统计数据缺失的情况下，存在用近年数据替代以往年度数据的情况，如低碳文化教育、组织制度建设等相关指标。这些不足可能造成评价结果所反映的问题具有一定局限性和可商榷之处，也正是今后研究过程中需要继续深入探讨和加以完善的地方。

第七章　低碳发展对策建议

中小城市低碳发展不仅是适应、减缓气候变化的一项行动选择，也是顺应国际、国内新型城镇化发展潮流的一个重要举措，更是实现中国“十三五”甚至未来国家发展规划的一种经济手段。

IPCC《综合报告》中指出：由于各国家各地区的社会、经济、环境状况不同，低碳减排政策和手段制定的地域性很强，导致政策的适用性和效果各异(IPCC，2007)。而人为温室气体排放量主要受人口规模、经济活动、生活方式、能源利用、土地利用模式、技术和气候政策等的驱动，通过有效的制度和治理、创新、对环境无害技术和基础设施的投资、可持续的谋生方式、以及对行为和生活方式的选择等措施，可以减少温室气体排放和提高气候变化适应能力(IPCC，2014)。因此，只有结合中小城市的自然、人文、经济条件，根据其农、林、工、商、能源、旅游业等行业的具体发展状况和未来规划，充分了解当地节能减排的优势和限制，才能为建设发展区域低碳经济更好地提出建议。

本项目基于对福鼎市和柘荣县两个有代表性城市的调查研究，包括自然地理条件、人文条件和产业发展概况分析、居民低碳认知与态度调查、两地各行业碳排放、碳汇减排现状与发展潜力分析及低碳发展水平综合评价，结合 IPCC《综合报告》中关于减缓气候变化的做法建议，国际、国内目前低碳减排现状，以及中国政府关于国家新型城镇化的建设目标，面向以福鼎市为代表的发达中小城市和以柘荣县为代表的欠发达中小城镇，建立符合实际情景和状况的低碳发展行动路线图，并对实施重点提出具体建议。

第一节　低碳发展路线图

中小城市低碳发展是一个循序渐进并不断优化的经济活动过程，它不但要与该区域自然、经济、人文环境相适应，也要与未来城市规划和经济发展规划相匹配，立足于现有的关键技术和市场条件，结合科学的低碳发展综合评价，遵循适合自身特点的低碳发展路线，方能达到成功的可持续性发展。

结合本项目的各项研究结果，建议各中小城市根据低碳发展路线图，来实现区域低碳发展目标，详见图 7-1。

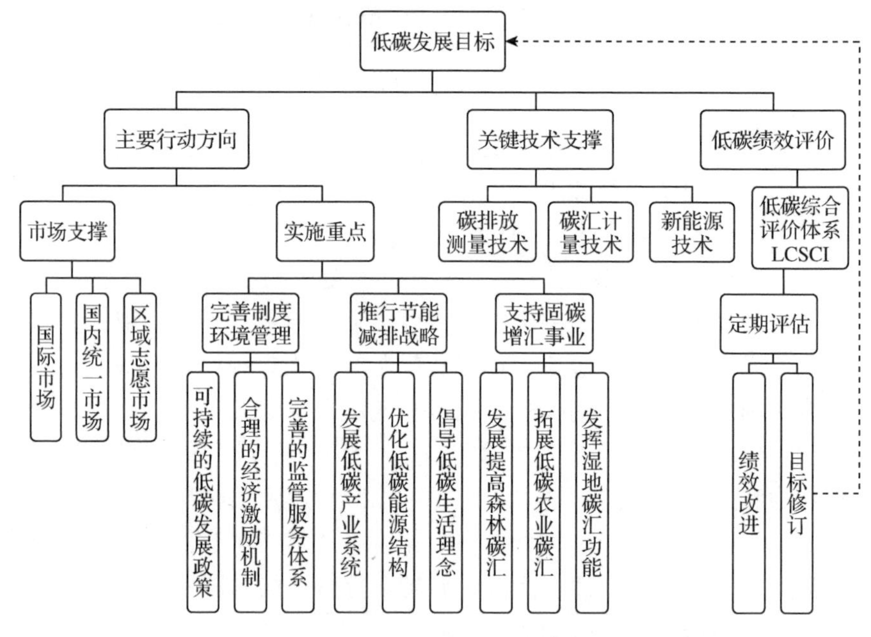

图 7-1　中小城市低碳发展路线图

具体行动步骤说明如下：

1. 在宏观层面，各中小城市应当结合国家、地方政府对经济发展和城市建设的总体规划，以及应对气候变化的国际承诺和区域节能减排目标，建立区域低碳发展目标。

2. 结合现有国际、国内和区域市场情况及现有的关键技术，对区域低碳发展综合水平进行合理的绩效评估，以确定当前主要的低碳发展行动方向，辅助相应的产业与市场建设支撑。

3. 立足当前市场条件，落实低碳发展实施重点，可着力于完善制度环境管理、推行节能减排战略及支持固碳增汇事业三个重点领域。具体而言，可从可持续性的低碳发展政策、合理的经济激励政策和完善的监管服务体系入手，来完善制度环境管理。而推行节能减排战略，需要着重发展低碳产业系统，优化低碳能源结构，以及倡导低碳生活理念。在支持固碳增汇事业方面，可通过发展提高森林碳汇、拓展农业低碳碳汇及发挥湿地碳汇功能这些方面进行。

4. 对现有的碳排放计量技术、碳汇测算技术进行不断的升级改造，实时掌握碳排放强度和碳汇减排情况；同时大力开发新能源与可再生能源，实行新技术升级与改造，为节能减排提供有效的技术支撑。

5. 运用 LCSCI 低碳发展综合评价体系，进行定期的低碳发展综合水平评价与自我评价，通过对各项低碳发展指标的执行完成情况，了解低碳发展过程中所面临的社会经济压力和自然条件压力，掌握人文发展状态和生态环境状态，检查区域在经济能力、文化教育和组织制度各方面对低碳发展的响应能力，有针对性的进行具体工作改进，并依据情况修订低碳发展的总目标，再进一步落实到各个具体执行层面和关键行动步骤中，从而形成一个计划－执行－检查－改进的良性循环。

中小城市低碳发展的目标就是要实现经济发展和低碳城镇化的双赢。为了有效的平衡人口增长、居民生活水平提高、环境改善、能源消费结构转化、产业结构优化等诸多建设目标，并将碳排放强度保持在可控范围，选择、实施科学的低碳发展路线至关重要。当然，由于国家、各省（自治区、直辖市）、市（县）的具体情况不同，发展低碳经济并没有统一的模式，本文路线图也只是其中的一种方法建议，各中小城市政府及有关部门应该因地制宜的选择最适合自身区域的发展的路线和建设方法。

结合本项目研究对象福鼎市和柘荣县的具体情况，下文将对低碳发展路线中的具体实施重点进行展开探讨和具体建议。

第二节　完善制度环境管理

近年来，中国致力于推进城镇化发展，十八大提出了“要把生态文明理念和原则全面融入城镇化全过程，走集约、智能、绿色、低碳的新型城镇化道路”，“十三五”规划更是明确在保持经济中高速增长的同时，推进新型城镇化和农业现代化，推动形成绿色生产生活方式和加快改善生态环境。因此，有必要根据这些发展方向，制定和完善低碳发展的相关政策、机制与体制，构建良好的制度环境，以确保低碳经济发展的可行性和可持续性。其中，建立可持续性的低碳发展政策，实行合理的经济激励政策，以及具备完善的监管服务体系，对完善的制度环境管理尤为重要。

一、可持续的低碳发展政策

目前，国家支持低碳发展的各项管理体制、市场机制及一系列政策、法规已在分阶段逐渐出台，但还需要不断细化和完善，从而真正为地方政府在规划和实施中小城市低碳发展进程中起到关键支持作用。

一方面，应当从国家政府层面科学合理地制定可持续发展的能源政策，支持能源结构转型，通过政策引导和层级推广，逐步用可再生能源为基础的新能源体系替代或部分替代以化石燃料为主的传统能源体系；并且，要加强相应的管理体制建设，建立沿海与内陆、大中小型城市在经济发展、能源利用、环境保护等各方面的长期合作机制，加大投入新能源、新技术评估，有效推进生态建设规划等，从而促进区域间协调发展，为中小城市低碳发展构建良好的管理环境。政府还应继续出台关于节能减排和环境保护等政策法规，管理和规范碳排放标准，制定有利于减排增汇的行业发展和基础建设意见、新技术和新材料推广应用方案等。如已经发布的《可再生能源发展十二五规划》《关于做好分布式电源并网服务工作的意见》《关于加快新能源汽车推广应用的指导意见》《促进智慧城市健康发展的指导意见》《关于加快电动汽车充电基础设施建设的指导意见》《促进绿色建材生产和应用行动方案》等一系列指导意见和行动方案等。

另一方面，各中小城市的地方政府应当有条不紊的分步实施低碳发展，在熟悉国家层面的低碳发展、城镇化发展及能源结构转型等方面政策、体制与机制的前提下，针对性的制定符合区域特点的具体规章制度与实施方案，既达到与国家政策的协调统一，又具有地方特色并能针对性的细化指导低碳实践，从而形成较系统完整的低碳经济发展制度体系。在宏观格局上坚持长远的低碳发展建设道路，在具体执行时不盲目生搬硬套，循序渐进，最终实现当地的绿色低碳城镇化。

以本项目研究对象为例，福鼎市属于较发达的中小城市，体现出经济发展较快、人口基数大、工业、建筑业所带来的碳排放量大且持续增长等特点。相对而言，柘荣县属于欠发达的中小城镇，人口基数小，森林资源丰富，自然环境较好，但正处于经济发展和城镇化建设提速时期，不可避免的面临工业、建筑业、交通业的碳排放量持续增长且增长较快等不利于低碳发展的因素。在制定具体低碳发展政策、措施侧重点上，两地应有不同。如：地方政府在确定 2015 年具体节能减排目标时，根据各自经济产业发展侧重点和碳排放结构比重，福鼎市单位 GDP 能耗设定为下降至 0.462 吨标准煤，而柘荣县设定为下降至 0.473 吨标准煤，福鼎市的二氧化硫减排目标设定为 28%，而柘荣县仅设定为 3%。由此可见，两地必然选择不同的发展措施和具体方案去实现低碳发展目标。

二、合理的经济激励机制

我国目前仍处于工业化和城镇化的高速发展阶段，对传统高能源消耗、高温室气体排放和高速度平面扩张的生产经营模式的依赖依然存在，低碳转型和发展的成本与效益需要同时兼顾，可通过合理的经济鼓励措施、激励手段和有效的市场机制来促进与推行低碳发展，包括：碳交易体系、税收优惠、绿色信贷、专项补助等。IPCC 研究认为，实行碳定价机制，通过总量控制和碳排放交易系统运行以及征收碳税，能够有助于实现有成本效益的碳排放减缓，但该机制的实施囿于国情和具体政策设计的不同，带来的效果迥异。此外，在许多国家实行的燃油税尽管未必是专门针对减排制定，但效果类似于行业碳税。而各种补贴形式的经济手段如退税、免税、补助、贷款或信贷额度分配等，也可在不同行业中针对性的使用。同时，还可以根据具体的社会和经济背景，减少对于高温室气体排放的有关活动与行为的扶持和补助。这些经济刺激政策和措施的使用，通常取决于具体的背景，它们的潜力和方法各有不同，在应对气候变化的过程中，其实施的需求以及面临的相关挑战预计会随着气候变化而加大(IPCC，2014)。

由于我国低碳经济起步较晚，发达国家采取的很多碳减排方案和措施都值得借鉴。如：美国在交通领域方面，对采取先进节能环保技术的汽车制造商提供贷款、补贴等优待，制定和规定了卡车和公共汽车等交通设备的排放标准，使得生产汽车的石油消耗和二氧化碳的排放量明显减少，还制定了二氧化碳大型排放源的许可证制度(The U. S. Department of Energy，n. d.)。而欧盟作为全球碳减排问题的积极推动者，已经制定和推行碳排放交易体系和碳税政策，实现碳排放与生产成本的挂钩，激励企业自觉提升节能减排能力。

相对于大城市而言，我国大部分中小城市尚处于工业化发展初期或中期，人口基数较小，生态环境较好，森林、草地或湿地等自然资源丰富，农业比重相对较大，减排增汇优势较为明显，产业向低碳经济转型和发展的机会较多，负担较轻、成本较低，容易形成有竞争力的特色发展模式。在这种优势条件下，地方政府可以考虑实行必要的经济激励手段和措施，如降低或取消使用化石燃料项目的补贴，实行低污染企业退税或免税优惠，对新的节能环保项目进行低利率贷款支持，提供清洁能源使用补贴、新能源动力购车补贴和节能建筑补贴等，将更有助于可持续性的低碳发展。而将于 2017 年启动的全国碳交易市场，也给中小城市发展创造了新的经济增长模式和机会，植树造林产生的碳汇、节能降耗产生的碳减排成果，在经过相关审核和认证以后，都可以作为商品进入全国碳交易市场进行交易。因此，自然优势较好的各中小城市，如福鼎市和柘荣县，可以充分利用其碳汇资源丰富的特点，设置绿色专项资金和财政补贴，推动低碳农业、碳汇造林、可持续森林经营等生态建设，并将碳汇作为商品出售来创造经济收入，建设绿色低碳新城镇。

三、完善的监管服务体系

在可持续的低碳发展的过程中，必要的监督与管理可以保障制度的有效执行，发挥最大的经济效应，而完善的技术服务体系也能有效的引导和促进低碳经济的运行。毋庸置疑，国家政府在低碳建设的监管过程中应当起主导作用，在城市建设、产业规划和技术更新改造过程中提供战略指导和技术支持，而各中小城市的地方政府应承担具体监督和管理的职责。为确保各项低碳发展政策得到具体落实并可持续性发展，各中小城市不但应该对各项低碳政策的推广和执行进行监督检查，还应该选择科学的手段定期的进行资源、能源使用的清查，测算、监控碳排放和碳汇变化情况，并结合相关数据，对本地区低碳发展的情况和综合水平定期的进行评估及趋势预测，扬长避短，趋利避害，以便于采取合适的行动和手段来促进区域低碳经济的发展。

以本项目研究对象福鼎市和柘荣县为例，无论是在工业生产、能源使用还是环境保护方面，两地政府都应严格依照国家环保法律法规和福建省关于企业工艺技术、可再生能源使用、污染治理、清洁生产的新规范，重点监督高能耗行业企业，对各项能源利用和环境绩效标准进行定期和不定期的能源审计或环境审计；同时，提供政策和资金支持进行技术改造、调整优化、转型升级，完善环保设备的投入，正确引导和强制规范，促使企业增强环保意识和守法意识；围绕区域的主导产业和重点污染行业，政府可组织实施循环经济试点工程，对土壤、空气和水污染指标进行长期监测，定期检查和改进，鼓励废物循环利用，完善资源回收体系和垃圾分类回收制度；在发展便捷交通的基础上，应通过各种规划和监管手段，对各类交通工具的燃油消耗性能、燃油使用质量和尾气排放进行定期、定点检测，制定相应许可证制度，增加车辆能耗标识和燃油标识，减少大型车辆的碳排放强度；在森林保护和抚育方面，可推行可持续的森林发展认证机制，并定期进行监测、报告和核查，并在改进和推广创新型农业和林业技术方面进行投资和技术支持，以确保实现城市长远发展和可持续低碳发展的目标；在低碳发展水平评价和监测方面，要定期采用各种技术手段对区域碳排放、碳汇情况进行测算、定性和定量分析，同时运用低碳发展综合评价体系（LCSCI），对区域低碳发展水平进行综合评价，结合数据进行趋势对比，较科学的预测与预警两地未来可能对低碳发展产生有利和不利影响的重要因素，从而为区域低碳经济管理的决策和行动提供持续支持。

当然，低碳发展涉及到国计民生的方方面面，不可能孤立的、片面的进行，还需要社会各方包括企业、非政府组织、专家团队以及公民的广泛参与和监督支持。同时，也应鼓励与其他低碳城市推进合作计划，交流成功经验，分享技术信息，改进制度以及促进管理方面的协调与合作，突破区域限制，互惠共赢。最后，政府机关自身也应起到表率作用，规范节约措施，改进工作作风，提升低碳意识，努力创建有利于低碳经济发展的良好的政策环境、服务环境和监管环境。

第三节　推行节能减排战略

节能减排是低碳经济发展的核心。在明确国家城市发展规划、经济发展目标和低碳发展战略的前提下，各中小城市应当结合所在城市的功能定位、产业结构和资源禀赋，找到低碳发展的切入点，针对性的制定区域目标，推行节能减排战略，从发展低碳产业系统、优化低碳能源结构和倡导低碳生活理念入手，以实现可持续的低碳经济。

一、发展低碳产业系统

中小城市面临着城镇化发展和低碳发展的双重目标，既要实现 GDP 的稳定增长，又要实现节能减排，而这些都和具体区域的发展规划、产业结构及相应的碳排放强度息息相关。因此，需要选择重点减排领域，调整产业结构，并加快向低碳经济模式方式转变。

IPCC的研究报告指出，根据不同的行业类型，可以选择不同的关键技术和做法，来应对气候变化和发展低碳经济，具体可见表7-1（IPCC，2014）。然而，在具体行动方案的选择上，还应当考虑产业和行业在经济发展和城市发展中的地位和所占的比重。

表7-1 关键行业减缓技术，政策和措施，制约因素和机遇的实例

行业	当前商业上可提供的关键减缓技术和做法；预估2030年之前能够实现商业化的关键减缓技术和做法用斜体字表示	已证明在环境上有效的政策、措施和手段	关键制约因素或机遇（正常字体 = 限制因素；斜体字 = 机遇）
能源供应	改进能源供应和配送效率；燃料转换；煤改气；核电；可再生热和电（水电、太阳能、风能、地热、和生物能）；热电联产；尽早利用CCS（如：储存清除CO_2的天然气）；碳捕获和封存（CCS）用于燃气、生物质或燃煤发电设施；先进的核电；先进的可再生能源，包括潮汐能和海浪能、聚光太阳能、和太阳光伏电池	减少对化石燃料的补贴；对化石燃料征收的碳税或碳费	既得利益者的阻力可能使实施工作变得困难
		针对可再生能源技术的上网电价：可再生能源义务；生产商补贴	也许适合建立低排放技术的市场
交通运输	更节约燃料的机动车；混合动力车；清洁柴油；生物燃料；方式转变；公路运输改为轨道和公交系统；非机动化交通运输（自行车，步行）；土地使用和交通运输热线第二代生物燃料；高效飞行器；先进的电动车、混合动力车，其电池储电能力更强、使用理可靠。	道路交通运输的强制性节约燃料、生物燃料混合物和CO_2排放标准	涵盖部分车型也许会影响成效
		车辆购置税、注册税、使用税和机动车燃料税；道路和停车费用的定价	随着收入的增加，成效也许会降低
		通过土地利用规章和基础设施规划影响流动抵抗为有吸引力的公共交通设施和非机动交通投资	尤其适合那些正在建设交通体系的国家。
建筑	高效照明和采光；高效电器和加热、制冷装置；改进炊事炉灶，改进隔热恋被动式和主动式太阳能供热和供冷设计；替换型冷冻液，氟利昂气体的回收和回收得胜商用建筑的一体化设计，包括技术，诸如提供反馈和控制的智能登记表；太阳光伏电池一体化建筑	家电标准和标签	定期修订所需的标准
		建筑法规与认证	对新建筑椇。难以实行。
		需求方管理计划	需要建立规章制度，使公用事业能够获益。
		公共行业领导计划，包括采购。	政府采购能够扩大对高能效产品的需求。
		针对能源服务公司（ES-CO）的激励措施	成功因素；有权从第三方获得融资
行业	当前商业上可提供的关键减缓技术和做法；预估2030年之前能够实现商业化的关键减缓技术和做法用斜体字表示	已证明在环境上有效的政策、措施和手段	关键制约因素或机遇（正常字体 = 限制因素；斜体字 = 机遇）

（续）

工业	高效终端使用电气设备；热、电回收；材料回收利用和替代；控制非 CO_2 气体排放；和各种大量流程类技术；提高能效；碳捕获和封存技术用于水泥、氨和铁的生产；惰性电极用于铝的生产	提供基准信息；绩效标准；补贴、税减免	可适当鼓励吸收技术。鉴于国际性竞争，保持国家政策的稳定性很重要。
		可交易许可证	可预测的分配机制和稳定的价格信号对于投资很重要。
		自愿协议	成功因素包括：明确的目标，基线情景，第三方参与设计、评估和正式监督；政府与工业界之间密切合作。
农业	改进作物用地和放牧用地管理，增加土壤碳储存；恢复耕作泥炭土壤和退化土地；改进水稻种植技术和牲畜粪便管理，减少 CH_4 排放；改进氮肥施技术，减少 N_2O 排放；专用生物能作物，用以替代化石燃料使用；提高能效；提高作物产量	为改进土地管理、保持土壤中碳含量、有效使用化肥和灌溉的财政激励措施和规章制度。	可鼓励与可持续发展以及与减少对气候变化的脆弱性共同发挥协则作用，从而克服实施过程中各种障碍。
林业/森林	植树造林；再造林；森林管理；减少毁林；木材产品收获管理；使用林产品获取生物能，以便替代化石燃料的全胜改进树种，增加生物质产量和碳固化。改进遥感技术，用以分析植被/土壤的碳封存潜力，并绘制土地利用变化图	为扩大森林面积、减少毁林以及为维护并管理森林而采取的财政激励措施（国家和国际）；土地利用规章及推行工作	制约因素包括缺乏投资资本和土地所有制问题。能够有助于消除贫困。
废弃物	填埋甲烷回收；废弃物焚烧，回收能源；有机废弃物堆肥；控制性污水处理；回收利用和废弃物最少化；生物覆盖和生物过滤，优化 CH_4 氧化流程	旨在改进废弃物和污水管理的财政激励措施	可激励技术的推广
		可再生能源激励措施或义务	在当地提供低成本燃料
		有关废弃物管理的规章制度	在国家层面最有效地彩，并具有配套的落实到位的策略

以本项目研究对象为例，从目前福鼎市和柘荣县产业结构来看，两县市的第二产业比重均偏高，其中工业都占据了第二产业的绝大部分，既对经济贡献量最大，同时也造成了碳排放的增加。为了保持经济发展不减速而又能实现节能减排，最有效的方法之一就是优化产业结构，加快经济发展方式的转变。两县市应着眼于从能源密集型向技术密集型产业发展的转变，发挥自身特色，致力推进产业结构的调整。可依靠自身的自然资源优势，着力发展农业特色产业，促进产业增效、农民增收；可依托旅游文化产业基础，大力发展旅游服务业，着力打造绿色、人文、休闲兼备的生态旅游产品；可利用

便捷的区域交通优势，努力提高第三产业的比重，增加第三产业对经济发展的贡献。

分县市来看，福鼎市应依托工业园区，把握“海西”建设和环三跨越发展的战略机遇，立足区位交通优势，加强制造业和服务业都融合，围绕传统产业改造升级，着力发展环保、节能、低碳的新材料和新能源新兴产业。福鼎市工业园区北承长江三角洲，南接珠江三角洲，是浙江入闽的桥头堡，地理区位独特，水陆交通便捷，港口潜力巨大。借助这些优势，福鼎市工业园区应大力实施基础设施建设，完善园区路网、供电、供水、通讯、排污系统的一体化，投入绿化美化工程等配套设施。此外，福鼎市未来也应更加注重工业经济发展和节能减排的平衡，谋划生态绿色工业小区，稳步增加工业的经济比重。

与作为闽东经济龙头之一的福鼎市相比，柘荣县缺乏足够的市场先机和交通优势，发展工业有很多限制，因此应选择差异化路线，充分挖掘特色，发展新兴产业如药业等产业。同时应该大力发展第三产业如养生产业、生态旅游业及服务业等。以“低污染、低排放、与高海拔的生态环境相适应”为宗旨，加快经济发展方式转变，把低污染高附加值的药业作为工业经济的突破口，放大特色，树立品牌效应。

二、优化低碳能源结构

节能是减排的基础，也是最有效的方法之一。各中小城市的能源利用方式和分配结构，决定了该区域的碳排放总量、结构特点及减排的潜力。在加快城市化进展的同时，应有效利用自身良好的自然资源和生态环境优势，协调好经济发展和环境保护的关系，逐步调整能源消费结构，开发利用新型清洁能源和可再生能源，减少化石能源的消费量，降低碳排放强度，优化建立新的能源结构体系。尽管中小城市在新能源技术使用和推广上不占人才和经济优势，但天然气、地热、风能、水能、农村沼气等清洁资源相对丰富，开发利用清洁能源潜力大。

以本项目研究对象为例，在未来较长一段时间内，福鼎市和柘荣县的经济仍将加速发展，开发新能源、提高能源利用率都显得至关重要。近几年来，两县市电力消耗所产生的排放量占据较大部分，石油和煤炭也导致了一定的二氧化碳排放。碳排放强度都呈现出逐步下降的较好走势。虽然能源利用效率在不断提高，但与其他发达地区相比仍存在较大差异，在节能减排方面还有很大发展空间。其中：福鼎市境内溪流纵横，水能资源蕴藏丰富。至2011年底，福鼎市拥有小型以上水库工程77座，水电站68处，多年平均发电量2.89亿千万时。位于沙埕港的内港的八尺门港，水流湍急，不仅是内外海的咽喉，也是理想的潮汐电站选点。因此，通过利用自然资源优势，充分发展水电、风电、潮汐电，淘汰耗能高、污染大的产业，能有效减少非清洁能源的使用，从而缓和传统电力发电消耗所排放的大量二氧化碳。核能已成为一项成熟的技术，在世界能源结构中占有重要地位，且具有运行稳定、容量大、成本低等优点。福建宁德核电站坐落于距福鼎市区南约32km处，于2013年正式运行，年发电量预计达到300亿千万时。该核电站的建设进一步优化了区域能源结构，缓解电力紧张局面，促进可持续发展。

而对具有"高山大平原"之称的柘荣县，尽管没有港口优势，但可以从开发生态型能源出发，推广使用沼气、太阳能、液化气等。柘荣县太阳能资源丰富，年平均日照时数为1634.2小时，通过对人们使用太阳能热水系统进行宣传，加快太阳能在住宅建设时的应用，可以有效降低碳排放强度。生物质能作为新世纪的新兴能源，在近年来得到广泛应用。据统计，2014年底柘荣县农村生活用能中清洁能源所占比例已达73.01%，建成户用沼气净化处理池2500多户。因此，柘荣县应在保持良好生态环境的前提下，积极发挥生态资源优势，通过增加对农村沼气、污水处理的资金补贴来鼓励消费清洁能源。

三、倡导低碳生活理念

居民的行为、生活方式和文化对于能源利用及相关排放具有很大影响，并且在某些领域存在很高的减缓潜力(IPCC，2014)。建设低碳城市，必须将低碳理念贯彻到城市居民生活的衣食住行等方方面面，才能推进低碳生活化。可着重从加强低碳意识教育、政府有效引导和加强低碳基础设施入手。

对各层级政府而言，加大教育力度，注重教育形式的多样化和教育内容的丰富化，普及低碳知识，建立群众低碳生活基础意识，是顺利发展低碳经济的重要一步。根据对本项目研究对象福鼎市和柘荣县的居民问卷调查结果分析，尽管超过八成公众知晓低碳经济，但普遍认知程度低。部分居民可能对气候变化和低碳经济存在误解，认为低碳经济的范畴主要局限于工业及政府采取的社会措施，对个人低碳行为所起的作用还不是特别了解，对气候变化对全球的不利影响、绿色建筑等知识也存在一定误区，这些都可以作为未来宣传教育的重点。

调研结果同时显示，大部分民众表示电视和网络是他们了解低碳经济的主要途径，而政府工作人员更多通过报纸和杂志了解低碳经济。因此，在开展具体教育活动时，对不同人群，其教育方式和内容应该多样化。对于普通民众，应考虑侧重于电视和网络这两种教育途径或方式。可制作环保、低碳生活知识小贴士或者低碳经济专辑节目等加大低碳经济的媒体覆盖和网络曝光度。同时，还应相应开展形式多样、内容丰富的教育活动，不局限于单一形式的教育模式。可开展多种形式的、以低碳经济为主题的系列教育活动，如学校课堂、公共讲座、宣传单、短信、广告等，宣传气候变化的影响和紧迫性、绿色环保概念以及低碳经济的发展意义，提高居民的关注度，普及低碳社会基本常识，培养其低碳消费和生活理念。对于政府工作人员，可以考虑借助报纸和杂志刊登相关新闻与政策，普及更深层次的低碳知识和科学研究成果，进一步提高其低碳认知度。另外，还可以借鉴其他国家和地区的经验，对传统的教育方式进行创新，吸引居民眼球，以达到教育目的。例如，开展“无车日”，鼓励居民多走路、骑自行车；建立低碳工作室，为居民评估个人碳排放并解答相关的问题，定期组织居民学习如何省钱又低碳的生活小窍门；在社区开展节能低碳评比，鼓励居民节约用电、减少排放，并组织小组讨论，分享经验等。在资金和时间允许的情况下，也利用现有技术如地理信息系统、可视化技术等，将气候变化对当地的影响场景化、可视化，展示和比较基线情景和低碳情景，加深居民对气候变化的理解和忧患意识，强化其对低碳经济的理解，提高对发展低碳经济必要性和急迫性的意识。

在低碳教育内容方面，尽管关于气候变化和低碳经济的研究和宣传有很多，然而公众对这个领域仍不甚了解，主要原因就是科学文章内容较为生硬，生涩枯燥，居民往往不愿意阅读。因此，在进行低碳经济和气候变化的教育工作时，应尽量将这些科学成果转换成浅显易懂且生动有趣的语句，帮助居民正确理解。同时，本项目研究结果还表明，人们在理解间接或者范围太大的气候变化影响时往往有偏差，很多人不关心气候变化对全球的影响。然而对于与自己直接相关的影响十分重视，大部分居民表示他们十分担心气候变化对子孙后代的不利影响，他们对后代的担忧甚至高于对自身和家人的担忧。学历越高、收入越高、年纪越轻的人对气候变化的担忧程度越高，且男性的担忧程度低于女性。因此，政府在选择教育对象和教育内容时，需贴近生活，切合实际，侧重宣传气候变化对当地居民的影响以及每个人日常生活的行为对气候的作用。如国家科技部的《全民节能减排手册》就是一个很好的例子，列举了生活中最常见的36项行为（如少开一天车、合理使用空调等）以及相应的减排量（中国国家科学技术部，2011）。除了整体内容，关键字词的正确使用对教育效果也至关重要。曾有研究调查人们对同样事物的不同名称的支持程度（“碳税”和“碳抵销”），结果显示，52%的人支持“碳抵销”而只有39%的人支持“碳税”（CRED，2009）。由此可见，如何命名或者描述关键语句在教育过程中十分重要，人们往往倾向于看到或者支持积极的内容，政府在设计低碳教育相关内容时应谨慎用词，尽可能做到清晰、正面、积极，以达到最佳教育效果。

在倡导低碳生活理念时，政府应当合理引导和适当规范居民的适度消费、杜绝浪费，以减少个人的碳足迹。政府各部门尤其是环保部门应起到带头作用，以身作则，带动民众参与。可考虑出台相关低碳行为准则，引导规范政府工作人员的行为习惯，并将他们的切身经历作为例子和榜样进行宣传，让当地居民了解到低碳生活和行为不仅可以减缓气候变化，还可以为自身带来许多好处，如进行垃圾分类降低环境污染、多走路骑车强身健体、节约水电能够节约开支等，引导居民养成节约低碳的好习惯。

低碳生活习惯的养成除了靠宣传教育和政府引导，还需要相应的设施支持和鼓励机制。建议各层级政府除了在教育上加大力度，还需加强基础建设。本项目问卷调查结果显示，福鼎市和柘荣县多数居民十分愿意尝试低碳行为，但是苦于基础设施跟不上。首先，公交体系较为落后，如地域较广的福鼎市，乘公交出行十分不便，因此市民出行多选择开车或者开摩托，造成大量的碳排放和污染。政府应当尽快改善公交体系，合理规划线路，增加公交班次，方便市民低碳出行又解决了城市空气污染和交通堵塞的问题。其次是垃圾分类系统的建立。目前福鼎市和柘荣县都没有一个统一的垃圾分类和回收体系，所有垃圾统一焚烧或者填埋处理，这不仅是对资源的巨大浪费而且也是一个巨大的碳排放源。但居民已有一定的垃圾分类意识，许多居民能够将玻璃、金属、纸与平常垃圾分开。当地政府应当在这个良好基础上，一方面尽快在市区内安装分类垃圾筒，帮助居民合理分类，另一方面加紧建立一个垃圾分类回收系统，回收可再利用资源，提高资源利用效率并减少不必要的浪费。最后，开发清洁能源，提高其使用比例。在农村推广燃气、沼气的使用，推行秸秆再利用，减少传统煤炉灶的使用；在城区推行太阳能、空气热能等设备，可适当采取激励机制，鼓励更多人使用绿色清洁能源。

第四节　支持固碳增汇事业

林地、草地和湿地具有天然的固碳作用。保护和优化生态环境，是最有效、最经济的减排手段。大力提高森林碳汇，积极培育和开发农业碳汇、湿地碳汇等工作，已经成为中小城市低碳发展过程中不可忽略的战略选择。

一、发展碳汇林业增汇减排

森林是陆地上最大的储碳库，在应对气候变化方面具有多重功能和效益，不可或缺。各中小城市在大力提倡二氧化碳减排的同时，通过可持续的森林经营管理、植树造林和减少毁林等方式，增加森林碳汇，以固定大气中的二氧化碳，是发展可持续低碳经济的有效途径。

以本项目研究对象为例，福鼎市和柘荣县在林业方面都有发展潜力，森林覆盖率分别达到56.2%和68%，两地森林资源丰富，拥有营造绿色环境、增加森林碳汇等良好的自然条件。首先，需要合理的选择森林类别进行碳汇管理，在增加森林碳汇和可持续管理的过程中，应结合生长率，根据区域特点和林业发展现状、潜力等因地制宜地选择碳汇能力较高的树种和林龄组。同时，两地都应该通过植树造林发展碳汇林业，可以将林业建设和社会主义新农村、城镇基础设施建设相结合，推进农田防护林的建设，尤其是地处河流上游的柘荣县应重视植树造林、森林管理的工作，防止水土流失，坚持沿溪两岸造林绿化，实施沿海防护林体系的建立等。并且，要有效预防自然灾害或人为方式对森林的毁坏。做好森林防火和有害生物防治工作，最大程度的降低风险和损失。合理控制林木采伐方式和强度，尽量减少由于采伐林木而引起的碳排放。坚决依法查处毁林和乱占林地的行为。另外，还可以强化林业科技创新，大力发展生物质能源，使用林产品获取生物能，从而替代化石燃料的使用。也可结合各种生物技术，改进树种，增加生物质产量和固碳化。

二、拓展低碳农业增汇

由于化肥和农药的使用，造成传统农业成为碳排放高、对环境破坏较大的产业。在全球积极应对气候变化的背景下，发展低碳农业是大势所趋、刻不容缓。农业方面最具成本效益的应对气候方案是农田管理、牧场管理和有机土壤的恢复(IPCC，2014)。中小城市在发展低碳农业时，可通过对有害投入农药或肥料的减量和替代，开发使用节能、清洁能源，甚至采用休闲观光模式发展农业，使之成为能够实现减源增汇的行业，不仅能够抵消农业碳排放，还能抵消部分工业消费碳排放。

以本项目研究对象为例，柘荣县经济长期以农业为主，油茶和油桐的种植有着悠久历史，拥有许多太子参、药用牡丹、杭白菊等药材种植基地。在低效率使用化肥、农药、机械的过程中，会产生大量二氧化碳等温室气体。可以通过借鉴新型农业发展形态，将高能耗、高物耗、高排放和高污染的“石油农业”“机械农业”和“化学农业”转变为低能耗、低物耗、低排放和低污染的绿色农业。如再利用农业生产过程中的秸秆、粪便及各类农产品加工后的副产品和有机废弃物，作为工业原料、饲养业饲料、返田肥料等。而在福鼎市，近年来，大量观光休闲农业风生水起，一些村镇出现了包括福建绿鑫、绿禾盛、恒润等农业企业的连片农业园区，现代设施和基础条件也不断完善。在此基础上，人才科技的支持、农旅结合、规模化、品牌化的高效经营，既能够增收富农，也能逐步实现节能减排的目标。

三、发挥湿地碳汇功能

湿地是陆地上的天然蓄水库和储碳库，有蓄洪防旱、降解污染、吸收温室气体等不可替代的作用。湿地碳循环对全球气候变化有着重要的意义。保护和恢复湿地生态环境，最大化的发挥湿地碳汇功能，也是中小城市低碳发展进程中的重要组成部分。

以本项目研究对象为例，位于滨海地区的福鼎市湿地类型多样，主要有珊瑚礁、岩石性海岸、潮间淤泥海滩、红树林沼泽等八种，总面积达 0.74 万公顷。柘荣县也拥有鸳鸯草场、龙溪附近的湿地片区等自然资源。然而两地区目前都面临着盲目开发利用、湿地污染严重、生物多样性受损等问题。为了保护湿地和维护生态平衡，改善生态状况，实现湿地增汇，两地区应健全保护管理机构，督促及时查处破坏湿地违法行为，严禁沿溪岸两侧乱堆滥放石材废渣、废料，严禁沿溪周边建养殖场、石材加工企业等。同时，通过对湿地进行功能区划，科学设计，加强湿地保护的教育和引导，能够更大程度地发挥湿地的潜在碳汇功能。

第五节　结论与讨论

本章基于对福鼎市和柘荣县的低碳发展与实施状况的研究，结合宏观和微观情景和规划研究，综合其发展的优势因素和限制因素，提出对中小城市低碳发展路线和重点实施行动的具体建议，希望为中国中小城市探索具有中国地方特色的低碳道路提供指导和范例。主要的结论有：

(1)中小城市低碳发展是一个循序渐进并不断优化的经济活动过程，它不但要与该区域自然、经济、人文环境相适应，与未来城市发展规划相匹配，也要根据其农、林、工、商、能源、旅游业等行业的具体状况，立足于现有的关键技术和市场条件，运用科学的低碳发展水平综合评价体系，选择适合自身特点的低碳发展路线图，并落实为重点的实施行动，方能达到成功的可持续性的低碳发展。

(2)运用 LCSCI 低碳发展综合评价体系，对中小城市进行定期的低碳发展综合水平评价，能够有效评估建设与发展低碳经济过程中各层面压力、状态和响应状况，针对性的发现问题，支持具体工作改进和目标修订，再进一步落实到今后的行动步骤中，从而形成一个计划－执行－检查－改进的低碳发展良性循环。

(3)为确保低碳经济发展的可行性和可持续性，应构建完善的制度环境，包括：建立可持续性的低碳发展政策，支持能源结构转型，出台关于节能减排和环境保护等政策法规，管理和规范碳排放标准，制定有利于减排增汇的行业发展和基础建设意见、新技术和新材料推广应用方案；加入碳交易体系、税收优惠、绿色信贷、专项补助等合理的鼓励措施、激励手段和有效的市场机制；定期进行政策执行情况检查、资源清查与能源审计，测算、监控碳排放和碳汇变化情况，对本地区低碳发展综合水平进行评估及趋势预测。

(4)低碳发展的战略核心是推行节能减排。各中小城市应当根据各自区域产业结构和相应碳排放比重，选择重点减排领域，针对性的调整产业结构，发展低碳产业系统；同时，有效利用自身良好的自然资源和生态环境优势，逐步调整能源消费结构，开发利用天然气、地热、风能、水能、农村沼气等清洁能源和可再生能源，减少化石能源的消费量，降低碳排放强度，建立新的能源结构体系；并且，要通过丰富、多样的教育形式，普及低碳知识，倡导低碳生活和低碳消费观，提高居民低碳意识，促进居民个人志愿减排，消除碳足迹。

(5)支持固碳增汇事业，通过可持续的森林经营管理、植树造林和减少毁林等方式，增加森林碳汇；通过对有害投入农药或肥料的减量和替代，开发使用节能、清洁能源，甚至采用休闲观光模式发展低碳农业，实现减源增汇；以及通过保护和恢复湿地生态环境，最大化的发挥湿地碳汇功能，助力中小城市低碳发展。

(6)研究中还存在一些需要加强和有待深入的地方。在中小城市低碳发展路线图的设计过程中，囿于数据搜集、研究时间和研究人员水平的限制，思路未必全面，可能未能将所有低碳发展相关因素都考虑进去。由于本项目仅选取了福建省的两个中小城市进行研究、分析与评价，其经济、自然和人文条件存在地域性特点，未必完全适用于中国其他地区的中小城市，相关低碳发展意见和建议不可避免的具有局限性。并且，本项目设计提出的 LCSCI 低碳发展综合评价体系仅仅只用于福鼎市和柘荣县的评价。如欲支持国内其它中小城市低碳发展路线图的成功应用，还需要在全国推广、使用得以完善，并有待在今后的研究中继续探索和提高。

第六节　结　语

中国的城市正处于城市化快速发展阶段，政府多次明确要走集约、智能、绿色、低碳的新型城镇化道路，低碳发展的研究非常重要。本研究聚焦于中国中小城市的低碳经济发展，选择具有区域代表性的福建省福鼎市和柘荣县进行对比研究。在对研究区现状进行了实地调查与研究、对居民低碳意识进行了问卷调查与分析的基础上，运用 IPCC 法对福鼎市和柘荣县 2009－2013 年的碳排放量进行了测算，运用遥感技术对福鼎市和柘荣县 2000－2015 年的碳汇变化情况进行了计量，运用 PSR 模型方法构建了低碳发展综合评价体系(LCSCI)，对福鼎市和柘荣县的低碳发展综合水平进行评价、对相关影响因素进行具体分析，最后，构思提出中小城市低碳发展路线图，提出低碳发展具体对策和建议。这些具体的技术支持方法和低碳综合评价体系(LCSCI)，可供其他中小城市在低碳经济发展过程中参考和借鉴。

本课题的研究思路、方法科学、研究结果和结论符合当地实际情况。根据研究，得出以下研究结论：

(1)两地公众较为担心气候变化的不利影响，尤其是对家庭和子孙后代的影响，低碳意识都较强，对低碳经济发展都非常支持。但对于个人行为在低碳经济过程中所起的作用了解程度不是很高，今后需要在低碳意识教育上加大力度。

(2)经济发展越快的区域碳排放增速越大。与柘荣县相比，福鼎市经济发展较快，人口基数大，其碳排放量基数较大且年增长速度较快。与各国家、地区人均碳排放情况相比，两县市排放水平均低于中国平均水平，也低于世界平均水平，属于低碳城市范畴。

(3)两地的碳汇/碳排放量变化均受土地利用情况变化的影响，林业比重最大且逐步上升，森林碳汇增加较快，对区域减排做出贡献，两地的低碳发展水平都较好且总体呈上升趋势，但柘荣县相对优于福鼎市。

(4)低碳发展综合评价体系(LCSCI)较准确的反映了两个区域低碳发展的社会经济与自然条件、人文与生态状态、经济能力、文化教育与组织响应能力及其潜力对低碳发展水平的影响。低碳发展水平与区域经济发展水平并没有很强的关联度，但森林碳汇资源丰富且重视碳排放生态环境建设的城市，增汇减排能力较强，在低碳发展过程中，可以弥补经济发达程度的不足。

(5)结合区域自然、经济、人文环境，与未来城市规划和经济发展规划有效匹配，立足于现有的关键技术和市场条件，结合科学的低碳发展综合体系评价，选择适合自身特点的低碳发展路线，完善低碳制度政策体系，推行节能减排，支持固碳增汇，是有效推动中小城市低碳经济可持续性发展的重要策略。

展望未来，鉴于本中小城市课题的研究范围广、内容丰富，研究中还存在有待加强或更进一步深入探讨的地方：

一是研究方法和数据的收集上，本次研究低碳意识调查采用的是问卷调查方法，有些研究个体可能会过高或过低估计自己的担忧程度或认知水平。参与者可能会将低碳经济的概念了解过于简化，并且低估了低碳经济发展对社会和自身的影响。低碳发展评价体系的设计与评测中，评价指标的选择及其定值、指标的分等定级等影响决定了评估研究的最终结果。在本项目各要素具体指标选择和数据取用方面，由于有些指标缺乏现有数据，未选择进入评价体系，或存在使用相关指标替代原指标数据(如用物种重要程度代替生物多样性)，或为了完整性用近年数据替代最近五年数据(如低碳意识水平选用近期调查结果）等情况，造成评估结果所反映的问题具有一定局限性；同时由于统计口径不同等问题，可能对研究结论有一定的影响。这些正是今后需要继续深入探讨完善的。

二是研究内容上，根据研究任务，针对碳排放量和碳减排潜力的研究主要是根据现有经济数据、森林资源二调数据等统计和调研数据，并结合相关标准和当地知识进行的初步估算。今后可必要针对性地采用实验方法来分析各部门、各行业的能源消耗和碳排放情况，采用遥感数据等来测算碳汇现状和潜力，以更符合当地实际情况。

三是中小城市低碳发展路线图的设计和低碳发展对策上，因数据搜集、研究时间和研究人员水平的限制，思路未必全面，可能未能将所有低碳发展相关因素都考虑进去，相关低碳发展意见和建议不可避免的具有一定的局限性。并且，本项目设计提出的 LCSCI 低碳发展综合评价体系当前仅仅只用于福鼎市和柘荣县的评价，还需要在全国进一步更多的推广和使用，才能得到修正和完善，以便于更好的支持中小城市低碳发展路线图的成功应用。

四是技术的使用和项目成果推广上，必要时，今后可为项目合作伙伴、当地相关政府官员、社区成员开展气候变化预测模型、可视化等低碳管理、低碳发展综合水平评估等技术培训，以帮助当地政府规划和开展低碳经济建设。

最后，本课题作为研究中国中小城市低碳发展之路的探索，更倾向于对研究方法的探讨和示范意义，因此涉及的研究区域也仅限于福建省的两个县市。若进行深入研究，则需要扩大研究范围，在全国选择更多的研究案例。

附录：调查问卷

中国中小城镇低碳经济发展研究(以福鼎市及柘荣县为例)

亚太地区森林应对气候变化研究项目

您好！在中国绿色基金会的大力支持下，福鼎市、柘荣县联合开展了一项关于如何帮助当地政府发展低碳经济的研究。这份问卷是该研究的一部分，旨在调查社区成员对于气候变化与低碳经济的认识水平与态度，帮助我们在当地更好地开展低碳调研活动。我们诚挚地邀请您参加这次问卷调查。

该问卷调查是完全自愿的，因此您可以随时停止填写问卷或者略过您不愿意回答的问题，且无须为此承担任何责任和后果。这份问卷调查过程将不会涉及任何私人问题 。您的参与不会有任何的风险。尽管您不会受益于这份问卷，但是您诚实的回答将对我们的研究成果意义重大。

该问卷采取匿名方式，我们将严格保密您提供的所有信息，您的数据将不会单独出现在任何出版物以及书面的数据分析。只有该项目的研究人员才能够看到您填写的问卷。

您需要大概 20－30 分钟完成该问卷。如果您完成了这份问卷，即表示您同意参加这次调查。如有任何问题，欢迎联系咨询我们。如您在问卷结束后发现问题，请通过以下联系方式告诉我们：

项目联系人：

程昭华

电话：13055572883　　　　电邮：zhaohuaccheng@ gmail. com

我已阅读并接受以上信息，同意参与本次问卷调查。

如果您愿意继续完成问卷，请在右边方框中打勾　　□

谢谢您抽出宝贵时间支持我们!

注:“低碳经济”是一种通过技术创新、产业改革、清洁能源开发等方式减少人类社会在生产生活当中的资源消耗和温室气体排放的一种经济发展模式，以达到可持续发展。

问卷1：公众调查问卷

请选择最符合您想法的选项：

1. 您听说过气候变化吗？

从没听说过*	偶尔听说但不了解	听说过并有一定了解	经常听说并十分了解
1	2	3	4

2. 您是否担心气候变化可能带来的影响？（请打钩）

担心程度 / 分类	完全不担心	不是很担心	有点担心	非常担心
	1	2	3	4
a）对全球的影响				
b）对您所居住区域的影响				
c）对您和您的家人的直接影响				
d）对您后代的影响				

3. 您是否认为空气中的“碳”很重要？

□是　　□否　　□不知道

如果您认为它重要，请解释原因：

□过多的碳会导致气温升高　　□过多的碳会导致海水酸化

□过多的碳会加速冰川融化　　□过多的碳可能会减少生物多样性

□过多的碳会导致气候异常　　□其他（请说明）____________

4. 您是否听说过“低碳经济”？

从没听说过*	偶尔听说但不了解	听说过并有一定了解	经常听说并十分了解
1	2	3	4

*如果从未听说过，请跳过问题5和问题6

5. 您是如何知道/了解“低碳经济”的？（多选）

□电视新闻　　□专题活动教育　　□网络

□广告　　□报纸杂志　　□课堂

□其他（请说明）________________

6. 您眼中的“低碳经济”是什么样的？（多选，最多选3个）

□使用可再生低碳能源作为主要能源

□大力造林，提高森林碳汇

□建立废料/垃圾回收循环系统

□绿色建筑取代传统混凝土建筑

□应用低碳高能效技术(尤其在电力及工业系统)

□减少工业污染和由工业生产造成的温室气体排放

□发展公共交通系统，减少私家车排放

□当地居民自觉培养低碳生活方式，减少自身排放

□其他(请说明)________________

7. 在日常生活中 您是否有主动减少自身碳排放？

□是　　　　　　□否　　　　　　□不知道

如果您的答案为“是”，请您选择平时减少自身碳排放的方式：（多选）

□垃圾分类与回收　　　　　□使用节能电器

□合理消费，减少浪费　　　□用完电器随手关

□循环使用生活用水　　　　□使用购物袋，减少塑料袋的使用

□尽量使用公共交通　　　　□不使用一次性物品，如杯子、餐具等

□走路去工作/上学/购物　　□骑自行车去工作/上学/购物

□其他（请说明）_________　□无

8. 您是否愿意通过以下方式支持低碳经济的发展？

□是　　　　　　□否　　　　　　□不知道

如果您选择“是”，请选择以下您愿意接受的支持方式：

8.1□改变生活习惯(请圈出三个您最有可能改变的习惯)

A. 垃圾分类与回收　　　　B. 使用节能电器

C. 合理消费，减少浪费　　D. 用完电器随手关

E. 走路去工作/上学/购物　F. 骑自行车去工作/上学/购物

G. 尽量使用公共交通　　　H. 不使用一次性物品

I. 其他（请说明）________________

8.2□通过________为当地低碳机构投入金钱 ￥________/年(请圈出您愿意投入金钱的方式并填写金额)

A. 碳税　　　　B. 自愿捐款

8.3□通过________投入时间________/月(请圈出您投入时间的方式，

并填写小时数）

A. 为政府、环保组织做志愿者　　B. 向亲友同事宣传低碳知识

9. 您认为福鼎市/柘荣县有必要发展“低碳经济”吗？

□是（请跳过问题 11）　　□否（请跳过问题 10）　　□不知道

10. 您认为有必要发展“低碳经济”的原因是什么？（多选）

□减缓气候变化　　□提高生活质量

□提高生产效率和资源利用率　　□改善环境质量

□让该市县成为可持续发展先锋地区，提高知名度

□其他（请说明）________________

11. 您认为没有必要发展“低碳经济”的原因是什么？（多选）

□要求成本过高　　□影响生活质量

□限制经济发展速度　　□目前的环境保护措施已经足够

□其他（请说明）________________

12. 结合你对当地各行业的了解，您认为应在以下哪些行业入手开展低碳减排活动？（多选）

□林业（如造林增汇）　　□农业（如使用低碳肥料）

□商业（如投资碳汇）　　□工业（如引进节能技术）

□旅游业（如宣传资源保护意识）　　□建筑业（如绿色建筑）

□能源生产（如推广可再生能源使用）

□其他（请说明）________________

13. 从金融与税收角度而言，您是否同意以下陈述？（请在每一栏选择最符合您答案的数字）

观点陈述	非常赞同	赞同	中立	不赞同	非常不赞同
	1	2	3	4	5
当地政府应当征收碳税（碳税为针对汽油等高排放的传统燃料使用者的税收）					
当地政府应当投资或补贴低碳项目，包括替代能源开发、森林增汇等					
当地政府应当为低碳项目提供低利率贷款					

14. 您认为以下哪些方式应该作为政府未来在发展低碳经济的工作重点？（多选）

□发展并鼓励清洁能源的使用（如太阳能、风能等）

□引进减碳技术，减少生产加工中的温室气体排放
□增加森林及绿化带覆盖率，建立林业碳汇[①]项目
□发展绿色建筑(如木制建筑，可减少建筑自身的排放)
□发展/升级公共交通体系，鼓励低碳出行方式
□建立垃圾分类回收系统
□教育普及低碳经济和低碳生活知识
□其他（请说明）________________

15. 您的年龄：
□19 至 30 岁
□31 至 40 岁
□41 至 50 岁
□51 至 60 岁
□61 岁或以上

16. 您的性别：
□男　　□女

17. 您的职业：
□政府部门工作人员　　□公有企业职员
□学生　　□私有企业职员
□农民　　□自由职业
□企业家　　□个体户
□已退休
□其他（请说明）________________

18. 您的最高学历：
□小学或以下　　□初中
□高中或中专　　□大专或本科
□研究生或以上　　□其他(请说明) ________________

19. 您的月薪为：
□低于￥1500　　□￥1500 至￥4500
□￥4500 至￥9000　　□￥9000 至￥35000

① 林业碳汇是指森林通过光合作用吸收大气中的二氧化碳并将其固定在植物或土壤中，从而减少二氧化碳在大气中的浓度。森林是陆地生态系统中最大的碳汇，在减少温室气体、减缓气候变化中起着重要作用。

□￥35000 至￥55000 □￥55000 至￥80000

□高于￥80000

20. 您是否有小孩？

□是 □否

21. 你是否有其他关于低碳经济或者这份问卷的建议或意见？

____

____

____

____

问卷到此结束，再次感谢您的合作！

问卷2：社区调查问卷

请选择最符合您想法的选项：

1. 您听说过气候变化吗？

从没听说过*	偶尔听说但不了解	听说过并由一定了解	经常听说并十分了解
1	2	3	4

2. 您是否担心气候变化可能带来的影响？（请打钩）

分类 \ 担心程度	完全不担心	不是很担心	有点担心	非常担心
	1	2	3	4
a）对全球的影响				
b）对您所居住区域的影响				
c）对您和您的家人的直接影响				
d）对您后代的影响				

3. 您是否认为空气中的“碳”很重要？

□是　□否　□不知道

如果您认为它重要，请解释原因：

□过多的碳会导致气温升高　□过多的碳会导致海水酸化

□过多的碳会加速冰川融化　□过多的碳可能会减少生物多样性

□过多的碳会导致气候异常　□其他（请说明）__________

4. 您是否听说过“低碳经济”？（请打钩）

从没听说过*	偶尔听说但不了解	听说过并由一定了解	经常听说并十分了解
1	2	3	4

*如果从未听说过，请跳过问题5和问题6

5. 您是如何知道/了解“低碳经济”的？（多选）

□电视新闻　□专题活动教育

□网络　□广告

□报纸杂志　　　　　　□课堂

□其他(请说明)________________

6. 您眼中的“低碳经济”是什么样的?

□使用可再生低碳能源作为主要能源

□大力造林，提高森林碳汇

□建立废料/垃圾回收循环系统

□绿色建筑取代传统混凝土建筑

□应用低碳高能效技术(尤其在电力及工业系统)

□减少工业污染和由工业生产造成的温室气体排放

□发展公共交通系统，减少私家车排放

□当地居民自觉培养低碳生活方式，减少自身排放

□其他(请说明)________________

7. 在日常生活中 您是否有主动减少自身碳排放?

□是　　　　□否　　　　□不知道

如果您的答案为“是”，请您选择平时减少自身碳排放的方式：(多选)

□垃圾分类与回收　　　　□使用节能电器

□合理消费，减少浪费　　□用完电器随手关

□循环使用生活用水　　　□使用购物袋，减少塑料袋的使用

□尽量使用公共交通　　　□不使用一次性物品，如杯子、餐具等

□走路去工作/上学/购物　□骑自行车去工作/上学/购物

□其他 (请说明)________　□无

8. 您是否愿意通过以下方式支持低碳经济的发展?

□是　　　　□否　　　　□不知道

如果您选择“是”，请选择以下您愿意接受的支持方式：

□改变生活习惯(请圈出三个您最有可能改变的习惯)

A. 垃圾分类与回收　　　　B. 使用节能电器

C. 合理消费，减少浪费　　D. 用完电器随手关

E. 走路去工作/上学/购物　F. 骑自行车去工作/上学/购物

G. 尽量使用公共交通　　　H. 不使用一次性物品

I. 其他 (请说明)________________

通过________为当地低碳机构投入金钱 ¥ ________/年(请填估计金额)(请圈出您更倾向的方式)

A. 碳税　　　　　　　　B. 自愿捐款

□通过________投入时间________/月(请填估计小时数)(请圈出您更倾向的方式)

A. 为政府、环保组织做志愿者　　B. 向亲友同事宣传低碳知识

9. 您是否支持在您所居住的街区发展“低碳经济”?

□是(请跳过问题11)　□否(请跳过问题10)　□不知道

10. 您认为有必要发展“低碳经济”的原因是什么?(多选)

□减缓气候变化

□提高生活质量

□提高生产效率和资源利用率

□改善环境质量

□让福鼎市/柘荣县成为可持续发展先锋地区，提高知名度

□其他(请说明)________________

11. 您认为没有必要发展“低碳经济”的原因是什么?(多选)

□要求成本过高　　□影响生活质量

□限制经济发展速度　　□目前的环境保护措施已经足够

□其他(请说明)________________

12. 若在您的街区发展“低碳经济”，您认为政府应当为居民提供哪些帮助?(多选)

□提供资金支持　　□提供免费技术培训

□加大媒体宣传　　□建立低碳鼓励机制

□其他(请说明)________　□不支持

13. 您认为以下哪些方式应该作为政府未来在发展低碳经济的工作重点?(多选)

□发展并鼓励清洁能源的使用(如太阳能、风能等)

□引进减碳技术，减少生产加工中的温室气体排放

□增加森林及绿化带覆盖率，建立林业碳汇[①]项目

□发展绿色建筑(如木制建筑，减少建筑自身的排放)

□发展/升级公共交通体系，鼓励低碳出行方式

---

① 林业碳汇是指森林通过光合作用吸收大气中的二氧化碳并将其固定在植物或土壤中，从而减少二氧化碳在大气中的浓度。森林是陆地生态系统中最大的碳汇，在减少温室气体、减缓气候变化中起着重要作用。

☐建立垃圾分类回收系统

☐教育普及低碳经济和低碳生活知识

☐其他（请说明）________

14. 结合您对当地林业的了解，请您指出最具减排潜力的选项。

☐植树造林，提高森林覆盖率

☐改善森林管理经营，提高单位森林储碳能力

☐加大力度打击非法伐木

☐保护、恢复森林植被

☐发展木质建筑技术以达到建筑储碳目标

☐利用可持续的低碳生物质（如生物柴油、秸秆燃料等）替代化石燃料

☐不了解

15. 结合您对当地农业的了解，请您指出最具减排潜力的选项。

☐发展有机农业，提高耕地土壤固碳能力，避免温室气体进一步排放

☐使用低碳肥料

☐立体种植，合理间种、套种

☐使用下水道中的沼气作为燃料

☐发展农业观光休闲模式

☐农产品废弃物循环利用

☐不了解

16. 结合您对当地工业的了解，请您指出最具减排潜力的选项。

☐使用低碳原材料

☐使用低碳技术，如碳收集和储存技术①

☐循环使用生产废料

☐引进可持续能源

☐使用节能的货物运输工具

☐优化排污系统，减少对环境的影响

☐鼓励购买当地生产的产品和材料

☐收集并在利用生产产生的废热

☐不了解

17. 结合您对当地旅游业的了解，请您指出最具减排潜力的选项。

---

① 即收集大型工厂（如发电厂）的二氧化碳排放，并以特定技术储存，避免其进入大气的技术。

□使用节能照明设备
□鼓励游客使用低碳环保交通出行(如公交)
□向游客宣传低碳经济和低碳生活的理念
□加强景区自然资源的保护
□鼓励游客到居住地附近旅游
□不了解

18. 结合您对当地建筑业的了解，请您指出最具减排潜力的选项。

□采用外墙夹心保温技术节能
□使用屋顶节能技术(如太阳能)
□使用节能照明技术
□引进低辐射门窗技术
□使用绿色建材(如木质建材)
□使用当地生产的产品和材料
□不了解

19. 结合您对绿色能源的了解，请您指出最具减排潜力的选项。

□太阳能发电　□风能发电
□水利发电　□沼气发电
□地热利用(制热/冷)[①]　□植物生物质能
□其他（请说明）________________

20. 结合您对当地交通的了解，请您指出最具减排潜力的选项。

□鼓励市民骑自行车出行
□完善公交系统，方便市民
□鼓励有私家车的市民拼车出行
□改造城市道路，减缓交通拥挤
□鼓励市民短途步行
□其他（请说明）________________

21. 结合你对当地各行业的了解，您认为应在以下哪些行业入手开展低碳减排活动?

□林业(如造林增汇)　□农业(如使用低碳肥料)
□商业(如投资碳汇)　□工业(如引进节能技术)

① 即基于热泵原理，吸收空气中的热能并释放到地表浅层，以达到降温的效果。

□旅游业（如宣传资源保护意识）　□建筑业（如绿色建筑）
□能源生产（如推广可再生能源使用）　□其他（请说明）__________

22. 您的年龄：

□19 至 30 岁　□31 至 40 岁
□41 至 50 岁　□51 至 60 岁
□61 岁或以上

23. 您的性别：

□男　□女

24. 您的职业：

□政府部门工作人员　□公有企业职员
□私有企业职员　农民
□企业家　□个体户
□学生　□已退休
□自由职业
□其他（请说明）______________

25. 您的最高学历：

□中学或以下　□高中
□中/大专　□大学本科
□硕士研究生　□博士研究生或以上
□其他（请说明）______________

26. 您的月薪为：

□低于￥1500　□￥1500 至￥4500
□￥4500 至￥9000　□￥9000 至￥35000
□￥35000 至￥55000　□￥55000 至￥80000
□高于￥80000

27. 您是否有小孩？

□是　□否

28. 你是否由其他关于低碳经济或者这份问卷的建议或意见？

____

____

____

问卷到此结束，再次感谢您的合作！

问卷3：政府调查问卷

请选择最符合您想法的选项：

1. 您是否担心气候变化可能带来的影响？（请打钩）

担心程度 / 分类	完全不担心	不是很担心	有点担心	非常担心
	1	2	3	4
a）对全球的影响				
b）对您所居住区域的影响				
c）对您和您的家人的直接影响				
d）对您后代的影响				

2. 您是否听说过“低碳经济”？（请打钩）

从没听说过*	偶尔听说但不了解	听说过并由一定了解	经常听说并十分了解
1	2	3	4

*如果从未听说过，请跳过问题3

3. 您是如何知道/了解“低碳经济”的？（多选）

□电视新闻

□专题活动教育

□网络

□广告

□报纸杂志

□课堂

□其他（请说明）________________

4. 您认为福鼎市/柘荣县有必要发展“低碳经济”吗？

□十分必要（请跳过问题6）　　　　□没有必要（请跳过问题5）

5. 您认为有必要发展“低碳经济”的原因是什么？（多选）

□减缓气候变化带来的负面影响

□提高社会生产效率和资源利用率，促进经济和环境的和谐永续发展

□使用绿色能源，减少污染排放，改善环境质量

□提高人均资源占有量，提高居民生活质量

□让福鼎市/柘荣县成为可持续发展先锋地区，提高知名度

□其他（请说明）________________

6. 您认为没有必要发展"低碳经济"的原因是什么？（多选）

□需要先进技术和低碳能源，成本过高

□低碳经济只适合发达地区，对当地发展状况来说太遥远

□是慢速的经济，限制高耗能、高排放的重工业发展

□目前的环境保护措施已经足够

□其他（请说明）________________

7. 您认为当地发展低碳经济最大的障碍是什么？（多选）

□公众环保意识较低

□政府相关部门不够重视

□当前政策不够有效且很难改变

□环保组织不够配合

□当地目前经济发展模式粗放

□初始投入较大，政府无力承担

□各部门/行业缺乏相关技术指导

□其他（请说明）________________

8. 根据您对当地的了解，您觉得政府在未来的低碳经济发展过程中的工作重点应该是：（多选）

□发展并鼓励清洁能源的使用（如太阳能、风能等）

□引进减碳技术，减少生产加工中的温室气体排放

□增加森林及绿化带覆盖率，发展林业碳汇[①]项目

□发展绿色建筑（如木制建筑，减少建筑自身的排放）

□发展/升级公共交通体系，鼓励低碳出行方式

□建立垃圾分类回收系统

□宣传普及低碳经济和低碳生活知识

□其他（请说明）________________

9. 从金融与税收角度而言，您是否同意以下陈述？（请在每一栏选择最符合您答案的数字）

---

① 森林碳汇是指森林通过光合作用吸收大气中的二氧化碳并将其固定在植物或土壤中，从而减少二氧化碳在大气中的浓度。森林是陆地生态系统中最大的碳汇，在减少温室气体、减缓气候变化中起着重要作用。

观点陈述	非常赞同	赞同	中立	不赞同	非常不赞同
	1	2	3	4	5
当地政府应当征收碳税（碳税为针对汽油等高排放的传统燃料使用者的税收）					
当地政府应当投资或补贴低碳项目，包括替代能源开发、森林增汇等					
当地政府应当为低碳项目提供低利率贷款					

10. 您是否支持在当地（如一个街区）建立一个低碳经济示范区？

□是　　　　　　　　　□否

11. 结合您对当地林业的了解，请您指出最具减排潜力的选项。

□植树造林，提高森林覆盖率

□改善森林管理经营，提高单位森林储碳能力

□加大力度打击非法伐木

□保护、恢复森林植被

□发展木质建筑技术以达到建筑储碳目标

□利用可持续的低碳生物质（如生物柴油、秸秆燃料等）替代化石燃料

□不了解

12. 结合您对当地农业的了解，请您指出最具减排潜力的选项。

□发展有机农业，提高耕地土壤固碳能力，避免温室气体进一步排放

□使用低碳肥料

□立体种植，合理间种、套种

□使用下水道中的沼气作为燃料

□发展农业观光休闲模式

□农产品废弃物循环利用

□不了解

13. 结合您对当地工业的了解，请您指出最具减排潜力的选项。

□使用低碳原材料

□使用低碳技术，如碳收集和储存技术①

□循环使用生产废料

□引进可持续能源

① 即收集大型工厂（如发电厂）的二氧化碳排放，并以特定技术储存，避免其进入大气的技术。

□使用节能的货物运输工具
□优化排污系统，减少对环境的影响
□鼓励购买当地生产的产品和材料
□收集并在利用生产产生的废热
□不了解

14. 结合您对当地旅游业的了解，请您指出最具减排潜力的选项。
□使用节能照明设备
□鼓励游客使用低碳环保交通出行(如公交)
□向游客宣传低碳经济和低碳生活的理念
□加强景区自然资源的保护
□鼓励游客到居住地附近旅游
□不了解

15. 结合您对当地建筑业的了解，请您指出最具减排潜力的选项。
□采用外墙夹心保温技术节能
□使用屋顶节能技术(如太阳能)
□使用节能照明技术
□引进低辐射门窗技术
□使用绿色建材(如木质建材)
□使用当地生产的产品和材料
□不了解

16. 结合您对绿色能源的了解，请您指出最具减排潜力的选项。
□太阳能发电　　□风能发电
□水利发电　　□沼气发电
□地热利用(制热/冷)[①]　　□植物生物质能
□其他（请说明）________________
□不了解

17. 结合您对当地交通的了解，请您指出最具减排潜力的选项。
□鼓励市民骑自行车出行
□完善公交系统，方便市民
□鼓励有私家车的市民拼车出行

① 即基于热泵原理，吸收空气中的热能并释放到地表浅层，以达到降温的效果。

□改造城市道路，减缓交通拥挤

□鼓励市民短途步行

□其他（请说明）________________

□不了解

18. 结合你对当地各行业的了解，您认为应在以下哪些行业入手开展低碳减排活动？

□林业（如造林增汇）　　□农业（如使用低碳肥料）

□商业（如投资碳汇）　　□工业（如引进节能技术）

□旅游业（如宣传资源保护意识）　　□建筑业（如绿色建筑）

□能源生产（如推广可再生能源使用）　□其他（请说明）________________

19. 您的年龄：

□19 至 30 岁

□31 至 40 岁

□41 至 50 岁

□51 至 60 岁

□61 岁或以上

20. 您的性别：

□男　　□女

21. 您的工作领域是：

□城市规划建设　　□司法行政

□交通运输　　□公安

□医疗卫生　　□财政经济

□民政　　□审计监察

□教育　　□工商管理

□农业　　□旅游发展

□林业　　□其他（请说明）________________

22. 您的最高学历：

□中学或以下　　□高中

□中/大专　　□大学本科

□硕士研究生　　□博士研究生或以上

□其他（请说明）________________

23. 您的月薪为：

□低于￥1500　□￥1500 至￥4500

□￥4500 至￥9000　□￥9000 至￥35000

□￥35000 至￥55000　□￥55000 至￥80000

□高于￥80000

24. 您是否有小孩？

□是　□否

25. 你是否由其他关于低碳经济或者这份问卷的建议或意见？

____

____

____

问卷到此结束，再次感谢您的合作！

参考文献

蔡昉，都阳．(2000)．中国地区经济增长的趋同与差异．经济研究，10，30 - 37.

曹华军，李洪丞，宋胜利，杜彦斌，陈鹏．(2012)．基于生命周期评价的机床生命周期碳排放评估方法及应用．计算机集成制造系统，17(11)，2432 - 2437.

曹吉鑫，田赟，王小平，孙向阳．(2009)．．森林碳汇的估算方法及其发展趋势．生态环境学报，18(5)，2001 - 2005.

查冬兰，周德群．(2008)．地区能源效率与二氧化碳排放的差异性—基于Kaya因素分解．系统工程，25(11)，65 - 71.

巢桂芳．(2010)．关于提高低碳经济意识，创导低碳消费行为的调查与研究．经济研究导刊，31，215 - 216.

陈理浩(2014)，中国碳减排路径选择与对策研究，吉林大学博士论文．

陈勇，于大波，李建明．(2011)．中国代表团团长解振华：德班气候大会取得积极成果．新华网．Retrieved June 2，2016，from http：//news. xinhuanet. com/world/2011-12/11/c_ 111234634. htm.

樊星．(2013)．中国碳排放测算分析与减排路径选择研究．辽宁大学博士论文．

冯雪．(2013)．基于STIRPAT模型的辽宁省碳排放驱动因素的分析．辽宁师范大学硕士论文．

福鼎市统计局．(2014)．福鼎市2014统计年鉴公报．福鼎市2014统计年鉴．福鼎，福建：福鼎市统计局．

福鼎市政府办．(2012)．走进福鼎—自然地理．Retrieved June 2，2016，from http：//www. fuding. gov. cn/Dhym/Zjfd/Zjfdxx/tabid/148/pid/20/cid/28/stabid/129/Default. aspx.

福建省宁德核电有限公司．(2014)．中国环境报：福建宁德核电站2015年发电量占福建用电量18%．Retrieved June 2，2016，from http：//www. ndnp. com. cn/n668/n671/c560781/content. html.

福建省情资料库．(2006)．树种资源．Retrieved June 2，2016，from http：//www. fjsq. gov. cn/showtext. asp? ToBook＝3146&index＝284&.

福建省情资料库．(2008)．柘荣县志．Retrieved June 2，2016，from http：//www. fjsq. gov. cn/showtext. asp? ToBook＝3159&index＝6&.

福建省人民政府．(2008)．宁德市人民政府关于印发宁德市节能减排综合性工作方案的通知（宁政文(2007)366 号）．Retrieved June 2，2016，from http：//www. fujian. gov. cn/inc/doc. htm? docid＝52250.

福建省人民政府．(2012)．宁德市人民政府关于贯彻福建省"十二五"节能减排综合性工作方案的实施意见（宁政（2012）16 号）．Retrieved June 2，2016，from http：//www. fujian. gov. cn/inc/doc. htm? docid＝487372.

福建新闻网．(2013)．环保人士：全国居首的森林覆盖率将助力福建"空气游"．Retrieved June 2，2016，from http：//www. fj. chinanews. com/news/2013/2013-03-10/228744. shtml.

付加锋，庄贵阳，高庆先．(2010)．低碳经济的概念辨识及评价指标体系构建．中国人口资源与环境，20(8)，38－43.

付伟．(2012)．湖北省碳排放影响因素实证研究．中央民族大学博士论文．

付允，刘怡君，和汪云林．(2010)．低碳城市的评价方法与支撑体系研究．中国人口·资源与环境，20(8)，44－47.

郝千婷，黄明祥，包刚．(2012)．碳排放核算方法概述与比较研究．中国环境管理，(4)，51－55.

贺灿飞，梁进社．(2004)．中国区域经济差异的时空变化：市场化，全球化与城市化．管理世界，(8)，8－17.

贺红兵．(2012)．我国碳排放影响因素分析，华中科技大学博士论文．

环球网．(2014)．2013 全球碳排放量数据公布，中国人均首超欧洲．Retrieved June 2，2016，from http：//finance. huanqiu. com/view/2014-09/5146643. html.

蒋金荷．(2011)．中国碳排放量测算及影响因素分析．资源科学，33(4)，597－604.

焦文献，陈兴鹏．(2012)．基于 IPAT 等式的甘肃省能源消费碳排放特征分析及情景预测．干旱区资源与环境，26(10)，180－184.

金文钦．(2012)．辩证地看森林覆盖率．福建林业厅．Retrieved June 2，2016，from http：//www. fjforestry. gov. cn/InfoShow. aspx? InfoID ＝

51774&InfoTypeID = 5.

赖力，黄贤金 .（2011）. 中国土地利用的碳排放效应研究 . 南京大学出版社，120 – 121.

李布 .（2010）. 欧盟碳排放交易体系的特征、绩效与启示 . 重庆理工大学学报（社会科学），24（3），1 – 5. Retrieved June 2，2016，from http：//wenku. baidu. com/view/0b1ca616866fb84ae45c8d6f. html.

李丹和陈磊 .（2013）. 国务院新闻办召开 IPCC 第四次评估报告发布会 . 中国气候变化信息网 . Retrieved June 2，2016，from http：//www. ccchina. gov. cn/Detail. aspx？ newsId = 7993&TId = 57.

李怒云 .（2007）. 中国林业碳汇[M]. 北京：中国林业出版社 .

李晓燕和邓玲 .（2010）. 城市低碳经济综合评价探索——以直辖市为例 . 现代经济探索，2，82 – 85.

林剑艺，孟凡鑫，崔胜辉，等 .（2012）. 城市能源利用碳足迹分析——以厦门市为例 . 生态学报，32（12），3782 – 3794.

刘少华和夏悦瑶 .（2012）. 新型城镇化背景下低碳经济的发展之路 . 湖南师范大学社会科学学报，3，84 – 87.

刘炜洋，梁嘉鑫，李志新 .（2010）. 生物量的遥感估算方法及影响因素 . 林业科技情报，42（2），1 – 2.

刘文玲和王灿 .（2010）. 低碳城市发展实践与发展模式 . 中国人口·资源与环境，20（4），17 – 22.

刘源，李向阳，林剑艺，崔胜辉，赵胜男 .（2014）. 基于 LMDI 分解的厦门市碳排放强度影响因素分析 . 生态学报，34（9），2378 – 2387.

梅煌伟 .（2012）. 福建省主要温室气体排放核算及特征分析 . 福建师范大学博士论文 .

闽东日报 .（2013）. 宁德福鼎主动对接“六新大宁德”建设 . Retrieved June 2，2016，from http：//www. ffw. com. cn/1/10/543/153869. html.

倪铭娅 .（2011）. 中国低碳经济发展报告（2012）发布 . 人民网财经频道 . Retrieved June 2，2016，from http：//finance. people. com. cn/GB/70846/16397986. html.

宁德市福鼎市统计局 .（2013）. 宁德市福鼎市 2012 年国民经济和社会发展统计公报 . 中国统计信息网 . Retrieved June 2，2016，from http：//www. tjcn. org/tjgb/201302/26276. html.

宁德市柘荣县统计局.(2011).宁德市柘荣县2010年国民经济和社会发展统计公报.中国统计信息网.Retrieved June 2, 2016, from http://www.tjcn.org/tjgb/201109/20441.html.

宁德市政府网.(2015).福鼎市自然资源概况.Retrieved June 2, 2016, from http://www.ningde.gov.cn/cms/www2/www.ningde.gov.cn/A4B78CAEF4DC7B3BFC1AC845CA002E95/2015-01-19/564E220073DFE012115B7E299A39F3AB.html.

宁德网.(2014).福建省划定10个生物多样性保护优先区域.Retrieved June 2, 2016, from http://www.xpxww.com/2014/gdxw_0521/6976.html.

欧嘉瑞,洪明龙,李沛豪.(2011).澎湖低碳岛之规划与生态观光.岛屿观光研究,4(3),24-41.

裴雪姣,谈尧.(2013).城市低碳经济发展评价研究进展.统计与决策,(24),30-34.

尚春静,张智慧.(2010).建筑生命周期碳排放核算.工程管理学报,24(1),7-12.

世华财讯.(2010).低碳经济中国未来经济发展方向.Retrieved June 2, 2016, from http://info.yidaba.com/201003/03102928100110010000081842.shtml.

宋平,李长顺,唐德才,李萌萌.(2014).气候变化背景下中国低碳制造发展研究.阅江学刊,6(2),63-69.

苏美蓉,陈彬,陈晨,杨志峰,梁辰,王姣.(2012).关于中国低碳城市热的思考:现状、问题及发展趋势.中国人口.资源与环境,22(3),48-55.

田立新,高琳琳.(2012).利用微分方程建立煤炭消耗及碳排放量预测模型.能源技术与管理,(2),161-164.

汪浩,陈操操,刘春兰.(2013).碳排放计算方法的合理性和适用性分析.中国环境科学学会学术年会论文集(第二卷).

王克,姚幸颖,刘琦媛.(2014).基于Theil指数KAYA分解的中国碳排放差异性分析.环境保护科学,(5).

魏晶,吴钢,邓红兵.(2004).长白山高山冻原植被生物量的分布规律.应用生态学报,15(11),1999-2004.

魏水英.(2012).宁波市低碳经济发展的社会公众基础分析.浙江万里学院学报,25(3),13-18.

吴开亚，何彩虹，王桂新，张浩．(2012)．上海市交通能源消费碳排放的测算与分解分析．经济地理，32(11)，45－51.

肖宏伟．(2013)．中国碳排放测算方法研究．阅江学刊，5(5)，48－57.

徐国泉，刘则渊，姜照华．(2006)．中国碳排放的因素分解模型及实证分析：1995－2004. 中国人口资源与环境．16(6)，158－161.

徐建华，鲁凤，苏方林，卢艳．(2005)．中国区域经济差异的时空尺度分析．地理研究，24(1)，57－68.

阳洪霞．(2011)．低碳经济时代大学生低碳生活探析．中国科教创新导刊，20，171－171.

杨晓亭．(2012)．山东省低碳经济研究 西北大学硕士论文．

杨宜勇．(2009)．回首中国经济发展 60 年．搜狐财经．Retrieved June 2，2016，from http：//business. sohu. com/20091010/n267261889. shtml.

叶祖达．(2011)．建立低碳城市规划工具—城乡生态绿地空间碳汇功能评估模型．城市规划，(2)，32－38.

张鹏．(2013)．山西省碳排放量以及影响因素研究．山西财经大学硕士论文．

张钰坤，刘雅薇．(2013)．我国东中西部碳减排路径分析．现代商贸工业，25(15)，53－55.

赵鹏飞．(2013)．低碳减排对成本核算管理影响及信息披露研究．华东经济管理，27(7)，144－147.

柘荣县林业局．(2015)．柘荣县林业局关于 2014 年度森林资源增长指标自查情况的报告．Retrieved June 2，2016，from http：//www. fjzr. gov. cn/lyj/xxgk/zfxxgkml/gfxwj/webinfo/2015/02/1420012058503813. htm.

柘荣县人民政府．(2013)．柘荣东狮山旅游避暑山庄项目开发．Retrieved June 2，2016，from http：//www. fjzr. gov. cn/Xsgl/Wzxs/tabid/110/ID/103558/pmid/6515/Default. aspx.

柘荣县人民政府．(2015)．柘荣概况．Retrieved June 2，2016，from http：//www. fjzr. gov. cn/Xsgl/Wzxs _ zjjl/tabid/323/ID/69216/pmid/1464/Default. aspx.

柘荣县统计局．(2013)．柘荣县 2013 统计年鉴公报．柘荣县 2013 统计年鉴．柘荣，福建：柘荣县统计局．

政府间气候变化专门委员会(IPCC)．(2007)．气候变化 2007：综合报告．政府间气候变化专门委员会第四次评估报告第一、第二和第三工作组的报告. 日内瓦，瑞士：政府间气候变化专门委员会.

中国国家科学技术部.（2011）. 全民节能减排手册. Retrieved June 2, 2016, from http：//www. most. gov. cn/ztzl/jqjnjp/qmjnjpsc/qmjnjpsc – ml. htm.

中国科学院可持续发展战略研究组.（2009）. 中国可持续发展战略报告—探索中国特色的低碳道路. 北京，中国：科学出版社.

中国评论新闻网.（2009）. “低碳经济”究竟该如何定义？Retrieved June 2, 2016, from http：//hk. crntt. com/doc/1010/9/0/5/101090596. html？coluid =7&kindid =0&docid =101090596.

周毅和罗英.（2013）. 以新型城镇化引领区域协调发展. 人民网. Retrieved June 2, 2016, from http：//theory. people. com. cn/n/2013/0106/c49154-20105226. html.

朱玲玲.（2013）. 中国工业分行业碳排放影响因素研究. 哈尔滨工业大学硕士论文.

庄贵阳.（2010）. 低碳试点城市低碳发展指标比较. 中国建设信息，21，36 –39.

庄智，胡琼琼，朱伟峰，徐强，谭洪卫.（2011）. 国际碳排放核算标准现状与探讨. 能源世界，4，42 –45.

2050 Japan Low-Carbon Society Scenario Team.（2009）. Japan Roadmaps towards Low-Carbon Societies（LCSs）. Retrieved June 2, 2016, from http：//2050. nies. go. jp/LCS/eng/japan. html.

Admin.（2011）. Cities and the Low Carbon Transition. The European Financial Review. RetrievedJune 2, 2016, from http：//www. europeanfinancialreview. com/？ p =3541.

Babbie, E. R. & Benaquisto, L.（2009）. Chapter 9：Survey research. Fundamentalsof social research Toronto, CA：Nelson Education Ltd, 246 –284.

Baeumler, A., Ijjasz-Vasquez, E. & Mehndiratta, S.（2012）. Sustainable low-carbon city development in China：Why it matters and what can be done. In Baeumler, A., Ijjasz-Vasquez, E. & Mehndiratta, S.（Eds.）, Sustainable low-carbon city development in China（pp. xxxix-lxvii）. Washington, DC：World Bank Publications.

Barros, N, Cole, J. J., Tranvik, L. J., Prairie, Y. T., Bastviken, D ,

Huszar, V. L. M. , Giorgio, P. D. , & Roland, F. (2011). Carbon emission from hydroelectric reservoirs linked to reservoir age and latitude. Nature Geoscience 4, 593 - 596.

Bastianoni, S. , Pulselli, F. M. & Tiezzi, E. (2004). The problem of assigning responsibility for greenhouse gas emissions. Ecological Economics, 49 (3), 253 -257.

Blake, D. E. , Guppy, N. , and Urmetzer, P. (1996). Being Green in BC: Public Attitudes towards Environmental Issues. BC Studies, 112: 41 -61.

Blake, J. (1999). Overcoming the "value-action gap" in environmental policy: Tensions between national policy and local experience. Local Environment, 4 (3), 257 -278.

Bord, R. J. , Fisher, A. & O'Connor, R. E. (1998). Public perceptions of global warming: United States and international perspectives. Climate Research, 11 (1), 75 -84.

Brooker, R. G. , & Schaefer, T. (2006). Public Opinion in the 21st Century , let the people speak? Cengage Learning Inc.

Bulkeley, H. , Broto, V. C. , Hodson, M. , & Marvin, S. (Eds.), 2011. Cities and Low Carbon Transitions. The European Financial Review. Retrieved June 2, 2016, from www. salford. ac. uk/_ _ data/assets/pdf_ file/0011/318719/TE-FR-Aug-Sep-2011-Cities-and-the-low-carbon-transition. pdf

Cai, X. , Chen, Y. & Yali, J. (2012). Low-Carbon City Construction in China: National Situation and Practice (Report No. 71003040). Civil Engineering and Urban Planning 2012.

California State University (2013). Part1: Descriptive Statistics. IBM SPSS Statistics 20 Summer 2013, Version 2. 0. Retrieved June 2, 2016, from http: // www. calstatela. edu/sites/default/files/groups/Information% 20Technology% 20Services/training/pdf/spss22p1. pdf.

Center for Research on Environmental Decisions (CRED) (2009). The Psychology of Climate Change Communication: A Guide for Scientists, Journalists, Educators, Political Aides, and the Interested Public. Columbia University, New York.

Center for Research on Environmental Decisions, & EcoAmerica. (2014). Connecting on Climate : A Guide to Effective Climate Change Communication. (C. St. John, S. Marx, M. Speiser, L. Zaval, & R. Perkowitz, Eds.). New York, NY: Comlunbia University and ecoAmerica. Retrieved June 2, 2016, from http: //www. connectingonclimate. org/.

Chang, G. , Huang, F. & Li, G. (2012). Public Perception of Climate Change and Their Support ofClimate Policy in China: Based on Global Surveys and in Comparison with USA. Scientia Geographica Sinica, 32(12), 1481 - 1487.

Check, J. & Schutt, R. K. (2012). Chapter 8: Survey Research. In Research methods in education (pp. 159 - 185). Thousand Oaks, Calif. : Sage Publications. Retrieved June 2, 2016, from http: //www. sagepub. com/upm-data/43589_ 8. pdf.

Chen, L. , & Taylor, D. (2011). Public Awareness and Performance Relating to the Implementation of a Low-Carbon Economy in China: A Case Study from Zhengzhou. Low Carbon Economy, 2, 54 - 61. doi: 10. 4236/lce. 2011. 22009.

Chen, Y. (2011). Strategic Thinking on the Development of Forest Carbon SinkEconomy. Journal of Heilongjiang Vocational Institute of Ecological Engineering, 24(2), 1 - 3.

Chomkhamsri, K. & Pelletier, N. (2011). Analysis of existing environmental footprint methodologies for products and organizations: recommendations, rationale and alignment (Report No. N070307/2009/552517). Retrieved June 2, 2016, from http: //ec. europa. eu/environment/eussd/pdf/Deliverable. pdf.

Colorado State University (2012). Commentary on Survey Research. Writing@ CSU Guide. Retrieved June 2, 2016, from http: //writing. colostate. edu/guides/page. cfm? pageid = 1421&guideid = 68.

Committee on Climate Change of the UK. (2010). Building alow-carbon economy — the UK's innovation challenge. Retrieved June 2, 2016, from http: //archive. theccc. org. uk/aws/CCC_ Low-Carbon_ web_ August%202010. pdf.

Denier van der Gon, H. , Beevers, S. , D'Allura, A. , Finardi, S. , et al. (2012). Chapter 34 Discrepancies between top-down and bottom-up emission inventories of megacities: The causes and relevance for modeling concentrations and exposure. In Steyn, D. G. and Trini Castelli, S. (Eds.), Air Pollution

Modelling and its Application XXI (pp. 199 - 204). Dordrecht, The Netherlands: Springer.

Dietz, T., Dan, A., & Shwom, R. (2007). Support for Climate Change Policy: Social Psychological and Social Structural Influences. Rural Sociology, 72(2), 185 -214.

Dugan, A. (2014). Americans most likely to say global warming is exaggerated. Gallup. 17 March 2014. Retrieved June 2, 2016, from http://www.gallup.com/poll/167960/americans-likely-say-global-warmi ng-exaggerated.aspx? utm_ source = CATEGORY_ CLIMATE_ CHANGE&utm_ medium = topic&utm_ campaign = tiles.

Dunlap, R. E. (1998). Lay perceptions of global risk public views of global warming in cross-national context. International Sociology, 13(4), 473 -498.

Dunlap, R. E., Van Liere, K. D., Mertig, A. G. & Jones, R. E. (2000). New trends in measuring environmental attitudes: measuring endorsement ofthe new ecological paradigm: a revised NEP scale. Journal of Social Issues, 56(3): 425 -442.

Dunlap, R. E., Xiao, C., & McCright, A. M. (2001). Politics and Environment in America: Partisan and Ideological Cleavages in Public Support for Environmentalism. Environmental Politics, 10: 23 -48.

Ehrlich, P. R. & Holdren, J. P. (1971). Impact of population growth. Science, 171 (3977), 1212 -1217.

El-Habil, A. M. (2012). An Application on Multinomial Logistic Regression Model. Pakistan Journal of Statistics and Operation Research, 8 (2), 271 -291.

Environment Canada. (2015). Basic Concepts for Reporting Emissions. 13 February 2015. RetrievedJune 2, 2016, from https://www.ec.gc.ca/ges-ghg/default.asp? lang = En&n = 47B640C5-1&offset = 5&toc = hide.

European Climate Foundation. (2010). ROADMAP 2050: Practical guide to a prosperous, low-carbon Europe (Volume 1-Executive Summary). Retrieved June 2, 2016, from http://www.roadmap2050.eu/attachments/files/Volume1 _ ExecutiveSummary.pdf.

European Commission. (2013). International Carbon Market. Climate Action.

Retrieved June 2, 2016, from http://ec.europa.eu/clima/policies/ets/markets/index_en.htm.

European Commission. (2013). What is the EU doing? RetrievedJune 2, 2016, from http://ec.europa.eu/clima/policies/adaptation/what/index_en.htm.

European Commission. (2015). Roadmap for moving to a low carbon economy in 2050. Retrieved June 2, 2016, from http://ec.europa.eu/clima/policies/strategies/2050/docs/roadmap_fact_sheet_en.pdf.

Field, A. (2009). Discovering statistics using SPSS Third Edition. Sage publications.

Floater, G., Rode, P., Robert, A., Kennedy, C., Hoornweg, D., Slavcheva, R., &Godfrey, N. (2014). Cities and the New Climate Economy: the transformative role of global urban growth. The New Climate Economy. Retrieved Retrieved June 2, 2016, from http://newclimateeconomy.report/misc/working-papers.

Gessinger, G. (1997). Lower CO_2 emissions through better technology. Energy Conversion and Management, 38, S25 - S30.

Gifford, R. (2011). The dragons of inaction: Psychological barriers that limit climate change mitigation and adaptation. American Psychologist, 66(4), 290.

Gillenwater, M. (2005). Calculation tool for direct emission from stationary combustion. World Resources Institute and World Business Council for Sustainable Development (WRI/WBCSD). Retrieved June 2, 2016, from http://www.ghgprotocol.org/files/ghgp/tools/Stationary_Combustion_Guidance_final.pdf

Grecni, Z. (2014). American Catholics worry about global warming and support U.S. action. Yale Project on Climate Change Communication. Retrieved June 2, 2016, from http://environment.yale.edu/climate-communication/article/american-catholics-worry-about-global-warming-and-support-u.s.-action.

Hamilton, L. C. & Keim, B. D. (2009). Regional variation in perceptions about climate change. International Journal of Climatology, 29(15), 2348 - 2352.

Hannon, A., Liu, Y., Walker, J. & Wu, C. (2011). Delivering Low Carbon Growth: A Guide to China's 12th Five Year Plan. The Climate Group of HSBC. Retrieved June 2, 2016, fromhttp://www.theclimategroup.org/_assets/files/

FINAL_ 14Mar11_ -TCG_ DELIVERING-LOW-CARBON-GROWTH-V3. pdf.

Hesketh, T. , & Zhu, W. X. (1997). Health in China: Theone child family policy: the good, the bad, and the ugly. BMJ, 314(7095), 1685. Doi. Retrieved June 2, 2016, from http: //dx. doi. org/10. 1136/bmj. 314. 7095. 1685.

HM Government. (2009). The UK Low Carbon Transition Plan: National strategy for climate and energy. London, UK. The Stationery Office (TSO). Retrieved June 2, 2016, from http: //www. official-documents. gov. uk/document/other/9780108508394/9780108508394. asp.

House, C , Chinese Academy of Social Sciences, Energy Research Institute, Jilin University, E3G. (2010). Low Carbon Development Roadmap for Jilin City. London, UK: Chatham House. Retrieved June 2, 2016, from https: //www. chathamhouse. org/sites/files/chathamhouse/public/Research/Energy%2C%20Environment%20and%20Development/r0310_ lowcarbon. pdf.

Huang, S. H, & Pan, W. S. (2013). Zherong: Skinny "differences", various "features". Fujian Daily. Retrieved June 2, 2016, from http: //news. sina. com. cn/c/2013-01-06/083925964920. shtml.

Institute for Digital Research and Education (IDRE) University of California Los Angeles. (2007). Introduction to SAS. Retrieved June 2, 2016, from http: //www. ats. ucla. edu/stat/sas/notes2/.

Intergovernmental Panel on Climate Change (IPCC). (2006). IPCC Guidelines for national greenhouse gas inventories. Retrieved June 2, 2016, from http: //www. ipcc-nggip. iges. or. jp/public/2006gl/.

Intergovernmental Panel on Climate Change (IPCC). (2014). Synthesis Report. Contribution of Working Groups I, II and III to the Fifth Assessment Report of the Intergovernmental Panel on Climate Change [Core Writing Team, R. K. Pachauri and L. A. Meyer (eds.)]. Geneva, Switzerland: IPCC.

Irvine, B. (2015). Measuring Progress Toward a Low Carbon Economy in Manchester. Retrieved June 2, 2016, from https: //steadystatemanchester. files. wordpress. com/2015/09/indicators-report-macf-low-carbon-economy-final-edit-mb. pdf.

Jaeger, A, Nugroho, S. B, Zusman, E, Nakano, R, & Daggy, R. (2015) Natural Resources Forum, 39, 27 –40.

Jaeger, C., Dürrenberger, G., Kastenholz, H. & Truffer, B. (1993). Determinants of environmental action with regard to climatic change. Climatic Change, 23(3), 193 - 211.

Kaya, Y. (1990). Impact of carbon dioxide emission control on GNP growth: interpretation of proposed scenarios. IPCC energy and industry subgroup, response strategies working group, Paris.

Kim, J. O., & Mueller, C. W. (1978). Factor analysis: statistical methods and practical issues. Thousand Oaks (CA): Sage Publications.

Kollmuss, A. & Agyeman, J. (2002). Mind the gap: why do people act environmentally and what are the barriers to pro-environmental behavior? Environmental Education Research, 8(3), 239 - 260.

Kwak, C., & Clayton-Matthews, A. (2002). Multinomial logistic regression. Nursing research, 51(6), 404 - 410.

Leggett, J. A. (2011). China's Greenhouse Gas Emissions and Mitigation Policies. (Report No. R41919). U. S. Congressional Research Service. Retrieved June 2, 2016, from http://fpc.state.gov/documents/organization/169172.pdf.

Leiserowitz, A. (2007). American risk perceptions: Is climate change dangerous? Risk Analysis, 25 (6), 1433 - 1442. DOI: 10.1111/j.1540 - 6261.2005.00690.x.

Leiserowitz, A. (2007). International Public Opinion, Perception, and Understanding of Global Climate Change. UNEP Human Development Report 2007/2008. Retrieved June 2, 2016, from http://www.climateaccess.org/sites/default/files/Leiserowitz_ International%20Public%20Opinion.pdf.

Leiserowitz, A., Kates, R. W. & Parris, T. M. (2005). Do global attitudes and behaviors support sustainable development? Environment, 47(9), 22 - 38.

Leiserowitz, A., Maibach, E., Roser-Renouf, C., et al. (2014). Climate change in the American mind: April, 2014. Yale University and George Mason University. Yale Project on Climate Change Communication, New Haven, CT.

Leiserowitz, A., Smith, N. & Marlon, J. R. (2011). American teens' knowledge of climate change. Yale University. New Haven, CT: Yale Project on Climate Change Communication. Retrieved June 2, 2016, from http://

www. ourenergypolicy. org/wp-content/uploads/2013/05/American-Teens-Knowledge-of-Climate-Change. pdf.

Levin, K. A. (2006). Study design III: Cross-sectional studies. Evidence-Based Dentistry (2006) 7, 24 - 25. doi: 10. 1038/sj. ebd. 6400375.

Liu, Q., Li, H. M., Zuo, X. L., Zhang, F. F., & Wang, L. (2009). A survey and analysis on public awareness and performance for promoting circular economy in China: A case study from Tianjin. Journal of Cleaner Production, 17 (2), 265 - 270.

Liu, Z, Liang, S, Geng Y, Xue, B, Xi, F. M, Pan, Y, Zhang, T. Z., & Fujita, T. (2012) Features, trajectories and driving forces for energy-related GHG emissions from Chinese mega cites: The case of Beijing, Tianjin, Shanghai and Chongqing. Energy, 37(1), 245 - 254.

Liu, Z., Geng, Y., Lindner, S., & Guan, D. (2012). Uncovering China's greenhouse gas emission from regional and sectoral perspectives. Energy, 45 (1), 1059 - 1068.

Lorenzoni, I. & Pidgeon, N. F. (2006). Public views on climate change: European and USA perspectives. Climatic Change, 77 (1 - 2), 73 - 95. DOI: 10. 1007/s10584-006-9072-z.

Lorenzoni, I., Nicholson-Cole, S. & Whitmarsh, L. (2007). Barriers perceived to engaging with climate change among the UK public and their policy implications. Global Environmental Change, 17 (3), 445 - 459. doi: 10. 1016/j. gloenvcha. 2007. 01. 004.

Louviere, J. J., Hensher, D. A., & Swait, J. D. (2000). Chapter 3: Choosing a choice model. In Stated choice methods: Analysis and Applications (pp. 34 - 83). Cambridge: Cambridge University Press.

Ma, C. & Stern, D. I. (2008). China's changing energy intensity trend: A decomposition analysis. Energy Economics, 30(3), 1037 - 1053.

Nakata, T. & Lamont, A. (2001). Analysis ofthe impacts of carbon taxes on energy systems in Japan. Energy Policy, 29(2), 159 - 166.

Newport, F. (2014). Americans show low levels of concern on global warming. Gallup. 4 April 2014. Retrieved June 2, 2016, from http://www. gallup. com/poll/168236/americans-show-low-levels-concern-global-warming. aspx.

Nicholls, D. , Barnes, F. , Acrea, F. et al. (2015). Top-down and bottom-up approaches to greenhouse gas inventory methods: A comparison between national- and forest-scale reporting methods. United States Department of Agriculture. Retrieved June 2, 2016, from http://www. fs. fed. us/pnw/pubs/pnw_ gtr906. pdf.

Nisbet, M. C. & Myers, T. (2007). The polls—trends twenty years of public opinion about global warming. Public Opinion Quarterly, 71(3), 444 –470.

Norman, J. , MacLean, H. L. & Kennedy, C. A. (2006). Comparing high and low residential density: life-cycle analysis of energy use and greenhouse gas emissions. Journal of Urban Planning and Development, 132(1), 10 –21.

Oldendick, R. W. (2002). The role of public opinion in policy and practice. USC Institute for Public Service and Policy Research. Retrieved June 2, 2016, from http://ipspr. sc. edu/ejournal/assets/Public% 20Opinion% 20-% 20rold endick. pdf.

Olli, E. , Grendstad, G. & Wollebaek, D. (2001). Correlates of environmental behaviors bringing back social context. Environment and Behavior, 33 (2), 181 –208.

Organisation for Economic Co-operation and Development (OECD) & Local Economic and Employment Development (LEED). (2013). Green growth in the Benelux: Indicators of local transition to a low-carbon economy in cross-border regions. Retrieved June 2, 2016, from https://www. oecd. org/cfe/leed/Benelux%20report%20FINAL. pdf.

O'Connor, R. E. , R. J. Bord, and A. Fisher. (1999). Risk Perceptions, General Environmental Beliefs, and Willingness to Address Climate Change. Risk Analysis, 19, 455 - 65.

Pan, J. , Zhuang, G. , Zheng, Y. et al. (2010). The concept of low-carbon economy and evaluation methodology of low carbon city: Case study of Jilin City. Chinese Academy of Social Science. Retrieved June 2, 2016, from http://wenku. baidu. com/view/848fa03a87c24028915fc30e.

Patz, J. A. , Campbell-Lendrum, D. , Holloway, T. , & Foley, J. A. (2005). Impact of regional climate change on human health. Nature, 438(7066), 310 –

317.

Peters, G. P. & Hertwich, E. G. (2008). Post – Kyoto greenhouse gas inventories: production versus consumption. Climatic Change, 86(1 –2), 51 –66.

Pew Research Center. (2009). Economy, jobs, trump all other policy prioritiesin 2009. Pew Research Center U. S. Politics & Policy. Retrieved June 2, 2016, from http: //people – press. org/report/485/economy – top – policy – priority.

Pew Research Center. (2009). Global warming seen as a major problem around the world less concern in the U. S. , China and Russia. December 2, 2009. Retrieved June 2, 2016, from http: //www. pewglobal. org/2009/12/02/global – warming – seen – as – a – major – problem – around – the – world – less – concern – in – the – us – china – and – russia/.

Piao, S. , Ciais, P. , Huang, Y. , Shen, Z. , Peng, S. , Li, J. , . . . & Fang, J. (2010). The impacts of climate change on water resources and agriculture in China. Nature, 467(7311), 43 –51. doi: 10. 1038/nature09364.

Public – Private Infrastructure Advisory Facility (PPIAF) (2015). The Role of Transport in Economic Development. Retrieved June 2, 2016, from http: //www. ppiaf. org/sites/ppiaf. org/files/documents/toolkits/railways _ toolkit/ch1 _ 1_ 3. html.

Pugliese, A. , & Ray, J. (2009). Gallup Presents. . . A Heated Debate Global Attitudes toward Climate Change. Harvard International Review, 31(3), 64.

Ramaswami, A. , Hillman, T. , Janson, B. , et al. (2008). A demand-centered, hybrid life-cycle methodology for city-scale greenhouse gas inventories. Environmental Science & Technology, 42(17), 6455 –6461.

Raupach, M. R. , Marland, G. , Ciais, P. , Quéré, C. L. , Canadell, J. G. , Klepperand, G. & Field, C. B. (2007). Global and regional drivers of accelerating CO_2 emissions. Proc Natl Acad Sci U S A. , 104(24), 10288 - 10293. doi: 10. 1073/pnas. 0700609104.

Ray, J. & Pugliese, A. (2011). World's Top-Emitters No More Aware of Climate Change in 2010. Gallup. 26 August 2011. Retrieved June 2, 2016, from http: //www. gallup. com/poll/149207/world-top-emitters-no-aware-climate-change-2010. aspx

Saad, L. (2014). One in four in U. S. are solidly skeptical of global warming.

Gallup. 22 April 2014. Retrieved June 2, 2016, from http://www.gallup.com/poll/168620/one-four-solidly-skeptical-global-warming.aspx.

Samaras, C. & Meisterling, K. (2008). Life cycle assessment of greenhouse gas emissions from plug-in hybrid vehicles: implications for policy. Environmental Science & Technology, 42(9), 3170-3176.

Savage, I. (1993). Demographic influences on risk perceptions. Risk Analysis, 13(4), 313-420.

Scannell, L., & Gifford, R. (2011). Personally Relevant Climate Change: The Role of Place Attachment and Local Versus Global Message Framing in Engagement. Environment and Behavior, 45(1), 60 - 85. Retrieved June 2, 2016, from http://doi.org/10.1177/0013916511421196.

Semenza, J. C., Hall, D. E., Wilson, D. J., Bontempo, B. D., Sailor, D. J., & George, L. A. (2008). Public Perception of Climate Change. American Journal of Preventive Medicine, 35(5), 479 - 487. Retrieved June 2, 2016, from http://www.ajpmonline.org/article/S0749-3797(08)00683-1/fulltext.

Seto, K. C., Dhakal, S., Bigio, A., Blanco, H., Delgado, G. C. et al. (2014). Chapter 12: Human Settlements, Infrastructure, and Spatial Planning. In Edenhofer, O., Pichs-Madruga, R., Sokona, Y., Farahani, E., Kadner, S. et al. (Eds.). Climate Change 2014: Mitigation of Climate Change. Contribution of Working Group III to the Fifth Assessment Report of the Intergovernmental Panel on Climate Change. Cambridge, UK, and New York: Cambridge University Press.

Seto, K. C., Güneralp, B. and Hutyra, L. R. (2012). Global forecasts of urban expansion to 2030 and direct impacts on biodiversity and carbon pools. Proceedings of the National Academy of Sciences, 109(40). 16083 - 16088. DOI: 10.1073/pnas.1211658109.

Sheppard, S. (2012). Visualizing climate change: A guide to visual communication of climate change and developing local solutions. Abingdon, Oxon: Routledge.

Sohu. (2015). Rank of Provinces in China by GDP in 2014. Retrieved June 2, 2016, from http://mt.sohu.com/20150129/n408172774.shtml.

Sperling, D. & Yeh, S. (2010). Toward a global low carbon fuel standard.

Transport Policy, 17(1), 47 - 49.

Steiner, A. (2012). 评论：联合国环境署诞生四十年期待更高发展. 联合国环境规划署 - 同济大学环境与可持续发展学院. Retrieved June 2, 2016, from http://news.sina.com.cn/green/news/roll/2012-02-07/182823895873.shtml.

Sterman, J. D. & Sweeney, L. B. (2007). Understanding public complacency about climate change: Adults' mental models of climate change violate conservation of matter. Climatic Change, 80(3 - 4), 213 - 238.

Sun, H, Zhang, Y. T., Wang, Y. N., Li, L, Sheng, Y. (2015). A social stakeholder support assessment of low - carbon transport policy based on multi - actor multi - criteria analysis: The case of Tianjin. Transport Policy, 41, 103 - 116.

Swim, J., Clayton, S., Doherty, et al. (2009). Psychology and global climate change: Addressing a multi-faceted phenomenon and set of challenges. A report by the American Psychological Association's task force on the interface between psychology and global climate change. Retrieved June 2, 2016, from http://www.apa.org/science/about/publications/climate-change.pdf.

Swim, J. K., Stern, P. C., Doherty, T. J., et al. (2011). Psychology's Contributions to Understanding and Addressing Global Climate Change. American Psychological Association, 66(4), 241 - 250.

The National Aeronautics and Space Administration (NASA). (2015a). Facts. Retrieved June 2, 2016, from http://climate.nasa.gov/vital-signs/global-temperature/.

The National Aeronautics and Space Administration (NASA). (2015b). Graphic: Global warming from 1880 to 2013. Retrieved June 2, 2016, from http://climate.nasa.gov/climate_ resources/28/.

The National Aeronautics and Space Administration (NASA). (2015c). Effects. Retrieved June 2, 2016, from http://climate.nasa.gov/effects/.

The National Aeronautics and Space Administration (NASA). (2015d). Causes. Retrieved June 2, 2016, from http://climate.nasa.gov/causes/.

The National Development and Reform Commission (NDRC). (2007). China's National Climate Change Program. Retrieved June 2, 2016, from http://

www. china. org. cn/english/environment/213624. htm#5.

The U. S. Department of Energy. (n. d.). Federal Tax Credits for Alternative Fuel Vehicles. Retrieved June 2, 2016, from http: //www. fueleconomy. gov/feg/tax_ afv. shtml.

Turton, H. (2008). ECLIPSE: An integrated energy-economy model for climate policy and scenario analysis. Energy, 33(12), 1754 – 1769.

United Nations Environment Programme (UNEP). (2012). UNEP Yearbook: Emerging Issues in Our Global Environment. Nairobi, UNON: Publishing Services Section. Retrieved June 2, 2016, from http: //www. unep. org/yearbook/2012/pdfs/UYB_ 2012_ FULLREPORT. pdf.

United Nations Framework Convention on Climate Change (UNFCCC). (2014). Essential Background. Retrieved June 2, 2016, from: http: //unfccc. int/2860. php.

United States Environmental Protection Agency (EPA). (2012). Using MOVES for Estimating State and Local Inventories of On-Road Greenhouse Gas Emissions and Energy Consumption (Report No. EPA-420-B-12-068). Retrieved June 2, 2016, from http: //www3. epa. gov/otaq/stateresources/420b12068. pdf.

Vleeshouwers, L. M. & Verhagen, A. (2002). Carbon emission and sequestration by agricultural land use: a model study for Europe. Global Change Biology, 8, 519 – 530.

Walsh, B. (2008). What the public doesn't get about climate change. Times, 28 October 2008. Retrieved June 2, 2016, from http: //content. time. com/time/health/article/0, 8599, 1853871, 00. html.

Wang, T. & Watson, J. (2007). Who owns China's carbon emissions? Tyndall Centre for Climate Change Research, 23, 1 – 7. Retrieved June 2, 2016 from http: //gesd. free. fr/wangwats. pdf.

Wolf, J. , & Moser, S. C. (2011). Individual understandings, perceptions, and engagement with climate change: insights from in – depth studies across the world. Wiley Interdisciplinary Reviews: Climate Change, 2(4), 547 – 569. Retrieved June 2, 2016, from http: //doi. org/10. 1002/wcc. 120.

World bank. (2010). 2010 年世界发展报告. Retrieved June 2, 2016 from http: //siteresources. worldbank. org/INTWDRS/Resources/477365 – 132750442

6766/8389626 - 1327510418796/WDR10_ Overview_ CH_ Final. pdf.

Xue, B. , Chen, X. P. , Geng, Y. , Guo, X. J. , Lu, C. P. , Zhang, Z. L. , &Lu, Y. (2010). Survey of officials' awareness on circular economy development in China: based on municipal and county level. Resources, Conservation and Recycling, 54(12), 1296 - 1302.

York, R. , Rosa, E. A. & Dietz, T. (2003). STIRPAT, IPAT and ImPACT: analytic tools for unpacking the driving forces of environmental impacts. Ecological Economics, 46(3), 351 - 365.

Zahran, S. , Brody, S. D. , Grover, H. , & Vedlitz, A. (2006). Climate change vulnerability and policy support. Society and Natural Resources, 19(9), 771 - 789.

Zhang, X. , & Liu, R. J. (2014). Response to suggestions on the development of ecological compensation mechanism in Nignde Ctiy. RetrievedJune 2, 2016, from http: //www. fjndrd. cn/dbgz/yajyjbl/banli/201409/493196. html.

Zhao, Y. , Chris P. Nielsen, Yu Lei, Michael Brendon McElroy, and J. Hao. (2011). Quantifying the uncertainties of a bottom - up emission inventory of anthropogenic atmospheric pollutants in China. Atmospheric Chemistry and Physics 11(5), 2295 - 2308.

Zheng, S. , Wang, R. , Glaeser, E. L. , & Kahn, M. E. (2010). The Greenness of China: Household Carbon Dioxide Emissions and Urban Development (Discussion Paper). Cambridge, Mass. : Harvard Environmental Economics Program. Retrieved June 2, 2016, from http: //heep. hks. harvard. edu/files/heep/files/dp12_ zheng - etal. pdf.

Zhou, N, He G, & Williams, C. (2012). China's Development of Low-Carbon Eco-Cities and Associated Indicator Systems . Lawrence Berkeley National Laboratory: Lawrence Berkeley National Laboratory. LBNL Paper LBNL-5873E. Retrieved June 2, 2016, from http: //escholarship. org/uc/item/0f4967nd.